高新科技译丛

装备科技译著出版基金

U0732371

数字卫星导航与地球物理学

——GNSS 信号模拟器与接收机实验室实践指南

Digital Satellite Navigation and Geophysics:
A Practical Guide with GNSS Signal Simulator and Receiver Laboratory

［俄］Ivan G. Petrovski
［日］Toshiaki Tsujii   著

王伯昶   王继祥   任翔宇 译

国防工业出版社

·北京·

著作权合同登记　图字：军-2016-047号

图书在版编目（CIP）数据

数字卫星导航与地球物理学：GNSS信号模拟器与接收机实验室实践指南/（俄罗斯）伊万·G.彼得罗夫斯基,（日）敏明辻井著；王伯昶,王继祥,任翔宇译.—北京：国防工业出版社,2017.10

书名原文：Digital Satellite Navigation and Geophysics：A Practical Guide with GNSS Signal Simulator and Receiver Laboratory

ISBN 978-7-118-11025-8

Ⅰ.①数… Ⅱ.①伊… ②敏… ③王… ④王… ⑤任…
Ⅲ.①卫星导航-全球定位系统-信号处理-模拟器-实验-指南 ②卫星导航-全球定位系统-信号处理-接收机-实验-指南 Ⅳ.①P228.4-33

中国版本图书馆CIP数据核字（2017）第177649号

※

国防工业出版社出版发行

（北京市海淀区紫竹院南路23号　邮政编码100048）

北京嘉恒彩色印刷有限责任公司

新华书店经售

*

开本710×1000　1/16　印张18　字数332千字

2017年10月第1版第1次印刷　印数1—2000册　定价88.00元

（本书如有印装错误,我社负责调换）

国防书店：（010）88540777　　发行邮购：（010）88540776
发行传真：（010）88540755　　发行业务：（010）88540717

译 者 序

　　《数字卫星导航与地球物理学——GNSS 信号模拟器与接收机实验室实践指南》一书在理论学习和实践工作之间架起了一座桥梁，它清晰、实用地介绍了全球导航卫星系统的理论，重点是 GPS、GLONASS、QZSS 等卫星导航系统和日本卫星系统及其在导航和大地测量中的主要应用。

　　本书的内容是作者 25 年来在全球导航卫星系统领域工作的经验总结，无论您是一位工程师、研究人员还是学生，都将获益匪浅。通过使用与本书捆绑的实时软件接收机和信号模拟器，您可以获得实用性很强的经验，它可以帮助您创建自己的全球导航卫星系统实验室，从而使您能够进一步研究和学习。

　　本书提供了许多实际工作的例子和设计案例的研究，您可以使用实际的卫星信号或由信号模拟器产生的信号来检验这些实例，同时本书还涵盖了全球导航卫星系统信号在大气传播中的相关问题，以及它们在地球物理学中的应用，包括电离层层图、大气监视、闪烁测量、地震预测等。

译者

2017 年 1 月

序

在我 9 岁的时候,当我完成了第一台晶体管收音机组装后,我便对无线电技术产生了浓厚的兴趣。截止到青年时代,我已经组装了多种收音机,包括短波接收机。通过组装和维修这些无线电设备我学会了接收机的工作原理。后来我了解到著名的美国物理学家理查德·费曼也是在十一二岁时对无线电产生兴趣的,那时他总是喜欢买一些便宜的无线电零部件,然后再把它们组装起来,这也是他学习无线电工作原理的方法,就像他在 *Surely You're Joking Mr. Feynman! —Adventures of a Curious Character* 一书的第 1 章中所描写的那样:"设备简单,电路不复杂,了解内部工作原理,注意一些容易出错的地方,安装过程对我来说并不难"。正如人们知道的那样,费曼用毕生的经历致力于发明,他要解开量子力学理论在自然界中的秘密。

我对无线电、电子和物理学的热爱使我最终进入了测绘和精确导航的教学与科研领域。在过去的数年中,我已经参加了许多主要的基于无线电的太空探测技术。作为一名博士生,我参加了超长基线干涉测量法(VLBI)和卫星多普勒(美国海军导航卫星系统与发射)的研究,在麻省理工学院中作为博士后,我进行激光测距测量方法研究,并把它应用到第一个民用定位接收机——光学测距仪。当 1981 年我进入新不伦瑞克大学测量工程系时,他们又重新应用卫星多普勒理论解决问题,但是过了一两年后,GPS 采用了我的意见,从此研究 GPS 成了我的唯一兴趣。

当我的大部分有关 GPS 的文章被期刊、一些专业会议和《GPS 世界》杂志发表后,我很幸运地作为第一作者和别人合作编写了 GPS 的教科书:《GPS 定位指南》。该书由加拿大 GPS 联合会在 1986 年出版,这是卖得最好的技术书籍,光英文版本就卖了 12000 册。

自从第一本有关 GPS 的书籍出版后,在 GPS 领域又应用了一些新的技术,事实上,随着俄罗斯的 GLONASS 卫星导航系统,还有欧洲的"伽利略"系统的初始开发,中国的"北斗"系统、日本的 Quasi – Zenith 卫星系统(QZSS)和大量基于卫星的应用系统的同时发展,现在我们需要利用这些"地球卫星导航系统"。GPS 本身也正在利用现代信号处理、新的卫星设计和新的地面接收站技术来发展自己。

大量涉及 GNSS 领域的研究成果及时在期刊和会议上发表,但是对于这些论文讲,最典型的是专家对专家的讨论,对一些学生来讲是很难领会的,特别是那些刚刚进入此领域的学生,这时需要比较好理解的有关 GPS 和其他 GNSS 的教科书(当前有几种正在出版之中)，这些教科书应简单地介绍 GNSS 的工作原理，但目前几乎没有一本书适合于指导实践活动，因此现在的学生正重复着我以前做过的事，先从最基本的无线电工作原理学起。现在的 GNSS 接收机都是很复杂的设备，且大部分不适合当作教学工具。

和那些新书比较，伊万·G. 彼得罗夫斯基和敏明辻井撰写的《数字卫星导航与地球物理学——GNSS 信号模拟器与接收机实验室实践指南》一书缩小了与那些教科书的差距，此书不仅清楚地描述了 GNSS 信号的产生和接收机接收信号的处理原理，而且还增添了 GNSS 信号的软件仿真和 GNSS 软件接收机的内容。现在通过实践可以学习 GNSS 的工作原理，经过学习信号设计、发射、传播或接收的其中一个方面，学生可以仿真它们，而且可以看到接收机的反应，并能够很快看到仿真的结果。

本书的书名揭示了它的部分特性，作者以数字一词开头，细致清晰地描述了 GNSS 信号的产生、传输和接收，尽管 GNSS 信号被调制到模拟载波上去，但信号形式是数字式的，而且在现代接收机中，接收机的前端都有 A/D 转换器，将模拟信号转换成数字信号，以便于在基带以数字信号形式进行处理。作者讨论了 GNSS 信号在卫星和信号模拟器中产生和接收机前端的处理过程，包括 A/D 转换器、基带处理器，并用 GPS、GLONASS、QZSS 和"伽利略"卫星为例对上述问题进行了讨论。

使用卫星导航和地球物理学的科技人员分为两类：一类是需要导航的人员，他们需要定位服务，可以通过在一个频点上使用伪距测量以获得米级水平的高精度用户，包括大地勘测员、工程师；第二类是那些需要更精确地利用载波相位进行测量的科学家，比较典型的是使用两个频点，获得更精确的厘米级定位是他们的目的。本书作者不仅描述了 GNSS 的各个环节，而且还讨论了更多的内容，包括地球物理学、怎样利用 GNSS 监视电离层闪烁、地球自转和地球板块运动情况等。

在最后的实践指南章节中，作者不仅提出了 GNSS 信号在理想条件下的产生和处理过程，而且讨论了接收机怎样适应不同外界环境的影响，如电离层扰动和多径等。这些因素的影响都可以用软件信号模拟器和接收机来仿真。作者提供了几种情况下的研究且在大部分章节的末尾提出了将来的研究计划。本书的实用特点是提出了研究计划、工作流程图和时间节点，在每个章节都讨论了 GNSS 接收机原理和应用之间的关系。

伊万·G. 彼得罗夫斯基和敏明辻井是全球卫星导航系统领域的专家。彼得罗夫斯基在这个领域已经工作了 30 多年，他作为教授在美国航天科技大学工作，并于 1997 年被日本科学和技术协会邀请去航天实验室工作；他在 GNSS 技术领域又是研究和发明的领导者，而且是东京海洋科学技术大学先进卫星定位学院的院长。从 2007 年秋天，他在日本东京基于 iP 开发了卫星导航定位系统软件接收机、信号模拟器和瞬间定位技术。

敏明辻井长时间从事 GNSS 工作，作为日本航空搜救代理处操作和安全技术领域导航技术部门的领导，他从事卫星导航和定位领域研究的时间超过 20 年，特别是机载 GNSS。他的研究团队主要从事飞船载和直升机载导航系统的应用研究。

撰写文章《GPS 瞬时导航》时，我很荣幸地和彼得罗夫斯基和敏明让井两位大师都共同工作过。这篇文章发表在期刊《我的 GPS》的创新板块上，它标志着全球卫星导航系统技术的一个重大进步，这篇文章介绍了一种 iPRx 的快照软件接收机，它能够使全球卫星导航系统进行瞬时定位。它讨论了一种利用接收机产生信号的新方法，ReGen 信号发生器是这种接收机的组成部分。

我像理查德·费曼一样，也总是喜欢发明，如天为什么是蓝的或大气层如何影响到 GNSS 信号？并且在介绍新的信号结构的同时也介绍新的截获和跟踪信号的方法。我相信这本书对我将一直从事的 GNSS 接收机的研究工作会有所帮助。

理查德·B. 兰利（Richard B. Langley）教授
加拿大新不伦瑞克大学测绘工程系

前　　言

本书内容是关于全球导航卫星系统(GNSS)，涉及两个主要设备——接收机和模拟器，以及它们的应用。书中的内容都是基于现有的实时软件 GNSS 接收机和 GNSS 信号模拟器，这些工具的学术版随书免费赠送，读者可用于学习与研究。

GNSS 或许不是人类不同技术成就结合的唯一成果。为了更好地了解一个系统，需要从宽广的视野观察它。因此，我们通常试图从不同的方面提出 GNSS 的理论，不仅能让大家更好地了解 GNSS，而且可以让其他领域的专家很好地应用。

本书的章节结构如图 0.1 所示。第 1 章描述了利用 GNSS 的通用方法。第 2 章介绍了 GNSS 卫星和轨道构成。第 3 章讨论了 GNSS 信号及其在卫星、模拟器和伪卫星中如何产生。第 4 章、第 7 章和第 10 章描述了 GNSS 信号传播问题。其中：第 4 章主要讲述 GNSS 信号与其他电磁信号的关系，以及对信号传播的特殊影响；第 7 章主要涉及多径问题；第 10 章专注于信号抖动这一有趣的问题。第 5 章和第 6 章详细描述了 GNSS 软件接收机和基带信号处理器。第 8 章讨论了多种 GNSS 观测的建立和改进问题。第 9 章、第 11 章、第 12 章讨论了这些观测如何应用在导航和地球物理学中。

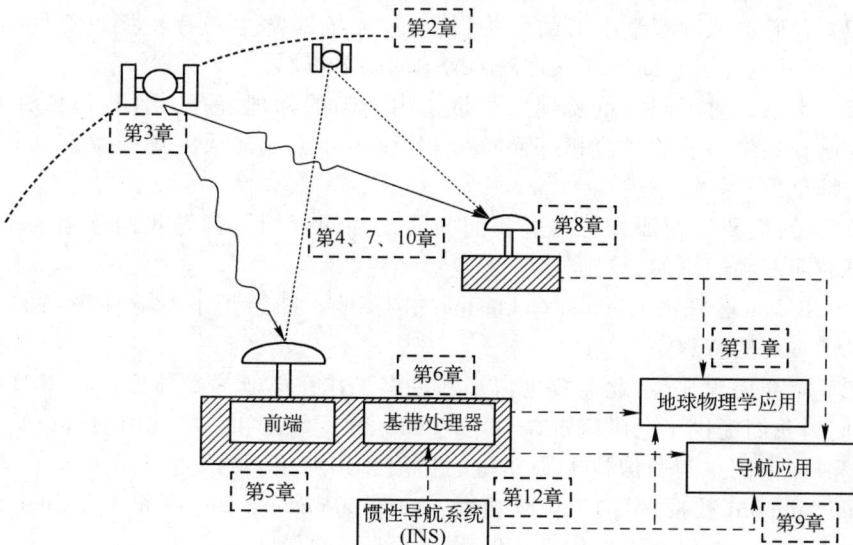

图 0.1　本书的章节结构图

首先要讨论的 GNSS 是美国的 GPS，这是卫星导航和地球物理学的主要工具。我们也要讨论俄罗斯的 GLONASS，GLONASS 在几年后发射了部分卫星，现在已经进入到了应用状态,不仅可以提供足够的覆盖,而且在 L2 和 L3 频段发射新的信号。即使在 GLONASS 部分可用期间,它也一直应用于大地测量中。目前,GLONASS 已经应用于手机、汽车导航等市场。本书讨论"伽利略"卫星导航系统的篇幅有限,因为我们认为该系统没有完全建成,其信号结构、设计甚至是一些概念,特别是相关的开放性和信号接入限制也许都不会改变。但我们认为本书也为从事"伽利略"系统应用研究的读者提供了足够的 GNSS 信息。

本书的创新主要体现在以下几个方面:

(1)我们已经尝试在实践和系统设计上更接近于 GNSS 理论和技术,在实验基础上,开发了可使用的软件,研制了应用在航空领域的 GNSS 接收机和信号模拟器。

(2)本书附带有免费学术版的实时软件接收机和信号模拟器。

(3)为有兴趣的用户展示了可用的、与赠送软件匹配的硬件。例如,获赠软件的用户可以利用实际卫星实时定位。

(4)书中网站提供预录的飞行测试数据,包括 GPS 信号记录和相对应的惯性导航系统(INS)原始数据输出,读者按照本书的例子和方案用接收机处理这些数据。

(5)本书中还给出了 GNSS 信号模拟器的设计,通过介绍 GNSS 模拟器的工作流程,也相应地描述了实时卫星的工作流程。信号模拟器广泛应用于系统研发、测试和制造中。

(6)我们也尽量提高本书的趣味性,在 GNSS 的哲学和物理背景中隐藏着许多有趣的事实,很少有或根本没有人去讨论这些。

(7)我们也试图调整本书的结构,使之尽可能对学生和有经验的工程师都一样有用,本书包含了有助于深入理解 GNSS 的必要资料。

(8)本书针对不同的重要现象尽量给出清晰的物理解释,例如:为什么 GNSS 的码延迟和相位超前的数值相等而符号相反,为什么电离层闪烁的幅度和相位的互相关是负数,等等。

最后,我们要感谢那些帮助过我们的朋友和同事们。首先我们感谢为本书提供资料的朋友和同事们,特别是:

(1)Rakon 公司的 Graham Ockleston 先生,他不断给予了专业性很强的支持,并提供了直观的资料。

(2)奎介松永先生、北斋藤进博士和许多工作在电子导航研究所(ENRI)的同事,他们为我们提供了电磁闪烁条件下的 GPS 测试数据和一些有用的讨论结果。

(3)国家信息与通信技术研究所的拓哉津川博士,泰国孟克国王理工学院的 Pornchai Supnithi 教授,泰国朱拉隆功大学(Chulalongkorn University)的 Chalemchon Satirapod 教授。在研究电离层理论时得到了他们的帮助。

(4)中国台湾的陈红跃博士和安藤正孝教授,日本静冈大学的良也生田教授,他们为本书提供了大量资料。

(5)日本立命馆大学的苏杉本教授和幸宏久保教授提供了大量资料和他们的研究成果。

（6）思博伦通信研究所的李建新博士和 Andrew Walker 先生,以及日本茨城大学的薰宫下博士(Kaoru Miyashita)提供了直观资料。

（7）班戈大学(Bangor University)的罗宾·斯蒂文(Robin Spivey)先生提供了自制的室外天线,我们在第 6 章以这些天线为模型进行了讲解。

我们还要感谢剑桥大学的纳塔利亚·彼得洛卡(Natalia Petrovskaia)女士为本书所做的精美插图。

第一作者(伊万·G. 彼得罗夫斯基)要感谢:

（1）东京海洋科学与技术大学的春政北条博士一直以来对我们的帮助和支持。

（2）东京大学的卓尔海老沼博士在 GNSS 接收机设计领域给予的咨询和帮助。

（3）AmTechs 公司的肯佐藤先生和东京海洋科学与技术大学的安田教授在海洋学领域给予的帮助。

还要感谢 GNSS 技术公司的森本先生,在一起工作的多年里,他给予了我很大的帮助。

特别感谢我的妻子谭娅给了我许多好的建议以及对我工作的一贯支持。

第二作者(敏明辻井)要感谢:

（1）武藤原博士、祥光菅沼先生、久保田先生、富田洋先生、Masatoshi Harigae 博士,以及很多我在日本宇宙航空研究开发机构工作时的同事,他们给予了我大量帮助。

（2）原日本防卫大学教授正明村田博士,在我开始研究全球导航卫星系统时,他给予了我许多专业上的指导和建议。

（3）澳大利亚新南威尔士大学的 Chris Rizos 教授,以及我在卫星导航定位(SNAP)研究小组的很多同事,他们在我在研究小组期间和之后给予我许多专业上的建议。

还要衷心地感谢我的妻子和孩子——加代子、保奈美、雪野、苟素科和裕同,他们给了我鼓励和支持。

本书第 1~6 章由伊万·G. 彼得罗夫斯基撰写,第 8、9、12 章由敏明辻井撰写,第 7、10 和 11 章由我们两个人共同撰写。

虽然我们尽量避免错误,但是有些错误在所难免。我们将不断地加以改正。

伊万·G. 彼得罗夫斯基(Ivan G. Petrovski)

敏明辻井(Toshiaki Tsujii)

艺术插图

本书插图(图 1.8、图 1.10、图 1.11、图 2.0 和图 4.5)都是由 Natalia Petrovskaia 进行精心创作的。Natalia Petrovskaia 获得英国剑桥大学的文学学士和哲学硕士学位。

目　　录

第1章 导航卫星的定位方法

"没有经过系统的学习就不可能从原理上掌握宇宙。"

——托勒密《天文学大成》

本书讨论全球导航卫星系统(GNSS)及其在导航和地球物理学中的应用。首先建设并沿用至今的主要系统是美国 GPS,稍后出现的是俄罗斯的 GLONASS,这两个系统都是为导航而研制的。本章我们讨论利用 GNSS 卫星导航的原理和方法,也给出了一些贯穿全书的主要定义。

1.1 全球和区域卫星导航系统

卫星导航系统可以分为两大类:全球导航卫星系统和区域导航卫星系统。也有一些基于伪卫星的区域导航卫星系统,这些系统严格地讲不是真正的卫星系统,本书对此也进行了讨论,因为它们也可以纳入到 GNSS 中,或者它和 GNSS 有一样类型的信号或用同样的用户设备。

全球导航卫星系统(GNSS)通常使用运行在地球中轨道(MEO)上的卫星来覆盖全球。这些卫星在离地球面大约 20000km 的高度,中轨道卫星的运转周期大约是 12h。目前有两个完全开放的全球导航卫星系统,它们是美国的全球定位系统(Global Positioning Systems,GPS)[1] 和俄罗斯的全球导航卫星系统(Global Navigation Satellites Systems,GLONASS[2],俄语表示为 Globalnaia Navigacionnaia Sputnikovaia)。GPS 卫星的运行周期大约 11h58min,而 GLONASS 卫星为 11h16min。欧洲的"伽利略"系统和中国的"北斗"系统正在开发过程中。这些系统的主要功能是提供测距服务,测距服务给了用户随时测量到卫星距离的能力,卫星也能发送一些测距服务的修正数据,传输的相关数据嵌入测距服务的卫星信号。卫星的第二个功能与定位无关,因此本书不涉及第二个功能。

1.1.1 GPS

GPS 的研发始于 20 世纪 70 年代中期美国国防部的多服务项目,GPS 在 20 世纪 90 年代初期建成,1994 年美国联邦航空管理局(FAA)官方认可其在航空领域的应用。GPS 采用码分多址(CDMA)技术,与当前许多手机的原理一样,所有的卫星在同一个频率上用不同的扩频码来广播信号。扩频码允许用户设备捕获在基底噪声之下

1

的信号,并区分来自不同卫星的信号。GPS 也正在向现代化方向发展,并且已经开发了一些有益于大众用户和航空应用的新信号。这些新信号已经进入实用阶段。

从 20 世纪 90 年代中期以来,GPS 获得了巨大的成功,它的应用已经变成继互联网之后的第二大广泛应用的技术。GPS 的应用给人们提供了大量的工作岗位,使导航技术和大地测量技术发生了革命性的变化,同时给其他科技领域带来了巨大冲击,包括地球物理学、地理学、航务管理、旅游等领域。这些系统的成功是因为系统信号和信息能被公共接收,且对用户不需要任何授权、完全免费。2000 年,GPS 取消了民用用户的精度限制,这项措施在 GPS 取得成功方面扮演了重要角色。这也使得 GPS 成为多种 GNSS 设备中非常重要也是主要的系统,即使现在有更多的 GNSS 投入使用,GPS 的优势地位还将保持很多年。

1.1.2 GLONASS

GLONASS 是继 GPS 之后不久由苏联研制的,1996 年宣布投入使用。GLONASS 是在码分多址(CDMA)之上使用频分多址(FDMA)技术,所有 GLONASS 卫星的扩频码都是一样的,因为这些卫星是靠细小的频率差异来区分的。尽管每一颗卫星的频率不同,但信号结构与 GPS 很相似,因为只有使用扩频技术才能检测到非常微弱的卫星信号。

GLONASS 采用了 FDMA 技术,可以认为是苏联对 GPS 的军事应对。FDMA 可以提高系统的抗干扰能力,因为这需要在较宽的频段上产生较大功率的干扰信号。然而,使用 FDMA 技术使得用户设备变得更加复杂和笨重,这些都违背了消费者的意愿。当前的无线电技术还不能完全解决这些问题,目前用户设备正向多系统和多频段发展。

另一方面,分配给 GLONASS 的频段很窄,同一频率通常会用于地球另一面的卫星。有一个计划是在新的 GLONASS 信号中开始采用 CDMA 技术,新的 GLONASS - K 卫星在 2011 年开始发射 CDMA 信号。GLONASS - K 卫星基于常压下的平台,所以 GLONASS - K 比原来的卫星小得多也轻得多,这样可以使用多种型号的火箭,以较小的代价将其送入轨道。GLONASS - K 卫星的质量由原来的 1415kg 降到了 700kg。完成整个星座的部署后,还需要每年发射一次"联盟号"运载火箭[3],以满足星座完整性的需要。随着预计使用寿命的不断增长,卫星在额外的第三个民用 L 频段频率上广播 CDMA 信号,同时 FDMA 信号仍然保存,直到没有人使用它为止[2]。

在同等条件下,目前 GPS 提供比 GLONASS 更为精确的定位,主要是因为 GLONASS 广播的星历表数据精度较低。GLONASS 的地面跟踪站的布站是区域性的而不是全球性的,地面跟踪站的区域性分布影响了轨道参数估计的精度。然而在下一章我们将看到,我们利用地球万有引力的不规律性变化对地面跟踪站网络的区域性进行了补偿,使地球万有引力的不规律性变化对 GLONASS 的轨道影响很小。当利用本地参考站的数据来估计诸如轨道、时钟、大气传播等参数的修正值时,不同的模式对精确度的影响不是很大。

FDMA 的另一个缺点是它需要频带较宽,因此采样速率较高,需要处理的数据也相应增多,这也补偿了精度的折中。

目前 GLONASS 具有完整的星座和新型的导航信号,它正逐渐成为多体制 GNSS 设备的一个有吸引力和不可或缺的部件。

1.1.3 "伽利略"系统

"伽利略"(Galileo)系统是由欧盟近几年开始研发的。"伽利略"系统也是基于 CDMA 的系统,许多接收机制造商已经研发出支持"伽利略"系统信号的终端,接收机制造商正在研究软件接收技术,这将使现有的接收机很容易地接收到新的信号。本书我们讨论的软件接收技术主要基于 GPS 和 GLONASS。但是本书提出的 GNSS 信号产生和接收的基本原理能够较容易应用到"伽利略"系统以及现代化的 GPS 和 GLONASS 中。

我们使用的 ReGen 软件信号模拟器,是本书赠送的最简化版本。用 ReGen 软件产生的 GPS 和 GLONASS 的卫星的分布如图 1.1 所示。用户位置由五边形表示。

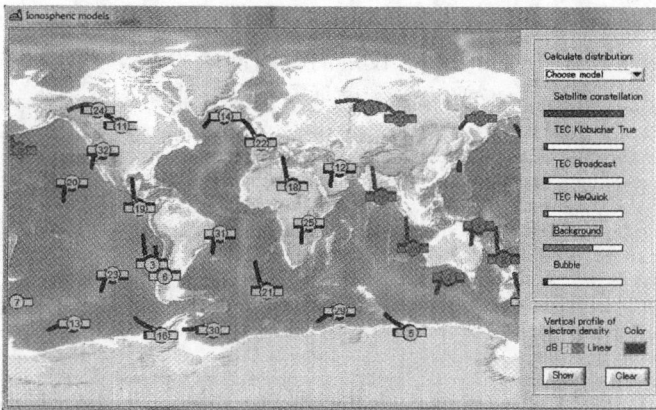

(a)

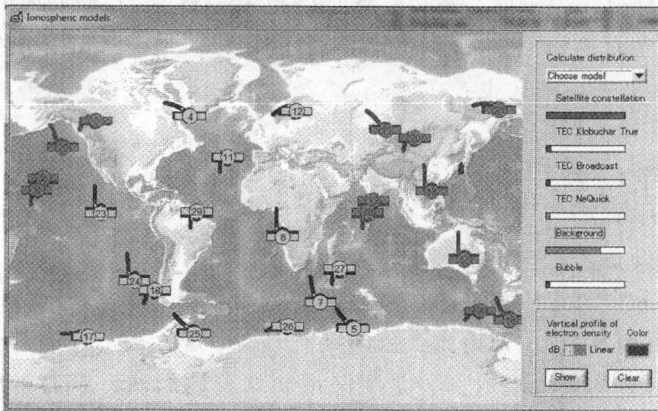

(b)

图 1.1　GPS(a)和 Galileo(b)星座每小时一次的地面跟踪图(ReGen 图形用户界面(GUI)截屏)

3

1.1.4 区域卫星系统

区域卫星导航系统仅对部分区域提供导航服务,其卫星通常是同步卫星或高轨道卫星。地球同步卫星定位在同步地球轨道上,高度为35856km,相对于地球表面的位置基本不变。

区域卫星导航系统包括美国的广域扩充系统(WAAS),日本的基于多功能卫星的星基增强系统(MSAS)、准天顶卫星系统(QZSS),欧洲的全球导航系统(EGNOS),印度的GPS辅助同步轨道增强导航系统(GAGAN),中国的"北斗"系统(Beidou)和俄罗斯的"射线"(Luch)系统。中国的"北斗"系统设计成有中轨道卫星和高轨道卫星的全球和区域系统组合的方式。

区域系统有3个主要功能:

(1)为全球用户提供修正信息,以提高测距服务。

(2)提供系统的完整性。

(3)提供附加的测距服务。

提供系统的完整性意味着为了确保那些得不到GPS信号的用户在一定的时间间隔内获得自己的定位信息,WAAS设定的时间间隔为6s。

俄罗斯的区域卫星系统Luch有3颗地球静止轨道卫星:一个轨道在西经16°(2011年);一个轨道在东经95°(2012年);一个轨道在东经167°(2014年)。地球同步轨道卫星不能覆盖到北部地区,因此俄罗斯计划利用高轨道卫星增强地域覆盖性,特别是要利用"闪电"(Molniya)轨道,这个系统还可以提供基于互联网的服务。

1.1.5 GNSS的组成

所有的卫星导航系统都由两大部分组成:一个是空间部分,也就是卫星星座;另一个是地面部分(如图1.2所示),有时也把用户部分当作地面系统的一部分。用户部分包括地面上和天空中所有得到服务的用户。地面部分必须包括以下几个部分:

(1)GNSS地面跟踪网;

(2)主时钟;

(3)控制中心;

(4)上传设备。

在地面部分中与定位相关的主要任务是确定和预测卫星轨道,上传地面参数到卫星,卫星收到参数后,把地面参数与导航电文一起广播。地面部分还是整个系统的控制部分,它的主要组成部分是组网地面站。地面站可以测量地面到卫星的距离,地面到卫星的距离也可以使用卫星测距信号,此时地面站就起到卫星信号接收机的功能。地面站到卫星之间距离还可以通过其他方法进行测量,如通过测量来

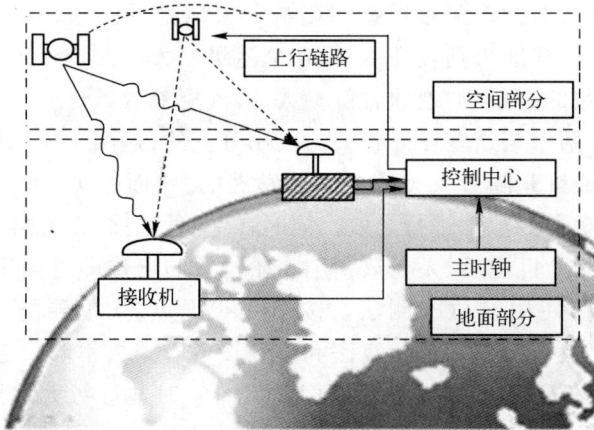

图 1.2　GNSS 的组成框图

自卫星反射的激光信号,这需要卫星带有特殊的镜面信号。这种双向测量系统首先在 GLONASS 中使用。卫星的轨道测量也可以通过卫星内部的测距信息来获得。

首先讨论 GNSS 能够干什么和它在完成这些任务时有什么需求。

1.2　导航和大地测量中的定位任务

卫星导航可以解决两个主要的定位任务,可以粗略地将它们描述为导航与大地测量的相关领域,这两项任务有不同的需求,因此也需要不同的技术。

导航任务一般需要分米级或米级的定位精度,并且需要实时定位,定位时还需要速度和高度信息。定位信息必须要实时提供,要快速地获得初始的定位信息,导航的参数一般有精度和首次定位时间(TTFF)。

对于导航来说首次定位时间是一个重要的参数,特别是对于手持设备来讲。从导航卫星接收一个完整的导航电文所需的首次定位时间是很有限的,GPS 的首次定位时间为 36s。如果卫星轨道参数和时钟数据由其他设备提供且不需要提供完整的导航电文,首次定位时间可以缩短。在这种情况下,仅需要提供包含时间数据的导航电文,例如 GPS,它需要 6s 的时间去接收 1 帧导航数据并能确保数据被接收到。当然,它可以只用 1s 的时间接收数据,但需要 6s 的时间确保得到数据。从导航电文中缩短首次定位时间是不可能的,因此只能从信号获取和定位信息的计算中缩短首次定位时间,例如在 GPS L1C/A 码信号中,如果接收机已知卫星轨道和时钟误差,1ms 长度的信号足以定位[4]。另一个需求是导航任务需要尽可能地自主运行,这当然要在首次定位时间和精度上折中。

相反,在大地测量任务中,能够得到的信息越多越好。包括:在某些时间段内的多个参考站的测量结果,还有来自一些传感器中的涉及电离层和对流层的状态信息,以减少大气层对大地测量数据的影响。大地测量任务一般采用事后数据处理的方法,它要求的精度级别较高,一般在毫米级。大地测量任务还包括许多不同的地理和物理参数的测量,如地球方位参数、大气层参数等。

截至目前,有两个与这些任务相关的应用分支的,这两个应用的发展相对比较独立。导航服务或许是随着人类历史一起发展的,然而在 17 世纪前,人们一直利用航位推测法所整合的数据进行导航。同时在 17 世纪前,人们确定坐标也要使用航位推测法,直到 17 世纪后,人们只利用初始位置的定位即可确定大地坐标,从此以后大地测量不再使用航位推测法。按照一些观点,大地测量和导航都开始把 GNSS 作为主要工具,应用的方法、算法和用户设备有很大不同。近年来,这两个分支已经非常接近,不需要再重复学习两门技术。实时地进行大地测量已经成为可能,而导航的精度水平也逐渐接近大地测量的精度[4]。

本书的两个主要任务之一就是解决利用 GNSS 进行定位的问题。利用导航卫星定位,广义上就是寻找目标的坐标,包括线性的、三角的以及它们的派生物,还包括时间坐标。可以把目标看作一个物体或一个点:如果把目标看作一个物体,那么坐标只包括角坐标和它们的派生物;如果把目标看成一个点,定位只需要线坐标和它们的导数即可。在三维坐标系中描述一个物体的点位需要 3 个线坐标,在所获数据的瞬时时刻(也称为历元),在三维坐标系中需要 6 个线坐标才能把一个目标描述成一个物体。在卫星导航中不管目标是否为动态的,总是需要在一定的时间内考虑它的位置,因此时间因素也必须考虑进去。

重要的是依据任务的不同我们可以把目标描述成一个点,也可以描述成一个物体。例如在导航任务中,导航卫星被看作一个点。而在大地测量任务中,当计算太阳压强时,卫星又被看成一个物体在模型中考虑。

利用卫星导航定位在狭义概念上可定义为寻找接收机天线相位中心坐标的过程,天线的相位中心精确地抽象成一个点。注意,用户坐标通常实际上是用户接收机天线的相位中心的坐标。这也就意味着,如果用户接收机在某一个地方,而接收机的天线在另外一个地方,例如在距离接收机几千米以外的地方,用户接收机和天线之间用光纤连接,那么用户的坐标将是天线相位中心的位置。计算出来的坐标将不包括由光纤、电缆中消耗的功率和较低的信噪比所引起的任何误差。例如,这样的系统用于监视山体滑坡和其他有危险的环境。在这种情况下仅仅天线被放置在危险环境中,而其他的监视设备(包括接收机)被放置在安全的环境中[5]。

需要指出的是,天线相位中心依赖于导航卫星信号的来波方向。天线相位中心为卫星的仰角和方位角的函数,处于变化之中。高端大地测量天线经过校准,且拥有依赖于仰角的相位中心校正,这些天线一般应用于高精度测量系统,忽略相位中心的误差影响将会在高度上造成 10cm 的误差[6]。

用固定坐标系的坐标可以描述一个物体的位置,这个坐标系包括参考坐标系和时间坐标。

1.3 参考坐标系

我们仅能在特定的参考坐标系中确定坐标,坐标系的选择影响到坐标的准确度和使用的方便性。GNSS 的用户可以在相对地球自转的固定坐标系中确定自己的位置。用 GNSS 的网络跟踪站可以确定地心地固坐标,地心地固坐标也可以由 GNSS 跟踪站网络确定,所以也可以把 GNSS 星座作为定义的组成部分,事实上这也就是导航的目的。然而对于大地测量来讲,我们必须要考虑,这些 GNSS 跟踪站在毫米级的精度水平上不是严格不变的结构,该坐标系会不停地发生小的变化。地心地固坐标系随后与定义惯性坐标系的固定星球相关。然而,惯性坐标系也在慢慢地移动。下面介绍主要的参考坐标系。

1.3.1 地心惯性坐标系

地心惯性坐标系(ECI)就是将笛卡儿坐标系的原点放置在地球的质心(图 1.3),坐标轴相对地球固定,Z 轴和地球的自转方向一致,X 轴定位为春天的第一天地球指向太阳的方向,此时太阳越过地球的赤道平面,当太阳轨迹和地球的赤道线重合时,这一天称为春分或白羊宫的第一点。第二个名字来源于对时间的命名。几千年以前,春分在白羊星座中。白羊星座的符号♈仍然标记为春分。

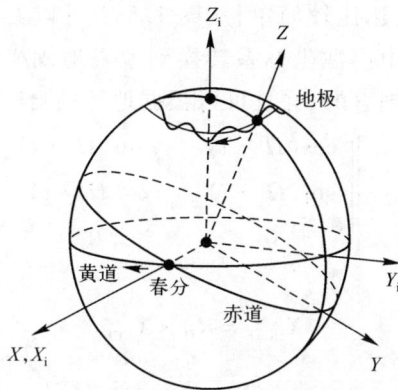

图 1.3 地心惯性坐标系

有多种地心惯性坐标系的表示方法,国际天体参考框架(ICRF)通过基于长基线参考点计算银河系外的星球来实现。

春分的时间是可以移动的,因此相对于星球来讲地心惯性坐标系也是移动的,春分的时间为 26000 年一个周期,这导致地心惯性坐标每年移动 0.014°,漂移使得参考坐标系必须是一个固定日期。例如,国际 GNSS 服务分析中心,即欧洲轨道测定中心(CODE),采用的是 J2000.0 坐标系。然后通过岁差和章动转换将春分坐系调整到相应的历元(按自转顺序)[7]。

1.3.2 地心地固坐标系

地心地固坐标系(ECEF)就是将笛卡儿坐标系的原点放置在地球的质心,Z 轴和地球的自转方向一致,X 轴穿过格林尼治中线,地心地固坐标系随地球自转而旋转(图 1.4)。

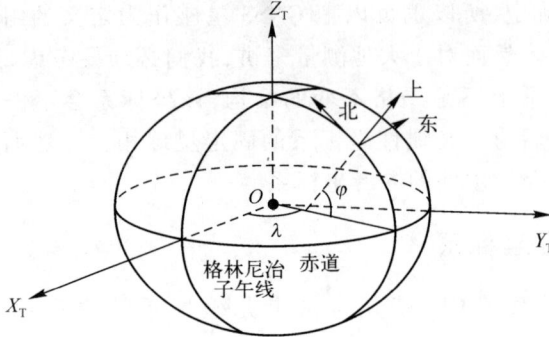

图 1.4　地心地固坐标系和站心地平坐标系

卫星的轨道参数是在地心地固坐标系中给定的,它们和地面跟踪网的地心地固坐标系一致,因此很实用。卫星轨道参数也可以在惯性坐标中应用,因为在惯性坐标中卫星轨道的数学表达比较简单,从图 1.5 中可以看出。用户要在地球表面进行定位,卫星坐标必须由惯性坐标系转换到地心地固坐标系中。为了导航的目的,这个转换是比较容易理解的,并且可以根据地球的自转来描述,即

$$X_{ECEF} = \begin{bmatrix} x_{ECEF} \\ y_{ECEF} \\ z_{ECEF} \end{bmatrix} \begin{bmatrix} \cos(\Omega_e \cdot t) & -\sin(\Omega_e \cdot t) & 0 \\ \sin(\Omega_e \cdot t) & \cos(\Omega_e \cdot t) & 0 \\ 0 & 0 & 1 \end{bmatrix} \times X_{ECI} \qquad (1.1)$$

或

$$X_{ECEF} = R_{\Omega} \times X_{ECI}$$

式中:转移矩阵 R_{Ω} 应满足

$$[R_{\Omega}(\Omega)]^{-1} = [R_{\Omega}(\Omega)]^{T} = R_{\Omega}(-\Omega)$$

相应地有

$$X_{ECI} = \begin{bmatrix} \cos(\Omega_e \cdot t) & -\sin(\Omega_e \cdot t) & 0 \\ \sin(\Omega_e \cdot t) & \cos(\Omega_e \cdot t) & 0 \\ 0 & 0 & 1 \end{bmatrix} \times X_{ECEF}$$

式中:Ω_e 是地球自转的角速度。导航卫星定位的任务是通过寻找在地心地固坐标系中与已知卫星位置相关的用户位置来完成的。

国际地球参考框架(ITRF)就是一个地心地固坐标系,它和国际天体参考框架

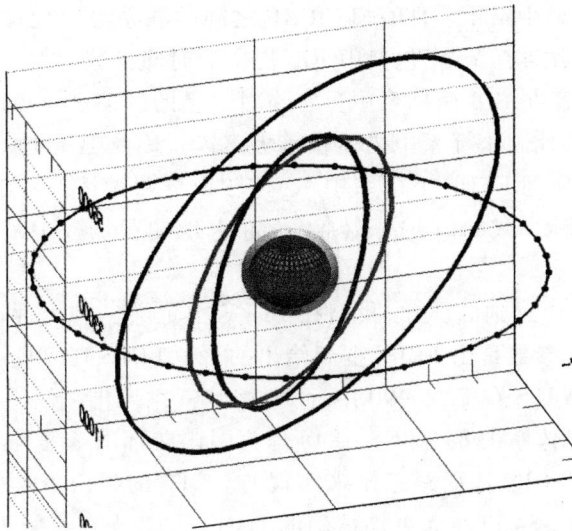

(a)

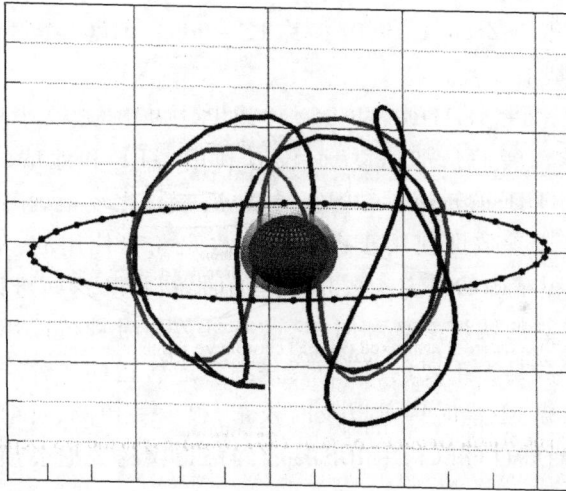

(b)

图 1.5　GPS、GLONASS、同步地球轨道（GEO）和 QZSS 在地心惯性坐
标系（a）和地心地固坐标系（b）中的运行轨道（ReGen GUI 屏幕截图）

（ICRF）是一致的。尽管有多种 ITRF 的实现方法，但我们对国际 GNSS 服务（IGS）
的实现方法特别感兴趣，它是基于对 GNSS 观测来实现的。IGS ITRF 是由一套地
面跟踪站在特定时刻提供的坐标和速度组成，地面跟踪站事实上就是 GNSS 地面
接收站，ITRF 坐标系相对于 IGS 的地面跟踪站来说是相对固定的，只要是和导航
相关的任务，我们就必须了解 ITRF 框架。

　　大地测量任务需要的精度较高，大约在厘米级，当我们要进行大地测量时，就
必须要考虑 ICRF 和 ITRF 之间的转换带来的如式（1.1）所示的更加细微的影响。

转换方法在文献[7]中给出。ITRF 和 ICRF 之间的联系是由地球的方向参数给出的,地球的方向参数共有 5 个,包括由 IGS 提供的时间参数。

事实上,很明显在 ECI 坐标系中更容易对卫星的运动进行描述(和如图 1.5 所示的在 ECI 与地心地固坐标系中描述轨道相比较),因此卫星坐标先在惯性坐标系中计算,然后再转换到 ECEF 坐标系中,这种转换分两种情况,在导航任务中通过地球自转的角加速度(式(1.1))来转换,而在大地测量任务中是通过地球的方向参数来转换。

就像在 GNSS 中提到的那样,我们在 ECEF 中定义一种坐标,选择 ECEF 主要是因为卫星轨道的参数是由 ECEF 框架给出的,例如 GPS 在 WGS - 84 中通报它们的轨道参数,GLONASS 在 PAZ - 90 中,而"伽利略"系统仍在使用 ITRF 框架。

世界大地测量体系 1984(WGS - 84)是美国国防部的参考体系。WGS - 84 是通过分布在全球的 GPS 地面跟踪站来实现的。GPS 的星历表是由 GPS 在 WGS - 84 中公布的,WGS - 84 已经向更加精确的 ITRF 靠拢,现在希望更加接近 ITRF,并宣称误差在 10cm 左右。

"地球参数"(俄语 Zemlya)1990(简称 PZ - 90)是 GLONASS 使用的坐标系,最近的版本和 ITRF 基本一致。

对于导航任务来讲,在 ITRF、WGS - 84 或 PZ - 90 中定义坐标系已经足够了,它们只利用了地球自转的角加速度,而没有利用 ITRF 和地球的方位坐标参数。IGS 的计算利用了 ITRF 的轨道参数,IGS 的轨道参数比较精确并且能够通过互联网获得。IGS 的轨道参数即使用于商业目的也是免费使用的,不受任何限制[9]。IGS 提供了前一天很精确的轨道参数和卫星的时钟误差,这些可以用于事后处理,同时 IGS 还提供预测的轨道参数和时钟,这些参数和时钟可以用来实时定位。记录很精确的轨道参数是很重要的,因为要仔细考虑轨道的各种影响。然而卫星的时钟误差不需要考虑,卫星时钟可以及时校正,很少去预测,目前 IGS 仅提供一天的预测轨道参数,当然也可以利用 IGS 接收网络提供的数据去预测更长时间的轨道参数。

1.3.3　大地球面坐标系

在很多应用领域使用空间笛卡儿坐标系不是很方便,我们一般使用球面坐标来确定地球上的点位。大地球面坐标包括纬度、经度和高度,当使用大地坐标系时,必须定义一个地球参考模型,因为这些坐标参数仅能确定一个三维的物体,地球模型的精度由球体和大地水平面来确定,这个球体实际上是一个旋转的椭圆体(图 1.6)。大地水准面可以定义(地球上)任意点的表面,相对于地球的万有引力的矢量。很容易想象,如果借助模型,我们想象地球的表面全部在水下,那么水表面就会给我们提供一个水平面,这个水平面可以利用数学矢量模型来描述,通常一个可以接受的大地水准面需要 18 种参数描述,最满意的模型是由国防制图商提供的

180 阶和 32755 个参数定义的水准面[10]。特别指出的是大地水准面可以使用特殊的卫星来测量,这种卫星利用了其他的多种途径,如太阳射线的大小(图 1.6),苏联的 Etalon 卫星就是一个例子。Etalon 是一个直径大约 1.3m 的圆形卫星,它的表面覆盖一层反射材料,可以利用激光来减少地球非万有引力的影响来测量距离。1989 年,在 GLONASS 卫星轨道上放置了 2 颗 Etalon 卫星,用来测量万有引力对 GLONASS 卫星的影响[11],这些卫星目前仍然被国际大地测量协会使用。

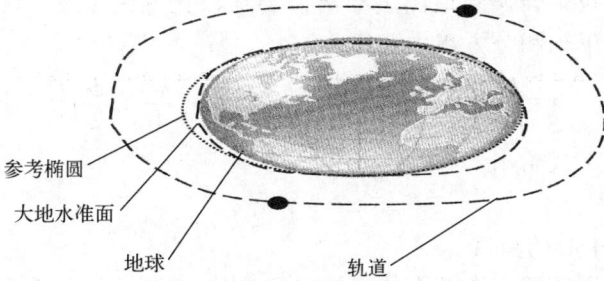

图 1.6　地球模型

地球模型给出了两种不同的高度和垂直度的定义。大地参考坐标系是基于旋转的椭圆体模型而定义的。不同的国家选取的参考旋转椭圆体不同,这是为了选取的地球表面更能适合各自的国家,因此大地参考坐标系在不同的国家是不一样的。

1.3.4　球面坐标系的发展计划

此外,球面坐标系必须要转换到海平面坐标系中去。17 世纪前,由于航海图的缺陷,人们对利用航海图进行导航很失望,这是因为在平面几何中没有考虑地球的曲率。

1. 墨卡托投影(Mercator projection)

1569 年,杰勒德·墨卡托基于投影原理发明的航海图解决了上述问题,他的发明很适合用于航海导航,因为他利用斜航线或叫等角线使航海图变成一条直线,这个线带有恒定的罗盘线,人们一直利用这种导航方法,直到 1599 年爱德华·怀特(Edward Wright)在他的基础上利用数学计算出了导航中固定误差[12]。

墨卡托法属于保形投影法或称正行投影法,当把这种方法应用到平面地图中时,它可以保持地球上任意小的地方的实际形状。这种方法非常适用于把一个感兴趣的小区域的球面坐标转换到平面坐标中,投影中的角度被保留下来,而且如果区域不是很大的话,可以用相同的比例因子来测量距离。

在墨卡托投影方法中,这个比例因子是纬度的函数,它随子午线的变化而变化,为了保持比例因子在所有的范围内相等,有

$$\kappa = \sec\phi \tag{1.2}$$

11

式中:ϕ 为纬度。

如果涉及的区域很小,或者利用墨卡托投影法进行解释性的说明,那么在 Re-Gen 模拟器中应用这样的地图时,可以使用简单的圆形地球模型。这种情况下,圆形地球相邻的两个点可以表示为[13]

$$dy = R \cdot d\phi \qquad (1.3)$$

式中:R 为地球的半径。

通过墨卡托投影转换到地图上距离需要乘以比例因子 κ,因此到任意点的距离可由纬度通过下列积分方程中获得:

$$y = \int_0^{\phi_y} R \cdot \sec\phi \, d\phi = R \cdot \ln\left[\tan\left(\frac{\pi}{4} + \frac{\phi}{2}\right)\right] \qquad (1.4)$$

其他坐标由下式给出:

$$x = \lambda - \lambda_0 \qquad (1.5)$$

式中:λ_0 为地图中心的精度。

当墨卡托投影法用于在较大的区域中导航时,需要选择精度更高的地球模型,这种情况下,大地球面坐标向墨卡托投影方法下的坐标转换,需要根据特殊的表格来计算。

2. 米勒方法

大约在墨卡托投影方法发明 400 年后,奥斯本·米勒(Osborn Miller)在 1942 年发明了米勒方法,这种方法克服了墨卡托投影方法存在的主要缺点,在大区域的导航中,他强调了地球的磁场问题(如图 1.7 所示的球面显示)。实际上墨卡托方法没有考虑磁场问题。

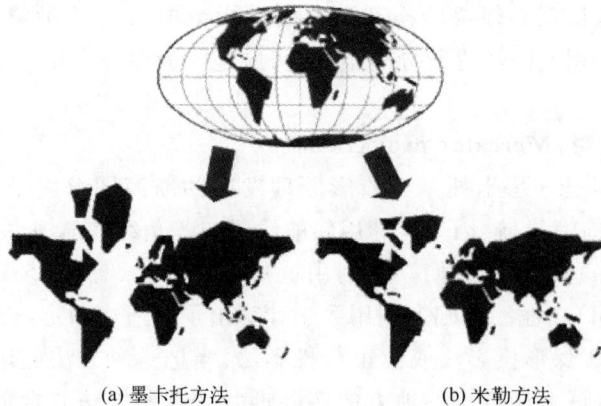

(a) 墨卡托方法   (b) 米勒方法

图 1.7 墨卡托方法和米勒方法的不同之处

米勒方法在坐标的水平和垂直轴上使用不同的比例因子:

$$\begin{cases} \kappa_x = \sec\phi \\ \kappa_y = \sec(0.8\phi) \end{cases} \qquad (1.6)$$

12

y 轴坐标由下式计算得出：

$$y = R \cdot \frac{\ln\left[\tan\left(\dfrac{\pi}{4} + 0.4\phi \right) \right]}{0.8} \tag{1.7}$$

图 1.7 显示出了墨卡托方法和米勒方法的主要区别,我们可以看出墨卡托方法在纬度上是变形的。赠送的模拟器软件中的地图也使用了米勒方法(图 1.1)。

1.4 时间基准和守时

精确守时是 GNSS 的基础。事实上,GNSS 接收机的工作原理,就是在于测量从卫星到用户接收机的信号传播时间。卫星的时钟必须是同步且稳定的,以便利用卫星进行定位。例如,卫星时钟 1ns 的误差将会导致 30cm 的测距误差($\Delta r = c \cdot \Delta t$),正如本章后面将要介绍的,这将导致很大距离的定位误差。

最早引入的精确守时也是为了解决导航问题,是 17 世纪寻找经度的方法。约翰·哈里森(John Harrison)发明了一种精确计时器,赢得了获取经度的方法和仪器的发明奖。这种方法使得人类历史上第一次使用计算时间的方法来定义坐标,该方法取代了航位推测法。

有多种方法来确定 GNSS 的时间基准。GLONASS 使用主时钟来定时,而 GPS 是使用整体时间的平均数,这个时间的整体同样也包括卫星的时间。

在整个星座中,每颗卫星的时标不仅在物理上是同步的,而且在解析中也是同步的。卫星上的时钟通常都存在一定的误差,为了对这些误差进行修正,必须对系统时间和卫星时间之间的漂移进行补偿处理。这些修正包括预期时段的卫星时钟的时间漂移及其导数。这一时段在 GPS 中通常为 12h 或 24h。这些修正数据在卫星信号中作为导航电文的一部分进行广播。

目前,时间估计已经成为最普遍的 GPS 应用之一,GPS 扮演了给全球用户提供精确时间的角色[14],它可以使人们更容易更方便地获得精确的时间,即使最简单的 GNSS 接收机都可以很准确地获得几十纳秒量级精度的时间,基本上有一个与接收机定位精度相关的误差($\Delta t = \Delta r / c$)。最困难的事是在接收机向用户发送时间信号的过程中怎样保持时间信号的精度,这就是为什么定时应用需要专用的 GPS 接收机。

1.5 准确度、精度和正态分布

导航任务通常用 GNSS 接收机就可完成,而大地测量任务需要事后处理。有些任务需要准实时进行大地测量,这就需要有一套事后处理计算机和手持设备,这种设备在地理信息系统(GIS)应用中很普遍。GNSS 设备说明书中最重要的参数之一就是准确度。大地测量和导航任务中对准确度的描述略有不同。我们更关心的是导航任务中准确度的描述,原因是导航任务一般集成在 GNSS 接收机中,因此 GNSS 接收机的说明书通常给出导航任务的准确度。应该把准确度和精度指标区别开来,准确度是指预测的位置和实际位置相接近的程度,精度是指两个连续测量位置之间的相近程度,说明书中给出的参数一般是统计参数,人们都期望预测的数据和实际的数据一致。在测量参数时,必须考虑参数的随机性,这种随机性是由于我们对所有模型都无法彻底掌握所造成的。

1.5.1 正态分布的重要性和缺陷

假设需要在狭义概念上完成定位任务和准确估算天线相位中心的坐标。一部接收机输出一些固定的位置,这些信息会稍有不同,我们选择使用中位数、均值或数学期望估计天线位置 $(\hat{x}, \hat{y}, \hat{z})$,公式如下:

$$\hat{x} = \frac{\sum_{i=0}^{n-1} x_i}{n} \tag{1.8}$$

对于坐标值 $\hat{y}, \hat{z}$,我们利用相同的表达式。这种估计值会出现两面性,有许多实际应用的例子,均值估计会给出错误的信息。通过图 1.8 可以看到不同的人群所拥有的平均身高和财富,此时看到均值不是我们每天生活中所说的平均或典型的情况。在这些情况下,中值更有代表性。中值就是将所有数据按照大小重新排序后取中间样本值。

图 1.8 均值问题

如果总体服从正态分布,那么其中值和均值是一致的。中心极限定理解释了为什么我们经常会遇到正态分布,这表示如果一些几乎独立的数据在一致性增长,那么它们的和的分布将是正态分布的。为了使和的分布成为正态分布,需要 5 个(在光滑的边缘分布时)到 30 个独立值。著名的法国物理学家和数学家亨利·庞加莱(Henri Poincare)说过,每个人都相信正态分布是普遍的,物理学家认为数学家可以在理论上证明,而数学家认为物理学家可以通过试验来证明它。1960年约翰·图基(John Tukey)发表了一篇关于混合正态分布的论文。他在文章中把正态分布进行了轻微的变动,使正态分布曲线变成钟形正态分布,但是他的统计结果和正态分布的统计结果大为不同。图1.8的例子和混合正态分布理论与处理GNSS测量数据之外数据的方式密切相关。假设我们的位置估计服从正态分布理论,一种可能就是我们估计的位置在坐标轴上,这个坐标轴是和由功率谱密度曲线所确定的真实位置相关。

1.5.2 准确度的度量

1. 均方根(RMS)

均方根是对误差平方的均值开平方,即

$$RMS = \sqrt{\frac{\sum_{i=0}^{n}(r_i - r_{\text{true}})^2}{n}} \tag{1.9}$$

式中:$r_i = \sqrt{x_i^2 + y_i^2}$。

如果将真实的位置代入,利用全平均,将得到如下的标准偏差 σ_x(对 σ_y 有相同的表达式):

$$\sigma_x = \sqrt{\frac{\sum_{i=0}^{n}(x_i - \hat{x})^2}{n}} \tag{1.10}$$

可以通过测量功率谱密度曲线下的一个区域去估计均方根在圆周里所占误差的百分比。需要指出的是,如果分布不是正态的,仍然可以用同样的方法测量误差的百分比,尽管这些方法不同,在正态分布的情况下,均方根圆内包含了总误差的68.27%。

2. 2倍均方根(2DRMS)

2倍均方根水平误差是单倍均方根误差的2倍,在正态分布的情况下,2倍均方根误差约占总误差的95.45%,在±3σ处约占总误差的99.73%。

图1.9所示为一组通过iPRx软件接收机输出的定位数据,靶心的位置示出了RMS和2DRMS定位估计的统计值。

3. 圆概率误差(CEP)

圆概率误差定义为包含50%水平位置估计的圆(以实际定位点为中心位置)的半径。

4. 球面概率误差(SEP)

球面概率误差是包含50%位置估计值的球体(以实际定位点为中心位置)的半径。

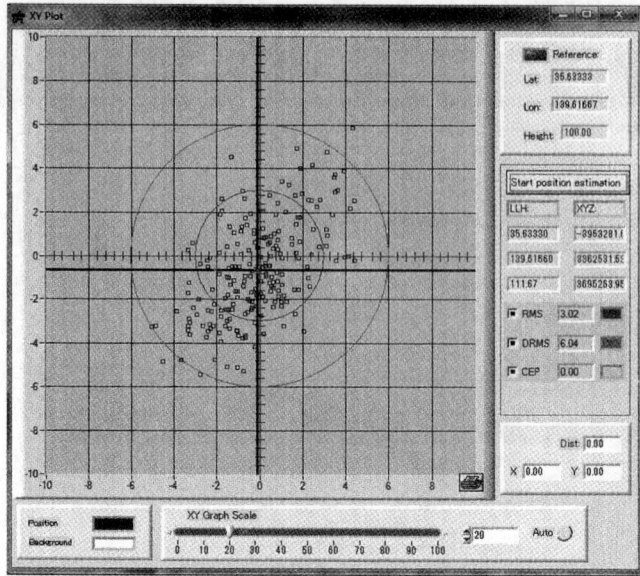

图 1.9 圆周靶心图(RMS 和 2DRMS)

不同的概率之间可以利用线性误差转换因子直接进行相互转换。

1.6 利用卫星和 GNSS 方程定位的原理

定位的工作原理是利用测量到已知坐标的信号源的距离来确定未知用户的位置,这种方法称为三边测量原理。

让我们想象二维空间里存在一个二维的物体,如图 1.10 所示。在这个二维空间里,要利用 2 颗卫星给这个物体定位。如果已知定位点到各颗卫星的距离以及卫星的坐标,那么就以到 2 颗卫星的距离为半径分别画圆,在 2 个圆的交叉点得到2 个位置,这时物体在二维空间里有 2 个可能的位置点。用同样的方法,用户在一个三维的空间里也能得到自己的位置坐标,在三维的空间里,2 个圆的交叉点同样

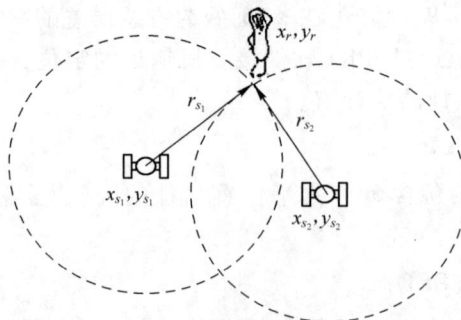

图 1.10 GPS 定位原理

16

给出 2 个可能位置点,如果用户到卫星的距离足够远,用户可以轻易判断出正确的位置点。

　　用户是通过测量信号传播时间来测量距离的(图 1.11),因此系统同步的时间、高稳定度的星上时钟所造成的误差是可以忽略的。但是用户的廉价时钟会产生很大误差,由此也会带来很大的距离测量误差(图 1.11(a))。为了判别并消除这些误差,用户需要测量到另一颗卫星的距离,可以通过这颗卫星获得未知参数的解(图 1.11(b))。3 颗卫星可以再给出 2 个解,这里也包括接收机时钟误差的 2 个解(图 1.11(c))。

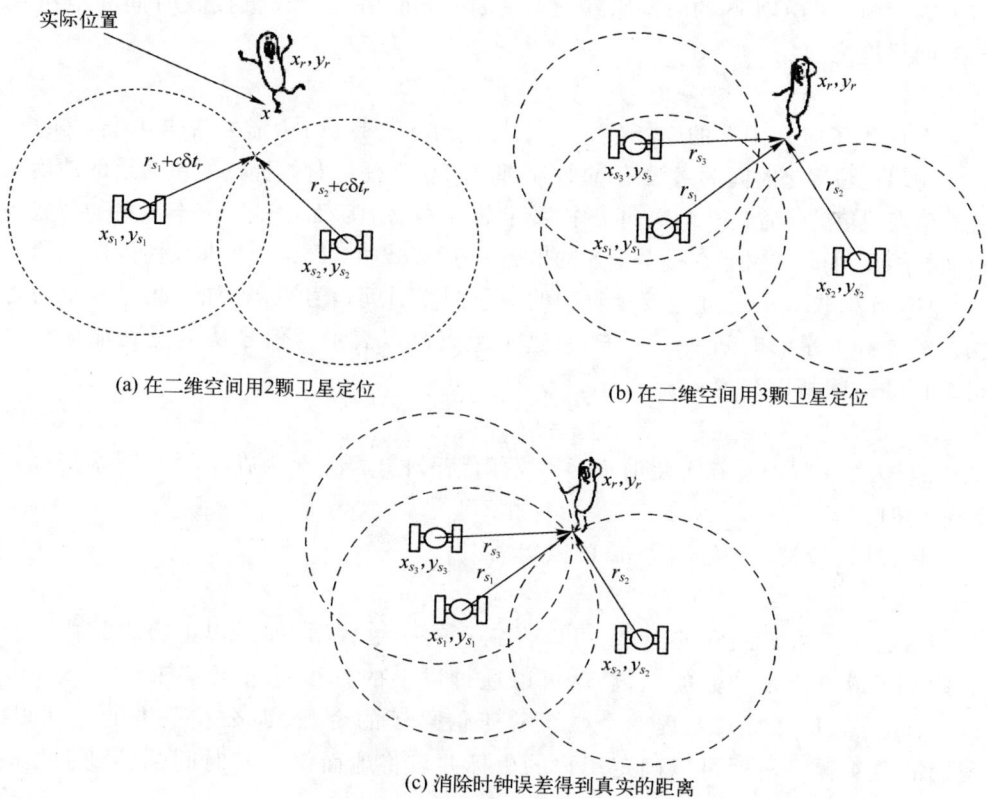

(a) 在二维空间用2颗卫星定位

(b) 在二维空间用3颗卫星定位

(c) 消除时钟误差得到真实的距离

图 1.11　测量用户到卫星的距离

　　用户到所有卫星之间距离的公式为

$$r_{S_i} = \sqrt{\left(x_r(t_r) - x_{S_i}(t_{S_i})\right)^2 + \left(y_r(t_r) - y_{S_i}(t_{S_i})\right)^2 + \left(z_r(t_r) - z_{S_i}(t_{S_i})\right)^2}, i = 1, 2, \cdots, n$$

(1.11)

式中:r_{S_i} 为在三维空间中用户到第 i 颗卫星的距离;n 为观测到的卫星的数量;x_r,y_r,z_r 为用户在 t_r 时刻的坐标值;x_{S_i},y_{S_i},z_{S_i} 为第 i 颗卫星在 t_{S_i} 时刻的坐标值。

　　测距是利用卫星信号从卫星到用户之间传输时间来计算的,所有的时标都使用 GNSS 的统一标准,对于大多数的应用可以假设卫星的时间具有高精度且与系统时间同步。t_r 是接收机的时间系统,t_{s_i} 是来自 GNSS 的时间,通常情况下用户的时间和卫星时间不能很精确地同步,不能满足所有的定位任务。卫星是稳定性很高的设备,带有昂贵的原子钟,即使卫星的时钟不够稳定,地面设备(见 1.1.5 节)也可以持续测量它们的漂移,并使它们与系统的同步精度控制在一定范围之内。时钟漂移的参数将通过导航数据一同广播到用户设备。然而这些广播的信号有时也不能满足用户需求,在这种情况下就必须估计卫星的时间误差、接收机天线的坐标和用户接收机时钟的误差值。

为了将 t_r 与 GNSS 的时间系统统一起来,下面引入接收机接收时间和卫星系统时间尺度之差:

$$\delta t_r = t_{r_r} - t_{r_s} \tag{1.12}$$

因此为了定义用户的坐标值 $x_r, y_r, z_r, \delta t_r$,在式(1.11)中需要解出 4 个未知数。

卫星的位置是时间的函数,卫星控制部分可以在任何时候提供卫星轨道的精确位置。确定卫星的位置是一个逆向工作,我们将在本书的后面讨论。由于卫星的位置是时间的函数,而时间又是在一个未知的坐标中,所以式(1.11)是一个非线性方程。

GNSS 接收机是通过比较接收到的卫星同步时间信号来测距的,此时地面的时间系统要和卫星的时间系统相统一,这个距离可以表示为信号从卫星到地面接收机的传播时间乘以光速:

$$r_{s_i} = (t_{r_s} - t_{e_s}^i) \cdot c \tag{1.13}$$

式中:$t_{e_s}^i$ 为第 i 颗卫星在卫星时间系统发射信号的时刻;t_{r_s} 为在卫星时间系统接收信号的时刻。

将式(1.12)代入距离式(1.13),得

$$r_{s_i} = (t_{r_r} - t_{e_s}^i - \delta t_r) \cdot c \tag{1.14}$$

通过所有可观测到的卫星,可以得到 r_{s_i} 的一组数据,如果以上方程组中的方程数大于或等于未知数的个数,就可以通过以上的方程组求出未知数 $x_r(t_{r_r})$,$y_r(t_{r_r})$,$z_r(t_{r_r})$,δt_r 的值,方程的个数也等于信号源的个数,那么在三维的空间里,我们需要 4 颗卫星就可以确定用户的坐标并可将地面接收机时间调整到卫星时间上。

接收机提供的距离 r_{s_i} 包含了卫星时钟的误差,所以称这个距离为伪距,而不是真正的距离。卫星时钟误差的修正值作为导航电文的一部分发送到用户,并由用户进行补偿,因此我们现在不考虑它们。用户得到的伪距值为

$$\rho_{s_i} = (t_{r_r} - t_{e_s}^i) \cdot c \tag{1.15}$$

$$\rho_{s_i} = \sqrt{(x_r(t_r) - x_{s_i}(t_{s_i}))^2 + (y_r(t_r) - y_{s_i}(t_{s_i}))^2 + (z_r(t_r) - z_{s_i}(t_{s_i}))^2} +$$
$$\delta t_r \cdot c, \quad i = 1, 2, \cdots, n \tag{1.16}$$

式中:右边第一项为第 i 颗卫星的距离;第二项为接收机时钟误差。

式(1.16)可以用矩阵的形式表示为

$$Z = A(X) \tag{1.17}$$

式中:X、Z 分别为状态矢量、观测矢量,且

$$X = \begin{bmatrix} x_r \\ y_r \\ z_r \\ \delta t_r \end{bmatrix}, \quad Z = \begin{bmatrix} \rho_{S_1} \\ \rho_{S_2} \\ \vdots \\ \rho_{S_n} \end{bmatrix}$$

这里仅考虑了码观测值,即通过输入信号的扩频码和接收机产生的复制信号相比较得出的观测值,其他观测方法将在第 8 章中介绍。

为了解决定位问题,需要利用 n 阶的伪距测量值 Z 来求解一个 4 阶的矢量 X。要使式(1.17)有解,必须满足条件 $n \geqslant 4$。式(1.17)描述的是一个非线性系统,要想求解需要进行线性化,本章将介绍它的求解方法。要想更多使用这些方法,系统必须要进行线性化处理,事实上由于卫星离用户非常远,系统是可以被线性化的。

1.7 泰勒理论和 GNSS 方程的线性化

我们利用泰勒理论通过多项式来表示非线性化方程,泰勒理论的重要思想就是把线性化误差限制在一定范围内。布鲁克·泰勒(Brook Taylor)(1685—1731)于 1709 年毕业于剑桥大学圣约翰学院(St. John's College),他于 1715 年在牛顿和开普勒研究的基础上提出了泰勒理论。

泰勒理论指出,如果非线性函数 $f(x)$ 在区间 $[a,b]$ 上有 $n+1$ 个连续的值,且 $x \in [a,b]$,$x_0 \in [a,b]$,那么 $f(x)$ 可以表示成一个多项式和一个余项的和,即

$$f(x) = p_n(x) + R_n(x) \tag{1.18}$$

式中:多项式 $p_n(x)$ 可以表示为

$$p_n(x) = \sum_{k=0}^{n} \frac{(x - x_0)^k}{k!} f^{(k)}(x_0) \tag{1.19}$$

余项表示为

$$R_n(x) = \frac{(x - x_0)^{n+1}}{(n+1)!} f^{(n+1)}(x_\zeta) \tag{1.20}$$

式中:x_ζ 介于 x 和 x_0 之间。

当 x 无限接近 x_0 时,余项将会足够小,如果选择的点在第二阶时就使剩余项满足足够小的条件,那么方程所描述的系统就可以用线性系统来代替。为了线性化式(1.16),在近似接收机点 $x_{r_0}, y_{r_0}, z_{r_0}$ 并且 $\delta t_{r_0} = 0$ 时,可以利用下面的偏微分方程:

$$\frac{\partial}{\partial x} \rho_{s_i} = \frac{x_{r_0} - x_{S_i}}{\sqrt{(x_{r_0} - x_{S_i})^2 + (y_{r_0} - y_{S_i})^2 + (z_{r_0} - z_{S_i})^2}}, \quad i = 1, 2, \cdots, n \tag{1.21}$$

实际上，由近似点 $x_{r_0}, y_{r_0}, z_{r_0}$ 到卫星的偏微分矢量是一个单位方向矢量：

$$e_i = \left[\frac{\partial}{\partial x} \rho_{s_i}, \frac{\partial}{\partial y} \rho_{s_i}, \frac{\partial}{\partial z} \rho_{s_i} \right] \tag{1.22}$$

那么线性方程可以写成矩阵的方式：

$$Z - Z_0 = H \times \Delta X \tag{1.23}$$

式中：H 为观测矩阵，且

$$H = \begin{bmatrix} \dfrac{\partial \rho_{s_1}}{\partial x} & \dfrac{\partial \rho_{s_1}}{\partial y} & \dfrac{\partial \rho_{s_1}}{\partial z} & 1 \\[2mm] \dfrac{\partial \rho_{s_2}}{\partial x} & \dfrac{\partial \rho_{s_2}}{\partial y} & \dfrac{\partial \rho_{s_2}}{\partial z} & 1 \\[2mm] \vdots & \vdots & \vdots & \vdots \\[2mm] \dfrac{\partial \rho_{s_n}}{\partial x} & \dfrac{\partial \rho_{s_n}}{\partial y} & \dfrac{\partial \rho_{s_n}}{\partial z} & 1 \end{bmatrix} = \begin{bmatrix} e_{1x} & e_{1y} & e_{1z} & 1 \\ e_{2x} & e_{2y} & e_{2z} & 1 \\ \vdots & \vdots & \vdots & \vdots \\ e_{nx} & e_{ny} & e_{nz} & 1 \end{bmatrix}$$

$$\Delta X = \begin{bmatrix} x_r - x_{r0} \\ y_r - y_{r0} \\ z_r - z_{r0} \\ \delta t_r \end{bmatrix}$$

Z_0 为针对点 $x_{r_0}, y_{r_0}, z_{r_0}$ 的一个预测矢量；

对于单点定位，我们先通过线性化方程对点位进行先验估计，然后再通过另一个参考点进行差分定位，在这种情况下需要用与已知点位相类似的方法进行线性化处理，通常这个参考点是个已知点位，差分定位就是寻找基线矢量，这种基线矢量在已知点位和未知点位是不同的。

1.8 最小二乘估计

1.8.1 最小二乘估计原理

我们需要求解式(1.23)，为了不失一般性，式(1.23)可以重写为

$$Z = H \times \Delta X \tag{1.24}$$

式中：Z 为一个测量矢量，包括预测点和测量点之间的差异；ΔX 为一个未知的状态矢量，表示测量误差；H 为观测矩阵。

实际上，式(1.24)包括了测量误差，因此可以写为

$$Z = H \times \Delta X + \zeta \tag{1.25}$$

式中：ζ 为测量误差的矢量。那么可以得出式(1.25)中 $\Delta \hat{X}$ 的解，它可以缩减剩余矢量的平方和值：

20

$$\boldsymbol{\zeta} = \boldsymbol{H} \times \Delta \hat{\boldsymbol{X}} - \boldsymbol{Z} \qquad (1.26)$$

当偏导数为零时,可以得到最小的误差估计(图1.12)。

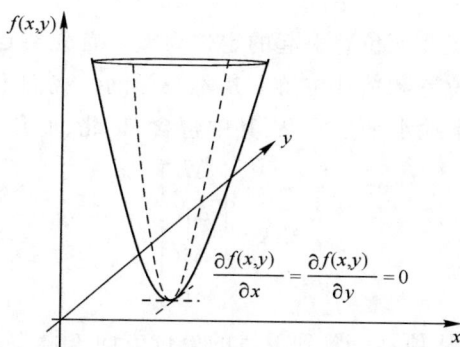

图 1.12　当其偏导数为零时实现的最低准则

矩阵方程可以写成如下形式:

$$2 \cdot \boldsymbol{H}^{\mathrm{T}} | \boldsymbol{H} \times \Delta \hat{\boldsymbol{X}} - \boldsymbol{Z} | = 0 \qquad (1.27)$$

式中:$\boldsymbol{H}^{\mathrm{T}}$ 为 $\boldsymbol{H}$ 的转置矩阵。

因此,式(1.25)两边左乘矩阵 $\boldsymbol{H}^{\mathrm{T}}$ 可以得到正规方程组:

$$\boldsymbol{H}^{\mathrm{T}} \cdot \boldsymbol{H} \times \Delta \hat{\boldsymbol{X}} + \boldsymbol{\zeta} = \boldsymbol{H}^{\mathrm{T}} \cdot \boldsymbol{Z} \qquad (1.28)$$

方程的唯一解为

$$\Delta \hat{\boldsymbol{X}} = (\boldsymbol{H}^{\mathrm{T}} \times \boldsymbol{H})^{-1} \times \boldsymbol{H}^{\mathrm{T}} \times \boldsymbol{Z} \qquad (1.29)$$

如果格兰姆(Gramia)矩阵存在,有

$$\boldsymbol{G} = \boldsymbol{H}^{\mathrm{T}} \times \boldsymbol{H} \qquad (1.30)$$

且矩阵是可逆的,并且如果矩阵的阶等于或高于 n,而且观测矩阵的列矢量是线性相关的,那么格兰姆矩阵则非常独特,即它的行列式等于零。线性无关矢量的数量必须等于或大于 n。在一个矩阵中,如果我们能够利用其他列矢量通过线性处理(如加、减或乘一个常数)能够得到一个新的列矢量的话,那么该矩阵的列是线性相关的。实际上,线性相关意味着相关的测量会得到同样的信息。这种情况发生在信号接收者和信号源的方向矢量是平行或接近平行的时候。

在实际应用中,可以为每个观察点进行权重分配。例如,给低仰角卫星分配较低的权重,因为这些观测点更容易带来无法补偿的大气误差,经过加权的最小二乘估计(LSE)方程可以写成如下形式:

$$\Delta \hat{\boldsymbol{X}} = (\boldsymbol{H}^{\mathrm{T}} \times \boldsymbol{W} \times \boldsymbol{H})^{-1} \times \boldsymbol{H}^{\mathrm{T}} \times \boldsymbol{W} \times \boldsymbol{Z} \qquad (1.31)$$

通常需要通过几次迭代才能得到方程的解,迭代的次数由观测位置和实际位置的距离决定。由于观测矩阵一般不是矩形矩阵,不存在观测矩阵的逆矩阵,因此不能得到式(1.24)的解,测量数据量总是大于未知的数据量,利用测量得到的多余信息进行误差修正,因此由 LSE 得到的结果称为伪距。

1.8.2　协方差的传递和精度因子(DOP)

现在讨论卫星星座几何位置引起的定位误差。首先要定义一个坐标矢量 ΔX,这个坐标矢量在假设位置和估计位置上是不一样的。我们不用笛卡儿地心地固坐标系(图 1.4)而是用本地水平坐标系,其中包含东、北、上和时间因子:

$$\Delta X = \begin{bmatrix} \Delta E \\ \Delta N \\ \Delta H \\ \delta t_r \end{bmatrix} \qquad (1.32)$$

那么观测矩阵 H 从预测位置到卫星的单位方向矢量为

$$H = \begin{bmatrix} e_{1x} & e_{1y} & e_{1z} & 1 \\ e_{2x} & e_{2y} & e_{2z} & 1 \\ \vdots & \vdots & \vdots & \vdots \\ e_{nx} & e_{ny} & e_{nz} & 1 \end{bmatrix} \qquad (1.33)$$

测量误差用 δZ 表示,例如通过式(1.29)将测量误差传递到状态矢量的估计中,由测量误差带来的定位误差可以写为

$$\delta \hat{X} = (H^{\mathrm{T}} \times H)^{-1} \times H^{\mathrm{T}} \times \delta Z + \zeta \qquad (1.34)$$

式中:误差 $\delta \hat{X}$ 为随机变量。

因此,我们可以考虑它的统计数据而不是瞬时数据。首先要考虑它的数学期望,数学期望为

$$E(\delta \hat{X}) = (H^{\mathrm{T}} \times H)^{-1} \times H^{T} \times E(\delta Z) + E(\zeta) \qquad (1.35)$$

其次,再考虑它的协方差,协方差为

$$\mathrm{cov}(\delta \hat{X}) = E(\delta \Delta \hat{X} \cdot \delta \Delta \hat{X}^{\mathrm{T}}) = (H^{\mathrm{T}} \times H)^{-1} \times H^{\mathrm{T}} \times \mathrm{cov}(\delta Z) \times H \times (H^{\mathrm{T}} \times H)^{-1} \qquad (1.36)$$

式(1.36)描述的误差是通过几何形状传播的,这是精度因子(DOP)。如果假设测量协方差矩阵中所有的元素都是不相关的,并且有相同的方差,那么

$$\mathrm{cov}(\delta Z) = \sigma^2 \cdot I \qquad (1.37)$$

式中:I 为单位矩阵。

则式(1.36)变为

$$\mathrm{cov}(\delta \hat{X}) = \sigma^2 \cdot (H^{\mathrm{T}} \times H)^{-1} = \sigma^2 \cdot D \qquad (1.38)$$

协方差矩阵 $\mathrm{cov}(\delta \hat{X})$ 的对角线元素称为精度因子(DOP)。垂直 DOP(VDOP)表示高度定位误差的变化,水平 DOP(HDOP)表示水平定位误差的变化。另外,还有位置 DOP(PDOP)、时间 DOP(TDOP)、几何 DOP(GDOP)等。它们的精度因子分

别定义如下：

$$
\begin{cases}
d_{\mathrm{VDOP}} = \sqrt{d_{33}} \\
d_{\mathrm{HDOP}} = \sqrt{d_{11} + d_{22}} \\
d_{\mathrm{PDOP}} = \sqrt{d_{11} + d_{22} + d_{33}} \\
d_{\mathrm{TDOP}} = \sqrt{d_{44}} \\
d_{\mathrm{GDOP}} = \sqrt{d_{11} + d_{22} + d_{33} + d_{44}}
\end{cases}
\tag{1.39}
$$

式中：$d_{ii}(i=1,2,3,4)$ 为矩阵 $\boldsymbol{D}$ 中第 i 个对角线元素。

这意味着误差主要来自伪距误差，如大气传播中的误差带来较大的定位误差，这些定位误差是由于卫星几何分布不合理造成的，解决这些问题的方法是发射更多的卫星，图 1.13 所示为 GPS 和 GLONASS 星历在一定时间间隔内产生的精度因子。

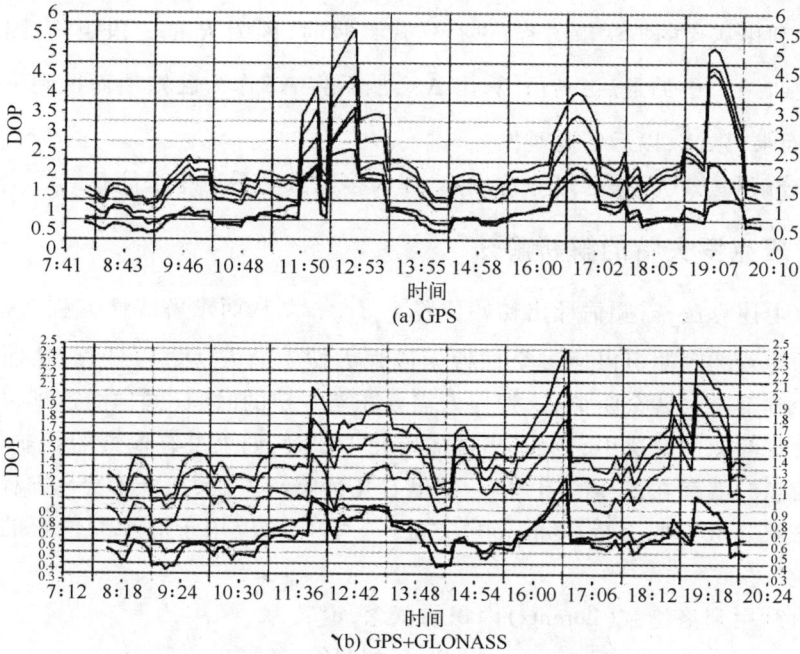

(a) GPS

(b) GPS+GLONASS

图 1.13　GPS 和 GLONASS 星历所带来的精度因子（DOP）

1.8.3　最小二乘估计的实现

为了使方程的解得到更小的舍入误差，并考虑到计算的时效性，则需要更大的内存和更快的计算速度，式（1.23）的矩阵被变换成各种元素，这些变换称为分解或因素分解，这里只考虑正交三角（QR）分解或三角分解。高斯（Gauss）首先使用替代方法通过消元得到式（1.23）的解。

如果矩阵 $\boldsymbol{Q}$ 是正交的，那么可得

$$Q^T Q = I \qquad (1.40)$$

式中:I 为单位矩阵。

矩阵 H 总是可以被表示为一个正交矩阵 Q 和一个上三角矩阵 R 的乘积,即

$$H = Q \times \begin{bmatrix} R_{11} & R_{12} & \cdots & R_{n1} \\ 0 & R_{22} & \cdots & R_{n2} \\ \vdots & \vdots & & \vdots \\ 0 & 0 & \cdots & R_{nn} \end{bmatrix} \qquad (1.41)$$

那么,初始方程式(1.24)可改写为

$$QR \times \Delta \hat{X} = Z \qquad (1.42)$$

使用式(1.40),方程可以重写为

$$R \times \Delta \hat{X} = Q^T Z \qquad (1.43)$$

然后利用迭代的方法解方程,进行迭代计算时,因为 R 是三角矩阵,因此可以直接从式(1.43)中的最后一行计算出 $\Delta \hat{X}$,然后将 $\Delta \hat{X}$ 作为已知项而得到下一行的数据,从而求得 $\Delta \hat{X}$,以后依此类推。

QR 分解和迭代算法已经非常成熟,在大多数数学手册中都能找到。

1.8.4 班克罗夫特的解析解法

依靠上述算法,需要估计出初始位置 x_{r_0},y_{r_0},z_{r_0},从而求解线性方程式(1.16),此时初始位置的预测可以通过全球搜索或强力搜索的方法进行计算,从而最大限度地减少到卫星的残余距离,这种搜索需要花费一定的时间(同样的道理可以应用到许多常规问题的解决中,例如,当传播历元未知时,如果没有检索的导航电文,计算位置信息时就存在这样的问题)。这里有几种解析方法,用于 GNSS 方程中的第一种方法就是班克罗夫特(Bancroft)方法[14],它广泛应用于对预测位置的求解进行线性化。

此时利用到洛伦兹(Lorentz)内积的概念,定义为

$$\langle g, h \rangle = g^T M h \qquad (1.44)$$

式中:$g \in \mathbf{R}^4$,$h \in \mathbf{R}^4$,且

$$M = \begin{bmatrix} \| I \|_{3 \times 3} & 0 \\ 0 & -1 \end{bmatrix} \qquad (1.45)$$

通过求平方和分组,伪距方程可以改写为

$$\frac{1}{2} \left\langle \begin{bmatrix} r_i \\ \rho_i \end{bmatrix}, \begin{bmatrix} r_i \\ \rho_i \end{bmatrix} \right\rangle - \left\langle \begin{bmatrix} r_i \\ \rho_i \end{bmatrix}, \begin{bmatrix} r \\ b \end{bmatrix} \right\rangle + \frac{1}{2} \left\langle \begin{bmatrix} r \\ b \end{bmatrix}, \begin{bmatrix} r \\ b \end{bmatrix} \right\rangle = 0 \qquad (1.46)$$

式中:r_i 为第 i 颗卫星的矢量半径;r 为用户位置的矢量半径;$b = c \cdot \mathrm{d}t$。如果有对应 4 颗卫星的 4 个方程,则可以把它们写成以下矩阵形式:

24

$$a - BM \begin{bmatrix} r \\ b \end{bmatrix} + \Lambda \tau = 0 \tag{1.47}$$

$$\Lambda = \frac{1}{2} \left\langle \begin{bmatrix} r \\ b \end{bmatrix}, \begin{bmatrix} r \\ b \end{bmatrix} \right\rangle \tag{1.48}$$

式中：$\tau = \begin{bmatrix} 1 & 1 & 1 & 1 \end{bmatrix}^{T}$；$a$ 为一个 4×1 阶的矢量，其中的元素可表示为

$$a_i = \frac{1}{2} \left\langle \begin{bmatrix} r_i \\ \rho_i \end{bmatrix}, \begin{bmatrix} r_i \\ \rho_i \end{bmatrix} \right\rangle$$

解式（1.47），得

$$\begin{bmatrix} r \\ b \end{bmatrix} = MB^{-1}(\Lambda \tau + \alpha) \tag{1.49}$$

但 Λ 是 $\begin{bmatrix} r \\ b \end{bmatrix}$ 的函数，因此式（1.47）可以写为

$$\langle B^{-1} \tau, B^{-1} \tau \rangle \Lambda^2 + 2[\langle B^{-1} \tau, B^{-1} \alpha \rangle - 1]\Lambda + \langle B^{-1} \alpha, B^{-1} \alpha \rangle = 0 \tag{1.50}$$

这是 Λ 的二次方程。

上式是 4 个测量值的情况下的方程，我们可以将式（1.47）乘以 B^{T} 来增加多测量值时的算法，这种情况下需要的卫星数量要大于 4 颗。

相应地，式（1.50）将变为

$$\langle C\tau, C\tau \rangle \Lambda^2 + 2[\langle C\tau, C\alpha \rangle - 1]\Lambda + \langle C\alpha, C\alpha \rangle = 0 \tag{1.51}$$

式中

$$C = (B^{T}B)^{-1}B^{T} \tag{1.52}$$

我们通过最小二乘法求解方程后，将得到两组 Λ 的解，此时可以通过应用一些限制条件来选择正确的解，这些限制条件可以是诸如得出的解必须是地球表面的一个点等；或者我们采用不同的测量方案得到方程的解，这样最终可以得到 Λ 的唯一解。

1.9 完好性监测

1.9.1 大地测量和导航任务中的冗余技术

导航和大地测量任务使用不同的冗余信息。大地测量任务的冗余信息来自测量网络中其他参考测量站在几天内的测量信息。这些信息可以提高测量站的坐标估计精度（可以是一个站点的精度），也可以提高整个网络站的坐标精度。

接收机接收到的卫星信号是一种载波经过扩频码和数据调制的信号（图 1.14）。在前面的方程中，我们从码测量方程 ρ_{s_i} 推导出了可观察的点位，这种推导结果是通过码跟踪环得到的，它的精度有限。在这种方法中，我们利用多

个码片或码片的一部分我们可以把到一个卫星的距离当作载波相位环的一个值,来测量到卫星的距离①。观察站也可以通过测量载波相位来推算,在这种情况下,利用载波相位环来测量到卫星的距离,这种方法得到的结果精度较高,但是存在相位模糊,相位模糊将在第 9 章状态矢量部分进行介绍。

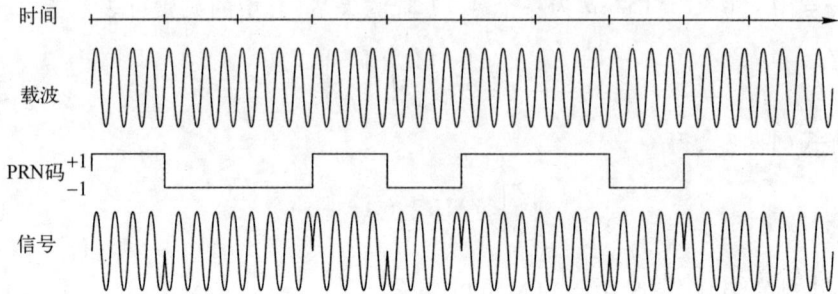

图 1.14　简化的 GPS 信号

多余的观测量也可以用于求解其他未知的状态矢量。例如,人们可以预测卫星本身的轨道。未知状态矢量还可以包括大气参数、地形参数、卫星轨道和时间。然而,在这些任务中,接收者的坐标,或更一般的接收机,都认为是已知的。现代 GNSS 技术,即使前些年认为是误差的一些效应也经常会用于获取有用的信息,这些包括大气延迟、闪烁和多径。

在导航中,冗余信息经常被利用,以确保系统的完整性。接收机自主完好性监测(RAIM)算法采用冗余信息来发现和排除错误的卫星信号。

1.9.2　接收机自主完好性监测(RAIM)

可以用很多的方法来确定一组测量值中的错误数值,这里考虑用最小二乘残差法。

由式(1.29)所定义 LSE 的解给出了相对于先验位置的定位误差矢量 $\Delta\hat{X}$,估计的位置为

$$\hat{X} = X_0 + \Delta\hat{X} \tag{1.53}$$

$\hat{X}$ 可用于重新计算从每个卫星到估计位置之间的伪距,有

$$\tilde{Z} = H \times \Delta\hat{X} \tag{1.54}$$

经过重新计算的值和伪距测量值之间残差矢量为

$$Y = Z - \tilde{Z} = (I - H \times (H^\mathrm{T} \times H)^{-1} \times H^\mathrm{T}) \times Z \tag{1.55}$$

残差平方的总和,称为误差平方和(SSE),作为检验统计量[16],有

---

① 全球导航卫星系统信号的码片可以定义为两个变换之间的扩频码的波形,不同的信号码片长度是不同的。GPS 的 L1 C/A 码的码速率为 1.023MHz,这意味一个码片长度代表大约 300m 的距离。

$$SSE = Y^T \times Y \tag{1.56}$$

如果测量误差有一个独立的零均值高斯分布,那么 SSE 统计服从 2 的平方分布,且对任何数量的卫星的几何分布是独立的,这样我们可以首先计算出阈值。如果 SSE 超过预定义的阈值,RAIM 就会报警。可观测到的卫星数量的函数、伪距观测变量的方差、Ⅰ 型和 Ⅱ 型错误的概率等应该定义其阈值。Ⅰ 型和 Ⅱ 型误差定义为漏报率和虚警率。

1.10 GNSS 定位中的非线性问题

1.10.1 实际应用中的非线性问题

有时为了获得先验的位置信息,需要通过线性化的方法来求解非线性方程式(1.16)或方程式(1.17),但在有些 GNSS 中这些方程不能被线性化。

一个特殊的应用就是利用伪卫星定位。伪卫星可以产生和导航卫星类似的信号[17,18]。最初这些伪卫星利用与 GPS L1 相同的频率发射信号,这些频率分配的伪随机码不同于卫星编码。为了避免干扰未参加的接收机(这种干扰称为远/近问题),伪卫星通过发射脉冲信号来减少发射信号的总功率。伪卫星最初是作为增强飞机着陆系统而被提出的,它可以快速提高机载接收机的分辨率[19]。接收机利用可观察到载波的相位模糊来解定位方程。目前,许多国家禁止在 GNSS 频率上发射信号,许多伪卫星只好采用其他频率。伪卫星通常距接收机太近,不能解出式(1.16)、式(1.17),为了避免非线性的问题,接收机最初只基于 GPS 来估计位置信息,待获得初始位置估计时,再利用伪卫星。在这种情况下,伪卫星通常使用航位推算技术来解决问题。

伪卫星有许多潜在的应用领域,包括社会基础设施中的应用,同样也可应用到室内机器人领域[21,22]。对于这些应用,很重要的一点就是要确保伪卫星的广播频段不能使用与 GNSS 相同的频段,否则会造成干扰。由于会使背景噪声电平升高,至少会造成信号质量的下降,影响到高端的应用。在机器人领域常用的解决方法是通过载波相位航位推算来计算每一个移动位置,这是相对于已知的初始位置来计算的。这也使我们能够避免任何非线性问题,但并没有解决与伪卫星的初始位置确定的任务。

另一个要求解非线性方程组的重要的应用是不要时标的定位[4,23,24]。正如上面所讨论的,首次定位时间(TTFF)对许多导航应用来说是一个重要的参数。如果卫星轨道信息可以从广播导航电文以外的源提供给接收机,那么首次定位的时间将缩减,仅仅在需要时才从导航电文中获得一个时标,在不需要时标的定位时,可以将获取首次定位时间的次数缩短到 1ms。

在定位方程式(1.29)中,通常需要确定接收机的时钟误差,作为未知的状态矢量的一部分。然而,时钟误差需要限制到一定值。一定要考虑接收机时钟误差的大小,因为它直接影响到卫星坐标计算的准确性。卫星的坐标一般利用传输时间来计算。通常需要在 X_0 或 $x_{r_0}, y_{r_0}, z_{r_0}$ 和 δt_{r_0} 附近对式(1.23)进行线性化处理。此时假设:

$$\delta t_{r_0} \approx 0 \tag{1.57}$$

如果误差 δt_{r_0} 不能被忽略,那么方程就不能进行线性化处理,因为在卫星定位中,这样的误差会变得很大:

$$dx = x_{S_i}(t_{r_S}) - x_{S_i}(t_{S_S}) \tag{1.58}$$

GPS 卫星的平均速度大约为 4km/s,在视线方向(LOS)速度可达约 800m/s。因此,一个接收时钟的误差为 0.1s,将导致卫星位置有 400m 的误差,或者在视线方向有 80m 的误差。这些误差还会因为星座的几何特性(DOP)而变大。通常我们利用接收机从导航电文中估计的时间来确定它的位置。接收机从卫星信号的导航电文和扩频码获取信号发射时间,然后,用这个时间调整接收机初始值的时间,初始时间的误差为 δt_{r_0},这个值要作为导航解决方案的一部分,原则上是时间估计和它的坐标的精确度在同一个水平上。通过解 DOP 方程式(1.39)可以看到,卫星的几何形状对时间精度与定位精度的影响略有不同。如果接收机的 2DRMS 是 6m 左右,那么在光速为 30 万 km/s 的时间误差的速度将是 20ns 左右。换句话说,一个标准的接收机的时间测量精度大约为 20ns。

在用户得不到精确的时间时,例如不能得到导航电文,我们有多种方法求解非线性方程组。

1.10.2 求解非线性 GNSS 任务的方法

我们考虑全球导航卫星系统原始的非线性方程式(1.16)或矩阵形式(1.17)的求解方法:

$$Z = A(X') \tag{1.59}$$

式中:X' 为扩展的状态矢量,有

$$X' = \begin{bmatrix} x_r \\ y_r \\ z_r \\ \delta t_r \\ t_r \end{bmatrix}$$

唯一的区别是,现在我们需要介绍一个额外的变量,这个变量就是信号接收时间 t_r,在式(1.17)中,接收信号的时间认为是已知的,因为它是从有一定精度的导航电文中得到。

还请注意的就是 X',就像在线性化方程式(1.29)中一样,它是 X 天线位置坐标矢量,而不是其估计的误差。

在寻找求解方案时,可以定义一个搜索区域。搜索的区域最好以当地的水平坐标来定义,因为它会将第三个坐标值强制变为高度值。扩展的状态矢量可以改写为

$$X'_{\text{LOC}} = \begin{bmatrix} E_r \\ N_r \\ H_r \\ \delta t_r \\ t_r \end{bmatrix}$$

式中:E_r,N_r,H_r 分别为当地水平坐标的东、北和高度。

我们可以假设,这个搜索的区域是由状态矢量组中每个状态矢量的最大值和最小值来确定的,该区域将覆盖 X'_{LOC} 中所有的位置点,该区域由五维的行矢量确定,包括矢量组中定义的时间矢量,在强制搜索时,在每一个时间步长值内,只改变一个状态矢量的值:

$$X'_{\text{LOC}}(i) = \begin{bmatrix} E_{\min} + i_E \cdot \Delta E \\ N_{\min} + i_N \cdot \Delta N \\ H_{\min} + i_H \cdot \Delta H \\ \delta t_{\min} + i_\delta \cdot \Delta \delta t \\ t_{\min} + i_t \cdot \Delta t \end{bmatrix} \tag{1.60}$$

式中:i_E,i_N,i_H,i_δ,i_t 为沿每个维度的迭代因子。

每个状态矢量应通过一个估计方程来估计。在每个点可以通过如下的方程来计算观测矢量:

$$\widetilde{Z}(i) = [A(\widetilde{X}'_{\text{LOC}}(i))] \tag{1.61}$$

代价函数为

$$\text{CF} = (Z - \widetilde{Z})^{\text{T}} \times (Z - \widetilde{Z}) \tag{1.62}$$

全局最小代价的函数 CF 给出了搜索区域的位置,值得注意的是 CF 具有多个局部极小值,因此,标准优化算法在此并不适用。

如果我们正在寻找在一个二维平面内的位置,这个位置具有固定的海拔高度,那么在搜索空间可以通过减少其一个维数而显著减少。然而即使增加约束条件,目前这种强制搜索方法也不能实时实现,实时实现的方法在文献[4]中可以查到,但它们超出了本书的范围。

1.10.3 解决非线性 GNSS 任务的解析方法

有几种解析方法可以求解式(1.16),例如文献[25]所述。这些方法是利用多项式来减少未知变量,这些算法都可以通过数学工具来实现,如 MATLAB、Maple 或

Mathematica。然而最困难的是得到方程式(1.59)的解,因为在这个方程中包含了卫星运动方程。

参考文献

[1] E. D Kaplan and C. J. Hegarty (editors), *Understanding GPS, Principles and Applications*, 2nd edition, Boston, MA, Artech House, 2006.

[2] Y. Urlichich, V. Subbotin, G. Stupak, *et al.*, GLONASS. Developing strategies for the future, *GPS World*, 22, (4) 2011, 42–49.

[3] V. Engelsberg, V. Babakov, and I. Petrovski, Expert advice – GLONASS business prospects, *GPS World*, 19, (3), 2008, 12–15.

[4] I. Petrovski, T. Tsujii, and H. Hojo, First AGPS – now BGPS. Instantaneous precise positioning anywhere, *GPS World*, 19, (11), 2008, 42–48.

[5] I. Petrovski, *et al.*, LAMOS-BOHSAI ™: LAndslide Monitoring System Based On High-speed Sequential Analysis for Inclination, ION GPS'2000, USA, Salt Lake City, September 2000.

[6] M. Rothacher, W. Gurtner, S. Schaer, R. Weber, and H. Hase, Azimuth- and elevation-dependent phase center corrections for geodetic GPS antennas estimated from GPS calibration campaigns, in IAG Symposium No.115, edited by W. Torge, New York, NY, Springer-Verlag, 1996.

[7] D. D. McCarthy: *IERS Conventions 2000*, Central Bureau of IERS, Observatoire de Paris, IERS Technical Note, 32, Paris, 2004.

[8] V. Galazin, B. Kaplan, M. Lebedev, *et al.*, *Reference Document On Geodetic Parameters System, Parameters of Earth PZ-90*, Moscow, Coordination Scientific Information Center, 1998.

[9] J. M. Dow, R. E. Neilan, and G. Gendt, The international GPS service (IGS): Celebrating the 10th anniversary and looking to the next decade, *Adv. Space Res.* 36, (3), 2005, 320–326, doi:10.1016/j.asr.2005.05.125.

[10] J. R. Smith, *Introduction to Geodesy, The History and Concepts of Modern Geodesy*, A Wiley-Interscience Publication, John Wiley & Sons, Inc, 1997.

[11] A. Perova and V. Harisov (editors), *GLONASS, Design and Operation Principles*, 4th edition, Moscow, Radiotechnica, 2010 (in Russian).

[12] J. Bennett, Mathematics, instruments and navigation, 1600–1800, in *Mathematics and the Historian's Craft*, M. Kinyon and G. van Brummelen (editors), Berlin/Heidelberg, Springer, 2005.

[13] P. McDonnel, *Introduction to Map Projections*, 2nd edition, Rancho Cordova, CA, Landmark Enterprises, 1991.

[14] C. Audoin and B. Guinot, *The Measurement of Time. Time, Frequency and the Atomic Clock*, Cambridge, Cambridge University Press, 2001.

[15] S. Bancroft, An algebraic solution of the GPS equations, *IEEE Transactions on Aerospace and Electronic Systems*, 21, 1985, 56–59.

[16] R. Brown, Receiver autonomous integrity monitoring, in *Global Positioning System: Theory, and Applications*, Vol. II, B. W. Parkinson and J. J. Spilker (editors), Washington, DC, American Institute of Aeronautics and Astronautics Inc., 1996.

[17] B. Elrod and A. J. Van Dierendonck, Pseudolites, in *Global Positioning System: Theory, and Applications*, Vol. II, B. W. Parkinson and J. J. Spilker (editors), Washington, DC, American Institute of Aeronautics and Astronautics Inc., 1996.

[18] I. Petrovski, *et al.*, Pedestrian ITS in Japan, *GPS World*, 14, (3), 2003, 33–37.

[19] C. Cohen, *et al.*, Precision landing of aircraft using integrity beacons, in *Global Positioning System: Theory and Applications*, Vol. II, B. W. Parkinson and J. J. Spilker (editors), Washington, DC, American Institute of Aeronautics and Astronautics Inc., 1996.

[20] I. Petrovski, *et al.*, Pedestrian ITS in Japan, *GPS World*, 14, (3), 2003, 33–37.

[21] I. Petrovski, *et al.*, *Indoor code and carrier phase positioning with pseudolites and multiple GPS repeaters*. ION GPS'2003, USA, Portland, September 2003.

[22] S. Sugano, Y. Sakamoto, K. Fujii, *et al.*, It's a robot life, *GPS World*, 18, (9), 48–55.

[23] Frank van Diggelen, *A-GPS: Assisted GPS, GNSS, and SBAS*, Boston, MA, Artech House, 2009.

[24] I. Petrovski, Expert advice – everywhere, without waiting, *GPS World*, 17, (10), 2006, 12.

[25] J. Awange and E. Grafarend, *Solving Algebraic Computational Problems in Geodesy and Geoinformatics*, Berlin/Heidelberg, Springer, 2005.

习题

利用 ReGen 信号发生器产生 GLONASS 和 QZSS 的地面跟踪信号。注意在用户的位置上观察,当卫星可观察到的时候用绿色标识,当卫星不可见时用蓝色标识。

第 2 章　GNSS 轨道的分类和应用

"相对于自由落体来讲,地球很显然是一个巨大的球体,当很小的物体跌落到地球上时,地球始终保持静止状态"

——克劳迪亚斯·托勒密(《天文学大成》1 – 7)

为了将 GNSS 运用到实际当中,或是对 GNSS 信号进行模拟时,需要确定卫星在任意时刻的坐标。在这一章中,我们从数学角度和对星座设计的需求出发描述 GNSS 卫星的运行轨道。本章的主要内容与其他章节内容的关系如图 2.1 所示。

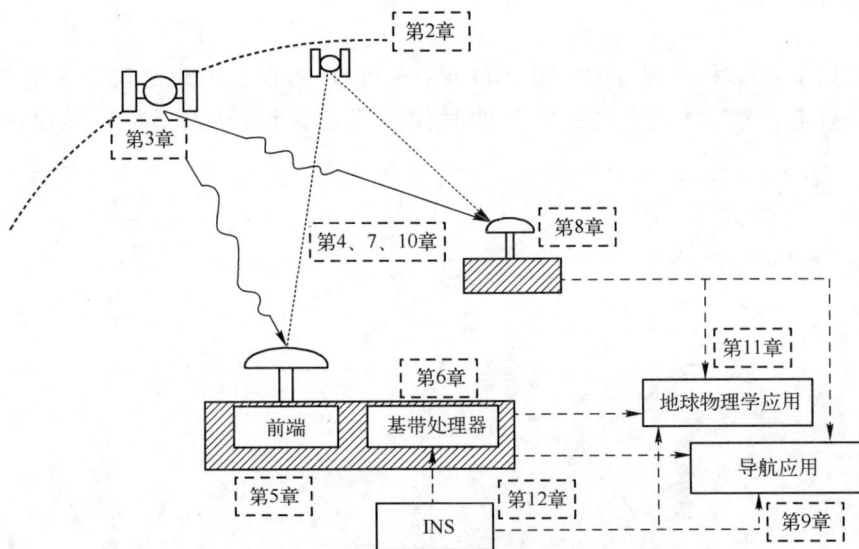

图 2.1　第 2 章内容

2.1　从托勒密到爱因斯坦的天体运动模型发展

我们使用数学工具和用来描述行星运动规律的模型来描述卫星绕地球运动的规律。公元 1 世纪,亚历山大的托勒密发明了用数学模型来描述天体运动的规律,他首先准确地创造了天体的运动模型[1]。

托勒密创建的模型主要描述地球的静止状态,在创建的理论基础上,他脱离模型测量并获得了大量的数据,这些数据和模型都收集在一套数学丛书中,这套丛书共 10 册。丛书的名称叫《天文学大成》,名字是来自于阿拉伯语 al‑majisti,拉丁语为 almagestum,并被人们简单地理解为最大的意思。托勒密除了在天文学领域做出了巨大贡献外,他在光学和占星术领域也做出了突出的贡献,即使托勒密研究的占星术领域不被人们看作主流领域,但那也是他生活的一部分,他试图用占星术来解释某些事情上的因果关系[2]。

在其《平球论》中,托勒密借助了一种被称为"蜘蛛"的天文仪器,这也许是第一个天文学仪器,人们称它为古老的星盘。《平球论》是一本有关立体投影的专著,立体投影是星盘的工作原理[3]。这种仪器被广泛应用于中世纪,图 2.2 示出了星盘的一个现代复制品。这种仪器主要用来测量太阳、月亮、行星和恒星与地平面或与天顶平面的角度,它也被用来辅助计算纬度值、指北方向、时间等,也被用于占星术。就像在第 1 章讨论的那样,精密仪器的发展使精度测量成为可能。

在当时,托勒密模型能够很好地描述可见行星的运动轨迹,到目前为止仍然很完善。托勒密模型的主要缺点是其奥卡姆剃刀的复杂性。14 世纪圣方济各会的修道士奥卡姆的威廉提出了一个实用的原则:如无必要,勿增实体[4]。为了考虑行星的逆行运动,托勒密在他的模型中增加了一些多余的因素,那些逆行的运动是内行星的反方向运动,这些内行星是比地球更接近太阳的行星。奥卡姆原理对于科学来说很重要。艾萨克·牛顿爵士在其《原理》第三卷的开始将其作为第一定律重新进行了描述:我们承认,这样准确和充分地解释它们的表象是非常自然的事情了[5]。

图 2.2　图为现代复制品星盘的正反两面(可以用它而不用
GNSS 接收机和 GNSS 卫星一起工作)

托勒密的行星运动学说在某种程度上来说就和后来的傅里叶分解一样,将周期函数分解成许多谐波,任何周期函数都可以在一定精度上分解成一系列谐波,同样任何行星的周期运动都可以由一系列托勒密模型中特殊的元素所构成。基本原理就是任何由连续可微分的函数所描述的周期运动都可以由托勒密模型推导出来。

哥白尼曾经试图从宇宙模型中去除这些多余的要素[6]，他发展了日心说模型，这种模型使他使用较少的要素来描述行星的运动，在了解物理学不可见的事件中这是一个巨大进步，虽然如此，托勒密还是起到了重要的作用，因为哥白尼正是利用了托勒密的《天文学大成》中的数据，他才发展了他的日心模型。最为惊奇的是，我们现在还在使用《天文学大成》中的理论。通过重复的天文观察和历史记录，我们可以获得大量的信息来帮助历史学家进行年代学研究，帮助物理学家和天文学家开发和验证地球物理模型。

通过比较天文观测和历史记录我们可以发现一些差异，这些差异也可以认为是我们的模型和测量之间的差异。更有趣的是，这些差异有时可以解释成为测量误差，有时可以解释成为年表或地球物理模型的错误。我们将在第11章中再次讨论这个问题，那里我们认为它是地球自转参数的测量误差。

在描述行星运动的过程中，虽然哥白尼最初使用的参数比托勒密使用的参数要少一些，但他和托勒密的描述有同样的精度，这归因于哥白尼使用了圆形轨道代替了椭圆形轨道。后来开普勒将哥白尼模型进行了进一步的改进。

开普勒通过分析大量日心模型的数据，使他发明了行星运动三定律[7]。他的第一定律指出，行星运行在椭圆轨道上，太阳是它的焦点。开普勒的工作就像可以被演奏的音符，他一直在寻找一个谐音。即使在现代科学中，这仍然是一个重要的科学标准。许多科学家认为一个模型为了便于实现应该是简洁的。然而，对于任何模型来讲重要的是要理解它的主要原理，这些模型具有一定的逼真度并能预测它的目标。模型永远不能完全变成现实。从这个意义上说，在行星运动过程中，托勒密模型仍然是有效的。

目前，无论我们选择哪里作为系统的中心点，都只是为了讨论上的方便。在《物理学的发展》一书中，爱因斯坦和英费尔德表示从现代物理学观点来看，哥白尼和托勒密的模型是同等有效的，因为在太空中没有绝对的坐标系[8]。令人惊讶的是，15世纪德国光学家尼古拉斯持有相同的观点。他在其哲学论文《博学的无知》中提到：宇宙是一个球体，到处都是球心，到处都能形成圆形，因为神就代表圆周和圆心，作为神的圆周和圆心它无处不在[9]。更为有趣的是，直到19世纪后期，绝对坐标系模型成为一个有效的科学模型，而且在发展现代电磁理论中起到了重要的作用。科学的发展遵循螺旋运动定律，新旧理论交替发展，例如，绝对框架模型作为弦理论又重新应用到了量子力学的发展中。

本书中我们主要感兴趣的是地心模型。在第1章中我们讨论了地心模型的坐标系，无可非议的是，目前在许多的应用领域，我们可以稳定地使用地心模型而较少使用日心模型，因为离地球较近的行星的运动受地球引力的影响，所以地心模型的坐标系可以更方便地描述它们的运动轨迹。哥白尼和开普勒已经解释了两个物体之间的引力作用,牛顿在开普勒模型之后发现了地球引力,实际上牛顿定律可以包含开普勒定律。

从某种意义上说,牛顿之前的所有科学家给出的都是纯粹的几何模型。在考虑导航任务时,我们可以使用这些模型而不必考虑导致卫星运动的作用力。用户可以得到卫星运动的几何模型并能够在任何时刻确定卫星的位置。但对于大地测量任务,我们需要考虑牛顿力学模型来满足大地测量对高准确度的要求。

牛顿将两个物体之间的引力定义为

$$\boldsymbol{F}(r) = -\frac{GMm}{r^2}\boldsymbol{e}_r \qquad (2.1)$$

式中:M 为地球的质量;m 为卫星的质量;G 为万有引力常数;$\boldsymbol{e}_r$ 为两个物体中心之间的单位矢量。

$$\boldsymbol{e}_r = \frac{\boldsymbol{r}}{r} \qquad (2.2)$$

这里假设卫星的质量远远小于地球的质量,即

$$m \ll M \qquad (2.3)$$

因此,在惯性空间卫星的运动可以由下面的差分方程组来描述:

$$\frac{\mathrm{d}^2 \boldsymbol{r}}{\mathrm{d}t^2} = -GM\frac{\boldsymbol{e}_r}{r^2} \qquad (2.4)$$

在实际应用中,根据卫星的初始速度条件,这个方程的解可以是椭圆、抛物线或双曲线轨道。

这里使用由牛顿推导出的开普勒定律来描述卫星绕地球旋转的轨迹。通常情况下开普勒定律可以描述任意两个物体之间的相互吸引力。对于 GNSS 卫星来说,尽管它的轨迹是锥形的,但我们只考虑椭圆形的轨道。

开普勒第一定律:卫星绕地球运动的轨道为椭圆形,地球的重心位于其焦点上(图 2.3)。

开普勒第二定律:连接卫星和地球的直线,在相同的时间间隔内扫过的面积相等(图 2.3)。

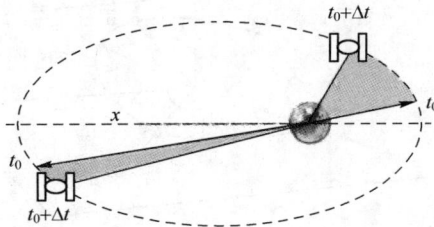

图 2.3 卫星围绕地球按照开普勒定律运行图

开普勒第三定律:地球和卫星的质量之和乘以它们公转周期的平方值与它们之间的平均距离的立方值成正比,即

$$(m + M) T_0^2 = \frac{4\pi^2 a^3}{G} \tag{2.5}$$

式中: m 为卫星的质量; M 为地球的质量; T_0 为公转周期; G 为万有引力常数; a 为地球中心到卫星中心之间距离的均值。

爱因斯坦将万有引力理论进行了进一步的研究。他在相对论中描述到,当物体的运行速度和引力发生巨大变化时,物体的运动轨迹会发生特殊的变化。实际上卫星的运动特性正是符合这样的条件,因此在 GNSS 工作时,我们需要引用万有引力理论,这种情况比较适合运用在导航任务中。

2.2　用开普勒参数描述轨道运动

2.2.1　开普勒参数

根据开普勒第一定律,行星围绕太阳就像卫星围绕地球一样以椭圆形轨道转动。开普勒定律可以从牛顿万有引力定律推导得出。同样,卫星轨道可以由式(2.4)推导出。由于我们感兴趣的是距地球比较近的卫星,我们不用考虑远离地球飞行的卫星,它们的运动轨迹是抛物线和双曲线形,因此所有的导航卫星都是按照椭圆形轨迹来考虑。

首先考虑卫星在地心惯性坐标系(ECI)中的运动。把卫星当作一个质点围绕地球做椭圆形运动,这样的话用 6 个开普勒参数就可以确定任意历元的卫星的位置。

卫星的轨道相对于地球来说是固定的,地心就是它的焦点,因此需要 3 个参数就可以描述地球与轨道的关系,两个参数描述轨道的大小和形状,最后一个参数描述在特殊的历元时,行星在轨道上的具体位置。相应地,可以在任意时刻用 6 个参数来确定卫星的位置,图 2.4 所示为一个用开普勒参数描述的卫星轨道。

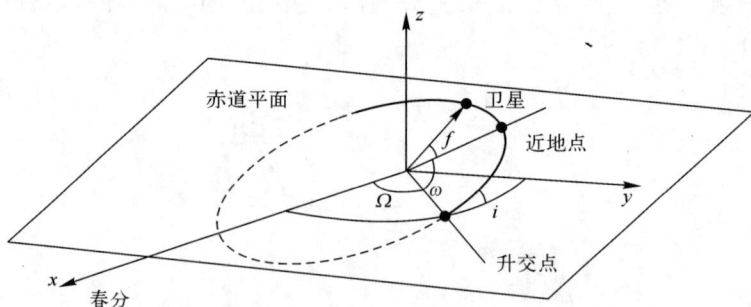

图 2.4　由开普勒参数描述的卫星轨道

开普勒轨道参数定义如下:

偏心率(e):轨道椭圆的形状和相对于几何圆形轨道的偏差率。

长半轴(a):轨道的大小。它是近地点和远地点的平均值。近地点是指轨道离地球最近的点,远地点是指轨道离地球最远的点。

接下来的3个参数定义了轨道相对于地球的方向。

倾角(i):轨道平面与赤道平面的垂直倾斜度。

升交点经度或升交点赤经(Ω):地球赤道平面上升交点与春分点之间的地心夹角。升交点为当卫星由南向北运行时,其轨道与地球赤道面的交点。

近地点角距(ω):轨道平面上升交点与近地点之间的地心夹角。

最后一个参数为历元,描述卫星经过轨道上一个特定位置的时刻,利用两个历元的时差可以计算出任意历元的卫星的位置。

近地点时的历元(t_p):卫星通过近地点时的时刻。

2.2.2 通过开普勒参数计算卫星的位置

在前面的章节中,定义了一组参数,这组参数描述了一个轨道和卫星在轨道上的位置。在本节中,研究如何使用开普勒轨道参数来计算卫星的位置。

从开普勒第三定律中可以得出开普勒轨道的周期为

$$T_0 = 2\pi \sqrt{\frac{a^3}{\mu}} \tag{2.6}$$

式中:a 为地球与卫星质心之间距离的均值;μ 为地球的万有引力常数;

μ 的定义如下:

$$\mu \triangleq GM \tag{2.7}$$

式中:M 为地球的质量;G 为牛顿的万有引力常数。

对于 GPS,地球的万有引力常数在《GPS 接口控制文件(ICD)》中给出[10]:

$$\mu = 3.986005 \cdot 10^{14} \quad (\text{m}^3/\text{s}^2) \tag{2.8}$$

对于 GLONASS,定义的地球引力常数略有不同。一般来说针对不同 GNSS,其大地参数的定义都可以略有不同。例如,对于 GLONASS,地球的引力常数为

$$\mu_{\text{GLONASS}} = 3.9860044 \times 10^{14} \quad (\text{m}^3/\text{s}^2) \tag{2.9}$$

算法中的参数都在特定的 GNSS 的接口文件中给出,不同的 GNSS 的参数值均略有不同。

每个 GNSS 接口文件中的算法都不太相同,它们给出的测量参数值只适合本系统的应用,因此,GPS 和 GLONASS 兼容接收机需要两种不同的参数来计算 GPS 和 GLONASS 的轨道,这两种参数的差别很小,几乎可以忽略不计。

有趣的是,虽然 μ 值可以通过天文观察精确计算出它的数值,然而如果将精确的 μ 值带入式(2.7),那么系统的精确度将大约降低 0.06%[11]。

T_0 称为恒星周期,需要强调的是它是在惯性坐标系中计算得出的,它是卫星两次经过轨道上的一个特殊点时的时间间隔,比如经过近地点。这个时间间隔不同于会合周期,即卫星通过同一子午线时的时间间隔。这两个时间间隔之所以不同

是由地球自转引起的。对于 GPS 来说,恒星周期是 12h,也是一个恒星日的 1/2。一个恒星日比一个日历日短 4min,因此 GPS 卫星在天空中重新出现在同一个地点时需要历时 11h58min。GLONASS 卫星轨道较低,它的恒星周期相对较短。GLO-NASS 一个恒星周期是一个恒星日的 8/17。这意味着 GLONASS 卫星将在天空中两次出现在同一个地方的时间间隔是 8 天,期间它围绕地球旋转了 17 周。

卫星在零偏心率的圆轨道上的平均运动可以表达为

$$n = \sqrt{\frac{\mu}{a^3}} \tag{2.10}$$

相应地可以引入平近点角概念,它是指卫星在轨道上在任意时刻 t 的位置:

$$M = n(t - t_p) \tag{2.11}$$

平近点角是一个抽象的概念,它随时间的变化而进行线性变化。有趣的是,在托勒密模型中的均衡点与卫星有规律地沿椭圆轨道运动时的平近点角有同样的意义,但卫星不是沿椭圆轨道有规律地运动,因此卫星的真近点角不同于平均近点角。首先利用偏近点角 E(图 2.5)来近似替代平近点角,即假设卫星沿实际的椭圆形轨道做不规则的运动。依据开普勒定律,卫星的速度在近地点时最大,而在远地点时最小,偏近点角可以定义为在一个特定的时刻由开普勒方程解出的平均近点角。

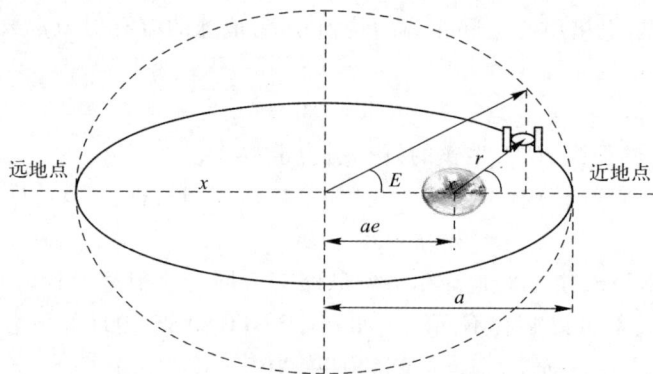

图 2.5 真近点角和偏近点角

$$M = E - e\sin E \tag{2.12}$$

通过解式(2.12)可以得到卫星的位置,这是一个非线性方程,可以利用傅里叶级数或贝塞尔函数或者数据迭代法得出方程的解[12]。下面用牛顿的迭代法来求解,初始的偏近点角由下式给出:

$$E_0 = M + \frac{e\sin(M)}{1 - \sin(M + e) + \sin(M)} \tag{2.13}$$

利用迭代方法可以得到

$$E_{n+1} = E_n - \frac{E_n - e\sin(E_n) - M}{1 - e\cos(E_n)} \tag{2.14}$$

式中：$n = 1, 2, \cdots$。

真近点角是指卫星在椭圆形轨道上的实际位置与地心的连线和近地点与地心连线的夹角，它可以由偏近点角用下式得出[12]：

$$\nu = \arccos[(e - \cos E)/(e \cos E - 1)] \tag{2.15}$$

式中：ν 和 E 在同一象限定义。

定义一个由 X_{orb} 轴和 Y_{orb} 轴组成的平面地心轨道坐标系。X_{orb} 轴是地心到卫星椭圆轨道的近地点方向，Z_{orb} 轴垂直于轨道平面，Y_{orb} 轴形成右手坐标系，卫星在轨道上的坐标为

$$\boldsymbol{X}_{orb} = \begin{bmatrix} x_{orb} \\ y_{orb} \\ z_{orb} \end{bmatrix} = \begin{bmatrix} r\cos(\nu) \\ r\sin(\nu) \\ 0 \end{bmatrix} \tag{2.16}$$

式中：r 为由椭圆几何原理得到的到卫星的距离，有

$$r = a(1 - e \cos E) \tag{2.17}$$

则下列向 ECI 坐标的转换可以用时序矩阵乘以转置矩阵来进行，即

$$\boldsymbol{X}_{ECI} = [R_3(-\Omega)][R_1(-i)][R_3(-\omega)]\boldsymbol{X}_{orb} \tag{2.18}$$

转置矩阵 $[R(\alpha)]$ 描述了一个旋转的正交坐标系，与坐标轴成夹角 α，转置矩阵一般定义如下：

$$\boldsymbol{R}_1(a) = \begin{bmatrix} 1 & 0 & 0 \\ 0 & \cos(a) & \sin(a) \\ 0 & -\sin(a) & \cos(a) \end{bmatrix}$$

$$\boldsymbol{R}_2(a) = \begin{bmatrix} \cos(a) & 0 & -\sin(a) \\ 0 & 1 & 0 \\ \sin(a) & 0 & \cos(a) \end{bmatrix}$$

$$\boldsymbol{R}_3(a) = \begin{bmatrix} \cos(a) & \sin(a) & 0 \\ -\sin(a) & \cos(a) & 0 \\ 0 & 0 & 1 \end{bmatrix}$$

一个矢量乘以一个转置矩阵，乘积的矢量大小不会改变。相应地，卫星的 ECI 坐标为

$$\boldsymbol{X}_{ECI} = \begin{bmatrix} x_{ECI} \\ y_{ECI} \\ z_{ECI} \end{bmatrix} = \begin{bmatrix} r\cos(\nu + \omega)\cos\Omega - \sin(\nu + \omega)\sin\Omega\cos i \\ r\cos(\nu + \omega)\cos\Omega + \sin(\nu + \omega)\sin\Omega\cos i \\ r\sin(\nu + \omega)\sin i \end{bmatrix} \tag{2.19}$$

近地点角距和真近点角之和就是升交角距，即

$$\mu = \nu + \omega \tag{2.20}$$

因此升交角距就是升交点和卫星在当前时刻的位置之间的角度。为了方便起见，用这个数值作为第六开普勒参数。

2.3 GPS 导航电文中的轨道参数

前面讨论卫星的位置时,我们假设的坐标中心点是卫星的质心,而在 GNSS 导航电文和 GNSS 算法中,我们讨论的卫星坐标中心是天线的相位中心,因为传播距离是从天线相位中心开始计算的,而在大地测量任务中,考虑的是卫星在重力影响下的运动,因此我们需要对中心位置进行必要的调整。

用户所需的轨道参数在 GPS 导航电文中传输,用户使用这些参数来计算卫星在 ECEF 坐标系中的位置。GPS 导航电文中给出的年签和星历开普勒参数严格意义上说并不是真正的 GPS 卫星轨道的开普勒参数。

这些参数由控制段在 ECEF 坐标系中定义,由控制段通过将这些参数与来自控制段参考站网络的测量数据拟合得到。如果希望将式(2.19)应用到 GPS 卫星系统中,我们需要考虑到这点。在这种情况下,开普勒参数的计算不是在惯性 ECI 坐标系中计算的,而是在一种特殊的"非旋转"地球 ECEF 坐标系中计算的。惯性 ECI 坐标系相对行星是静止不动的。该坐标系不同于 ECI 坐标系,ECI 坐标系会因极移、章动和岁差造成小的旋转。我们可以用式(2.19)乘以一个矩阵将公式中的卫星坐标转换为 ECEF 坐标。这个矩阵是描述地球自转运动的,这样就可以为我们的导航任务提供精度足够高的卫星坐标。

在讨论大地测量任务时,必须考虑卫星的极移、章动和岁差等活动。在这种情况下,需要考虑 ECI 和 ECEF 坐标系之间的转换。卫星轨道和相应的坐标是由如上所述的各自的控制段 ECEF 坐标系规定的,这是因为定义了坐标系的控制部分参考网络,实际上是在 ECEF 坐标系中。由 GPS ICD 推荐的算法得到的卫星的位置就是在 ECEF 坐标系中的位置。然后需要将卫星位置转换到 ECI 坐标系中,同时应计算接收机天线的位置。然后用户位置可以转回到 ECEF 坐标系(WGS – 84、PZ – 90、ITRF)或当地的坐标系中。这样做是为了让所有的算法都在惯性坐标系中,从而避免由于 ECEF 坐标的动态变化而带来的问题以及由于信号发射和接收而造成的时间差异。然而对于导航任务,我们不需要进行坐标转换。正如第 1 章所述,导航任务中的 ECI 和 ECEF 坐标系的转换可以简化,我们只需要考虑地球的自转,这些都隐含在 GPS 接口文件中的卫星位置的算法中。在这种情况下,我们根据 GPS 接口文件规定的算法在 ECEF 坐标系中计算接收时刻 GPS 卫星的坐标,并且修正卫星在信号传播过程中造成的距离误差,例如,我们利用最小二乘法(见第 1 章)来得到接收者在接收信号时刻在 ECEF 坐标系中的位置。

对要求较高的任务,我们必须进行 ECI 与 ECEF 坐标的转换。第一步需要建立一个完整的 ECI 坐标系。就像前面章节所描述的 GNSS 轨道应用那样,被定义为赤道和黄道平面相交线的春分点由于在空间的运动和章动而变化,因此,为了惯性坐标系的唯一性,需要确定一个赤道和春分点的参考时刻。一种观点就是使用

J2000.0 参考系统[13]，J2000.0 参考系统是目前最普遍使用的系统，在大地测量任务中，用户可以使用地球的定向参数（EOP）。EOP 定向参数是国际 GNSS 服务组织免费提供的参数。在 L2C GPS 信号的导航电文已经包含了 EOP 参数，GPS 接口文件在用户实际应用中推荐使用下列的算法[10]，卫星的位置从 ECEF 到 ECI 坐标系转换可以用下列的转换来进行：

$$X_{ECEF} = R_{PM} R_{ER} R_N R_P X_{ECI} \tag{2.21}$$

式中：R_{PM}，R_{ER}，R_N，R_P 为极移、地球自转、章动和岁差的旋转矩阵。

2.4　GNSS 卫星星历

2.4.1　密切开普勒参数

为了保证足够的定位精度来描述卫星轨道，必须对开普勒模型进行修正。卫星在运行过程中由于受大量外力的影响，其运行轨道不是标准的椭圆轨道。在式（2.4）中我们仅考虑地球的质量对卫星的影响，这是远远不够的。下面我们讨论其他物体对卫星轨道的影响[14-16]。

式（2.4）可以重新写成如下形式：

$$\frac{d^2 r}{dt^2} = -GM \frac{r}{r^3} + f\left(t, r, \frac{dr}{dt}, p_0, p_1, \cdots\right) \tag{2.22}$$

式中：非线性函数 $f(t, \cdots)$ 中包含了所有的外力影响。这是在一个特殊的历元进行卫星定位的函数，是可以很好地建立的模型；而未知参数 p_i 是一个与辐射压力有关的参数，如果这些参数需要修正的话应该和卫星的位置一起考虑。虽然包括地球引力场谐波在内的所有外力的影响显著减少，但是它们仍然影响到卫星运动的自然周期，因此所有的开普勒参数的长半轴、偏心率、轨道面倾角、升交点、近地点角距等都会受到影响，这造成卫星运动轨道不可能是严格的椭圆轨道。

在一个给定的历元，开普勒参数可以给出卫星正确的坐标和速度，因此可以基于非扰动方程式（2.4）像定义开普勒参数那样定义一组密切开普勒参数：卫星实际的轨道参数可以由一组密切开普勒轨道参数的包络来描述，这组参数可以给出卫星在一定的历元时的位置。

在 ECI 坐标系中，开普勒的 6 个轨道参数可以准确描述卫星在特殊历元的运动情况，其中 3 个参数描述坐标，3 个参数描述卫星的运行速度，这表明在描述轨道参数时，开普勒参数和笛卡儿坐标可以一一对应，卫星的坐标和速度可以由矢量方程式（2.22）进行数值积分后得出，同时也可以计算出与坐标和速度相对应的开普勒参数，这组开普勒参数称为密切开普勒参数，这些参数与我们在每个点计算的参数不同，整个轨道可以看作是一个密切开普勒参数包络。

2.4.2 GPS 星历

在 GPS 的应用中,把 12h 的卫星轨道分为 2h 的时间段,在每一段都需要计算密切开普勒参数。为了考虑开普勒参数在每一段上的数值不同,也是为了提供每一时间段的精确的轨道参数,我们按照时间序列提供了每一段上的开普勒参数(表 2.1)。GPS 的历书以相同的方法在星历中定义,GPS 历书参数在这个意义上可以被看作是星历的一个子集。

表 2.1　星历表参数

开普勒参数	变　率	正　弦　波	余　弦　波
平近点角(M)	平均角速度(Δn)不同的计算方法		
偏心率(e)			
长半轴平方根($\sqrt{a}$)		轨道半径 C_{RS} 的修正项	轨道半径 C_{RC} 的修正项
升交点经度(Ω)	升交点赤经变率 $\dot{\Omega}$		
倾向角(i)	轨道倾角变率(IDOT)	轨道倾角 C_{IS} 的修正项	轨道倾角 C_{IC} 的修正项
近地点夹角(ω)		升交距角正弦谐波修正项(u)C_{US}	升交距角余弦谐波修正项(u)C_{UC}

我们使用多个地面站提供的到卫星的测量距离来估计卫星的轨道参数,GNSS 接收机用户为了定位使用同样的测量参数。在广播星历时,这些地面站属于控制段网络。为了将星历分发给用户,这些轨道参数作为导航电文被嵌入到卫星信号中。

广播星历的精度在不断地提高,现在可以达到米级水平。由于轨道路径的结构不同,广播的星历表只在特定时段内有效,就是前面所描述的那样为 2h 一个时间段。我们使用精确的外力模型,可以提前将这些参数计算出来。当用户需要在尽量短时间内获得卫星信号时,可以使用这种技术。这个短时间是指用户不能从导航电文中解码得到星历数据的时间,此时用户可以依据以前得到的星历数据来计算当前的卫星坐标,这就需要用户接收机中有另一组地球物理参数和计算卫星坐标的算法。在导航应用中这组参数需要每年更新一次。

我们利用 GPS 接口文件[10]中描述的卫星定位算法,这种算法是基于 GNSS 的星历,GPS 接口文件[10]总是以算法开始,这些算法都由官方文件给出,就像接口文件一样,对公众是免费使用的。为了和本书中的符号相一致,这里用的符号和接口文件中的符号稍微有些不同。

卫星的星历表是在一个特定的参考历元 t_{OE} 时刻计算出来的,这个历元称为星历表时间,参考历元和信号的发射时间的间隔 Δt 为

$$\Delta t = t - t_{OE}$$
(2.23)

因为 GPS 时间在每周六晚上从 0 开始计数,在一周内的导航电文中参考历元是一个特定的时刻,用户应该考虑周末时的时间交叉点,即

$$\Delta t = \begin{cases} \Delta t - 604800 & (\Delta t > 302400\,\text{s}) \\ \Delta t + 604800 & (\Delta t < -302400\,\text{s}) \end{cases} \tag{2.24}$$

现在我们来应用修正的导航电文,如表 2.1 中第 2、3 和 4 列给出的那些参数就是对第一列的开普勒参数值的修正,修正后的平均运动用下式计算:

$$n = n_0 + \Delta n \tag{2.25}$$

其中平均运动 n_0 由式(2.10)给出。平近角点为

$$M = M_0 + n \cdot \Delta t \tag{2.26}$$

解开普勒方程式(2.12)可以得到偏近点角 E。真正的近角点可以使用以下公式计算:

$$\nu = \arctan\left\{ \frac{\sqrt{1-e^2}\sin E/(1-e\cos E)}{(\cos E - e)/(1-e\cos E)} \right\} \tag{2.27}$$

分子和分母不能通过约减 $(1-e\cos E)$ 而简化,因为反正切函数需要利用两个变量的特征来确定返回值的象限。

在式(2.20)中,定义了纬度变量,此时可以得到相应的修正量,我们可以把它应用到下式中:

$$u = \nu + \omega + C_{\text{US}}\sin(2u_0) + C_{\text{UC}}\cos(2u_0) \tag{2.28}$$

修正的半径为

$$r = a(1 - e\cos E) + C_{\text{RS}}\sin(2u_0) + C_{\text{RC}}\cos(2u_0) \tag{2.29}$$

修正的轨道面倾角为

$$i = i_0 + C_{\text{IS}}\sin(2u_0) + C_{\text{IC}}\cos(2u_0) + \dot{i}\Delta t \tag{2.30}$$

相应的卫星在轨道平面的位置由式(2.31)给出,它和式(2.16)相同。

$$\boldsymbol{X}_{\text{orb}} = \begin{bmatrix} x_{\text{orb}} \\ y_{\text{orb}} \\ z_{\text{orb}} \end{bmatrix} = \begin{bmatrix} r\cos(\nu) \\ r\sin(\nu) \\ 0 \end{bmatrix} \tag{2.31}$$

在前面的 2.3 节中,我们在接口文件中描述的所有 ECI 的参数都可以在坐标系 ECEF 中计算得出,因为所有的 GPS 控制站网络都定义在 ECEF 坐标系中,因此,如果只考虑地球的自转,我们得到的卫星的位置方程是在 ECEF 坐标系中,而不是在由式(2.16)定义的 ECI 坐标系中,那时我们假定所有的开普勒参数都定义在 ECI 的坐标系中。如果我们需要在 ECI 坐标系中的参数,不仅要考虑地球的自转,还要考虑卫星的极移、岁差和章动,这些运动方式已经在式(2.21)进行了定义。一般情况下,当我们需要将坐标转换到 ECI 坐标系中时我们才需要转换这些参数,例如在对精度要求比较高的应用中,需要进行坐标转换。

当考虑地球自转时,升交点的经度值可以用下式进行修正:

$$\Omega = \Omega_0 + (\dot{\Omega} - \dot{\omega}_{\text{E}})\Delta t - \dot{\omega}_{\text{E}}t_{\text{OE}} \tag{2.32}$$

相应地，卫星在 ECEF 坐标系中的位置可以描述为

$$\boldsymbol{X}_{\mathrm{ECEF}}=\begin{bmatrix}x_{\mathrm{ECEF}}\\y_{\mathrm{ECEF}}\\z_{\mathrm{ECEF}}\end{bmatrix}=\begin{bmatrix}r[\cos u\cos\Omega-\sin u\sin\Omega\cos i]\\r[\cos u\sin\Omega-\sin u\cos\Omega\cos i]\\r\sin u\sin i\end{bmatrix}\tag{2.33}$$

这个公式看起来和式(2.19)一样，但是所有的参数都进行了修正，在升交点经度的修正值中隐含了地球自转情况。

用于事后处理的广播星历可以通过互联网从国际 GNSS 服务网络(IGS)以及诸如日本的地理调查研究所(GSI)等一些国家和地区的网络获得，通常为 RINEX 导航文件。图 2.6 所示为 RINEX 导航文件的快照，该文件提供了卫星的伪随机序列码(PRN)、历元以及一系列历元的星历参数。一套完整的参数播报完后，紧接着是另一个卫星或另一个历元的参数。

```
     2.10           N: GPS NAV DATA                         RINEX VERSION / TYPE
teqc  2002Mar14     GSI, JAPAN              20090522 04:44:18UTCPGM / RUN BY / DATE
Linux 2.0.36|Pentium II|gcc -static|Linux|486/DX+           COMMENT
teqc  2002Mar14     GSI, JAPAN              20090520 03:15:31UTCCOMMENT
     2              NAVIGATION DATA                         COMMENT
DAT2RIN 3.53        GSI, JAPAN              20MAY09 10:03:55    COMMENT
                                                            COMMENT
    7.4510D-09  2.2350D-08 -5.9600D-08 -1.1920D-07          ION ALPHA
    8.6020D+04  8.1920D+04 -1.3110D+05 -5.2430D+05          ION BETA
    7.450580596920D-09 2.753353101070D-14   503808      1532 DELTA-UTC: A0,A1,T,W
    15                                                      LEAP SECONDS
                                                            END OF HEADER
 2 09  5 20  0  0  0.0 1.544686965640E-04 5.684341886080E-13 0.000000000000E+00
    6.900000000000E+01 8.003125000000E+01 4.917704909960E-09-1.452650735020E-02
    4.025176167490E-06 9.066797443670E-03 9.216368198390E-06 5.153657329560E+03
    2.592000000000E+05 2.216547727580E-07-2.839270790000E-01-6.891787052150E-08
    9.416867444840E-01 1.944375000000E+02 2.816546211150E+00-8.417136321270E-09
    1.071473187950E-10 1.000000000000E+00 1.532000000000E+03 0.000000000000E+00
    2.400000000000E+00 0.000000000000E+00-1.722946763040E-08 6.900000000000E+01
    2.520180000000E+05
 2 09  5 20  2  0  0.0 1.544733531770E-04 5.684341886080E-13 0.000000000000E+00
    8.300000000000E+01 8.228125000000E+01 4.865917002660E-09 1.035608460950E+00
    4.287809133530E-06 9.067845880050E-03 8.540228009220E-06 5.153659574510E+03
    2.664000000000E+05 2.589076757430E-07-2.839869050340E-01 1.769512891770E-07
    9.416879791870E-01 2.023437500000E+02 2.816603926200E+00-8.258558281680E-09
    3.821587837850E-11 1.000000000000E+00 1.532000000000E+03 0.000000000000E+00
    2.400000000000E+00 0.000000000000E+00-1.722946763040E-08 8.300000000000E+01
    2.592180000000E+05
```

图 2.6 RINEX 导航文件

2.5 轨道参数列表

2.4.1 节介绍了在笛卡儿坐标系中描述轨道参数和利用开普勒参数描述轨道参数的对应关系，这使我们可以选择另一种方法来提供轨道参数，如表格化的轨道参数。在这种情况下，可以只提供卫星坐标和速度每一段的边界值。当卫星工作在平坦的轨道上时，我们需要一些外力模型，这些模型需要多种类型，一种是基于平坦轨道上的模型，另一种是基于精确轨道上的模型。如果轨道上的两点间隔比较远，则必须使用外力模型，例如 GLONASS 的轨道上的两点间隔就比较远，需要使用外力模型。如果我们对轨道的精度要求比较高，同样需要外力模型，如在大地测量中。

2.5.1　广播 GLONASS 星历

GLONASS 卫星的坐标是通过解决边值问题来计算的,星历是在 GLONASS 导航电文中通过固定的格式提供,卫星的位置通过应用四阶龙格—库塔法(Runge - Kutta)来获得。GLONASS 接口控制文件推荐使用这种方法[17]:

$$
\begin{cases}
\dfrac{\mathrm{d}x_{\mathrm{ECEF}}}{\mathrm{d}t} = Vx_{\mathrm{ECEF}} \\[2mm]
\dfrac{\mathrm{d}y_{\mathrm{ECEF}}}{\mathrm{d}t} = Vy_{\mathrm{ECEF}} \\[2mm]
\dfrac{\mathrm{d}z_{\mathrm{ECEF}}}{\mathrm{d}t} = Vz_{\mathrm{ECEF}} \\[2mm]
\dfrac{\mathrm{d}V_{x_{\mathrm{ECEF}}}}{\mathrm{d}t} = -\dfrac{\mu}{r^3}x_{\mathrm{ECEF}} - \dfrac{3}{2}J_2\dfrac{\mu a_{\mathrm{E}}^2}{r^5}x_{\mathrm{ECEF}}\left(1 - \dfrac{5z_{\mathrm{ECEF}}^2}{r^2}\right) + \omega^2 x_{\mathrm{ECEF}} + 2\omega V_{y_{\mathrm{ECEF}}} + \ddot{x}_{\mathrm{ECEF}} \\[2mm]
\dfrac{\mathrm{d}V_{y_{\mathrm{ECEF}}}}{\mathrm{d}t} = -\dfrac{\mu}{r^3}y_{\mathrm{ECEF}} - \dfrac{3}{2}J_2\dfrac{\mu a_{\mathrm{E}}^2}{r^5}y_{\mathrm{ECEF}}\left(1 - \dfrac{5z_{\mathrm{ECEF}}^2}{r^2}\right) + \omega^2 y_{\mathrm{ECEF}} + 2\omega V_{x_{\mathrm{ECEF}}} + \ddot{y}_{\mathrm{ECEF}} \\[2mm]
\dfrac{\mathrm{d}V_{z_{\mathrm{ECEF}}}}{\mathrm{d}t} = -\dfrac{\mu}{r^3}z_{\mathrm{ECEF}} - \dfrac{3}{2}J_2\dfrac{\mu a_{\mathrm{E}}^2}{r^5}z_{\mathrm{ECEF}}\left(1 - \dfrac{5z_{\mathrm{ECEF}}^2}{r^2}\right) + \ddot{z}_{\mathrm{ECEF}}
\end{cases}
$$

$$(2.34)$$

式中:$r = \sqrt{x_{\mathrm{ECEF}}^2 + y_{\mathrm{ECEF}}^2 + z_{\mathrm{ECEF}}^2}$;$J_2$ 为地球重力的二阶调和函数,将地球描述成是扁平的(2.8.1 节)。在这些方程中,ECEF 是 PZ – 90 坐标系。

注意:为了避免混淆,公式中我们改变了接口文件中给出的符号,如公式中用 J_2 代替 J_0^2。

2.5.2　大地测量中表格化的轨道参数

当需要更精确地估计坐标时,必须考虑万有引力和其他作用力对卫星的影响,在此我们必须基于式(2.22)所示的牛顿方程从几何描述转为物理模型的描述。

广播的 GPS 和 GLONASS 星历都是由地面站估计出来的,这些地面站分别属于美国和俄罗斯。国际大地测量委员会也计算两个星座的星历表,这些星历表可以免费从互联网上的 IGS 中下载,文件的格式一般为 SP3,星历表对所有的用户都是免费的,包括一些商业用途[18]。提供文件的单位主要有两个,即 IGS 和 CODE(欧洲轨道测定中心,坐落于伯尔尼大学天文研究所)。IGS 的最初目的是为 GPS 卫星提供轨道计算服务。一些可用的星历表产品如表 2.2 所列。

图 2.7 显示了来自 CODE 的 GPS 和 GLONASS 的 SP3 格式的表格文件,文件给出了一个历元,然后在一行内列出每一颗卫星的参数,这些参数包括 PRN 卫星、3 个坐标值和时钟值,图中符号 G 代表 GPS 卫星,R 代表 GLONASS 卫星。

表 2.2　一些可以利用的 GNSS 星历表

星　历	轨道精度	条　件	有　效　性	来　源
广播	约 1m	无	实时	GNSS 信号
实时	约 10cm	授权	实时	JPL 或专用的
24 小时预测	<10cm	免费	预测	CODE 或 IGS
5 天预测	<20cm	免费	预测	CODE 或 IGS
最终轨道	<5cm	免费	5 天后可用	CODE 或 IGS

```
   0       10        20        30        40        50        60
 1 #cP2009  2 23  0  0  0.00000000      480 d+D   IGS05 EXT AIUB
 2 ## 1520  86400.00000000    900.00000000 54885 0.0000000000000
 3 +   50   G02G03G04G05G06G07G08G09G10G11G12G13G14G15G16G17G18
 4 +        G19G20G21G22G23G24G25G26G27G28G29G30G31G32R02R03R04
 5 +        R06R07R08R10R11R13R14R15R17R18R19R20R21R22R23R24   0
 6 +          0  0  0  0  0  0  0  0  0  0  0  0  0  0  0  0  0
 7 +          0  0  0  0  0  0  0  0  0  0  0  0  0  0  0  0  0
 8 ++         5  8  5  5  7  5  7  5  5  5  5  7  7  5  7  5  5
 9 ++         7  5  5  7  5  7  5  5  7  5  5  5  5  5 36 36  6
10 ++         6  6 36  6  6  6  6  7  7  7  7  7  7  7  7  7  0
11 ++         0  0  0  0  0  0  0  0  0  0  0  0  0  0  0  0  0
12 ++         0  0  0  0  0  0  0  0  0  0  0  0  0  0  0  0  0
13 %c M  cc GPS ccc cccc cccc cccc ccccc ccccc ccccc ccccc ccccc
14 %c cc cc ccc ccc cccc cccc cccc ccccc ccccc ccccc ccccc ccccc
15 %f  1.2500000  1.025000000  0.00000000000  0.000000000000000
16 %f  0.0000000  0.000000000  0.00000000000  0.000000000000000
17 %i     0     0     0     0       0       0       0         0
18 %i     0     0     0     0       0       0       0         0
19 /* CENTER FOR ORBIT DETERMINATION IN EUROPE (CODE)
20 /* GNSS ORBIT PREDICTION (0-5 DAYS) STARTING YEAR-DAY 09054
21 /* THESE ORBITS ARE DERIVED FROM CODE NRT ORBIT RESULTS
22 /* PCV:IGS05_1515 OL/AL:FES2004  NONE     YN ORB:CoN CLK:BRD
23 *  2009  2 23  0  0  0.00000000
24 PG02  13558.194340  22183.148230   -6493.377924    156.553389
25 PG03 -20837.446641 -10952.709005  -12936.842720    356.685418
26 PG04   4561.915085  25256.800892    5903.447542   -346.633111
27 PG05  19571.441450 -10847.447005   13916.526428     -0.827906
28 PG06 -16745.401827 -13558.590832  -15364.612255     46.068435
29 PG07 -10204.040892  13373.839166  -20543.468553     22.399578
30 PG08  -1781.465093  23021.069785  -12718.420545   -191.804306
31 PG09  16419.826107   4870.788917   19687.309257     41.913539
32 PG10  12079.353764   9447.561781  -21849.349893    -11.581265
```

图 2.7　SP3 表格化的轨道文件

2.5.3　导航中表格化的轨道参数

在导航时可以利用预测的表格化参数,从而节省了接收机对导航电文的解码过程,在一些特殊的场合进行短暂定位时,比如在室内应用时,接收机利用预测的一段 GNSS 信号的参数来计算定位信息。我们还可以利用预测表格化的星历表来进行信号的仿真模拟。为了利用这些星历表进行导航或者仿真模拟,我们必须考虑使用几何插值法对表格化的轨道点数进行插值计算,这是因为这些表格化的轨道没有应用式(2.22)所示的数值积分,也没有考虑外力模型,可以使用多种插值法,这里应用傅里叶级数插值法。

在这样的插值中以一个恒星日作为基本的周期,这是为考虑和开普勒参数(2.4.1节)的振荡特性相一致。从这些特性中可以看出这些参数具有相应的谐波特性,因此可以用三角级数表示为

46

$$x_i = A_{i0} + A_{i1} \sin\left(\frac{2\pi}{T_{SD}}t\right) + B_{i1} \cos\left(\frac{2\pi}{T_{SD}}t\right) + A_{i2} \sin\left(\frac{4\pi}{T_{SD}}t\right) + \cdots + B_{in} \sin\left(\frac{2n\pi}{T_{SD}}t\right)$$

$$(2.35)$$

式中:x_i 为轨道坐标,$T_{SD} = 0.99726956634$,是恒星日[10]。

给定 $2n+1$ 个测量值(在表格化轨道参数中为坐标值),可利用这些坐标值来估计系数 A_{ij},B_{ij},如果不能确定这些系数的谐波值,可以利用一些算法来估计,文献[19]中提出了合适的算法。

这些插值计算包含了许多复杂的技术,牛顿提出了一些二项式插值算法。文献[20]对一些二项式和三角插值算法的准确性进行了比较,结果显示,将插值算法分为五段进行时,其标准偏差最小值为 0.4 cm,最大值为 70 cm。

我们可以假设用给出三段数值和广播的星历表有同样的精度。插值方法中最优的一种,标准偏差值小于 0.1 cm,最大偏差值小于 8.2 cm。

就像我们看到的广播 GPS 星历表那样(表 2.1),里面应用了基本的三角级数。精度分析也暗示了广播 GPS 星历表中的精度有限,这是因为级数序列的个数比其他都有限。

2.5.4 笛卡儿坐标系中开普勒参数的计算

就像前面章节描述的那样,通过控制段开普勒振荡参数可以在笛卡儿坐标系中进行计算。6 个开普勒参数和 6 个坐标值是一一对应的,6 个笛卡儿坐标值可能是原坐标也可能是坐标的延伸值。根据分段的不同分别表示开始阶段、中间段或是结尾段,或者都表示每一段的结尾。在控制段或者为了大地测量应用,会产生很多的数据,因此开普勒参数通过冗余问题的解决方法来确定,如利用最小二乘估计。

我们可以使用类似的算法配置一个带有星历表传播功能的 GNSS 信号模拟器。通常情况下,标准的高频段射频 GNSS 模拟器模拟的轨道都使用年鉴或能够传播的星历参数,这些星历参数和在接口控制文件中提供的相似。仅在特殊的模拟器中,如为了研发大地测量级的观察值时研制的模拟器中,我们才使用带有精确外力模型分析的式(2.22)来产生信号。在此种情况下,使用数值积分的量来表示轨道。然而,GPS 模拟器需要每 2h 就重新计算一组星历表数据,这主要是为了通过与控制段类似的方法实时地更新导航信息。

2.6 卫 星 时 钟

上节描述的插值技术同样可以应用到时钟的插值运算中,然而,如果想使用预测时钟,可能会遇到一些困难。在许多实际应用中,广播的导航电文在许多特殊情况下是不能使用的,此时我们会使用预测的轨道和时钟。这种情况下,当用于导航的目的时,时钟值可以从预测的星历表通过内插的方法获得。然而,时钟的预测是非常困难的事情。卫星的轨道虽然很好预测,特别是对于 GPS 来讲,但还有许多难以预测的因素,如太阳辐射压,仍然需要建模。时钟参数稳定性较差,在短时间内时钟的漂移很大。

具有较小可预测性时钟的卫星可能会大大降低定位的质量,在这种情况下,接收机中完整性监视算法的修改应该包括时钟的最大漂移。

广播的导航星历表信息中包含有卫星时钟的信息,广播的参数中时钟误差使用漂移的参数来计算。时钟误差为

$$\Delta t_{S_i} = (k_{2_i} \mathrm{d}t + k_{1_i})\,\mathrm{d}t + k_{0_i} \tag{2.36}$$

式中:k_0,k_1,k_2 为第 i 颗卫星在导航电文中发送的时钟修正值;$\mathrm{d}t$ 为发射时间和接收时间之间的差值。

2.7 开普勒历书在星座分析中的应用

2.7.1 GNSS 历书的实现

6 个开普勒参数足以描述一个卫星的近似位置。所有卫星的参数构成了 GNSS 的历书,历书可以从卫星信号中获得也可以从互联网上以 ASCII 文本的格式下载,最常见的历书格式是尤马格式(在美国尤马进行 GPS 设备测试后命名的)。尤马格式的信息包括每颗卫星的 6 个开普勒参数、卫星的工作状况和两个时钟误差系数。图 2.8 所示为一颗卫星的历书,历书的信息没有包括由计算得到的卫星

```
1 ******** Week 611 almanac for PRN-02 ********
2 ID:                         02
3 Health:                     000
4 Eccentricity:               0.1023864746E-001
5 Time of Applicability(s):   319488.0000
6 Orbital Inclination(rad):   0.9391288757
7 Rate of Right Ascen(r/s):   -0.8018105291E-008
8 SQRT(A)   (m 1/2):          5153.699219
9 Right Ascen at Week(rad):   -0.6342332363E+000
10 Argument of Perigee(rad):  -3.002793193
11 Mean Anom(rad):            0.2672459364E+001
12 Af0(s):                    0.3356933594E-003
13 Af1(s/s):                  0.3637978807E-011
14 week:                      611
15
16 ******** Week 611 almanac for PRN-03 ********
17 ID:                        03
18 Health:                    000
19 Eccentricity:              0.1417636871E-001
20 Time of Applicability(s):  319488.0000
21 Orbital Inclination(rad):  0.9283962250
22 Rate of Right Ascen(r/s):  -0.8276401786E-008
23 SQRT(A)   (m 1/2):         5153.594727
24 Right Ascen at Week(rad):  -0.1792258859E+001
25 Argument of Perigee(rad):  1.086403370
26 Mean Anom(rad):            0.2760034442E+001
27 Af0(s):                    0.7133483887E-003
28 Af1(s/s):                  0.3637978807E-011
29 week:                      611
30
```

图 2.8　尤马格式 GPS 历书

位置信息,这正像前面所描述的那样,因为在没有考虑各种摄动的情况下,不能描述实际的卫星轨道。

然而,这些有用的参数完全可以嵌入到卫星信号中。历书可以被用来确定卫星的大体位置。它可以让用户能够通过自己的位置了解卫星的位置情况,还可以使用户在搜星过程中忽略掉其他位置的卫星。由于卫星的运行速度可以沿视线提前计算出来,因此卫星的大体位置可以使用户缩短获取卫星信号的时间。当导航电文从卫星信号中获得后,用户可以使用历书参数获得任何历元的卫星的大体位置。当用于导航目的时,一个历书可以用几周的时间,因此用户可以借助以前的历书来获取卫星的位置。对于许多接收机,知道了一个历书参数,完全可以减少初次定位的时间(TTFF),即接收机定位所需的时间。

可以看到,在利用历书计算卫星的位置时,GLONASS 和 GPS 都是基于一些特殊的细节来计算的,但它们具有不同的计算方法。GPS 在用历书来计算卫星的位置时,只考虑地球的物理结构,而 GLONASS 还考虑地球的万有引力模型,这个差异就是基于不同的历书参数来计算的。

GPS 的控制网络是全球范围的,而 GLONASS 是局域性的,因此 GPS 数据中隐含了外力影响的数据,而 GLONASS 在模型中已经很明确地包含了外力的影响,因此在实际应用中,GLONASS 使用的数据会少一些。

年鉴参数也可以用来分析卫星可见性、可用性和几何关系,因此它们也可以用于任务规划和星座布置计划。由于在某些情况下卫星的数量是有限的,因此任务规划非常重要。在这种情况下,我们可以找出可观测到更多卫星的时间段,也可以找出精度较低的时间。使用历书也可以找出如何选择星座参数才不会影响卫星可见性和准确性。位置的准确性来源于快速地获得历书,然而,一个历书可以在多个任务中使用,就像一个任务可以做几个月的任务规划。

2.7.2 案例研究:基于历书的轨道类型和导航卫星星座分析

开普勒参数提供了足够的数学工具来描述 GNSS 星座的主要特征,这种特征主要是指座的几何特性,它关系到卫星的覆盖情况和能够达到的精度。

尽管卫星轨道的范围会非常大,但由于卫星在地球附近旋转,所有的轨道可以大致分为 4 组,这种分类主要依据它们的平均高度。

平均海拔低于 1500km 的轨道称为低地球轨道(LEO)。海拔高度大约在 20000km 的轨道称为中地球轨道(MEO)。36000km 高度的轨道称为同步地球轨道(GEO),或克拉克轨道。它是以科幻小说作家亚瑟·克拉克爵士的名字命名的。亚瑟·克拉克爵士在 1945 年建议使用此轨道。同步地球卫星轨道是和地球同步旋转的。

GNSS 卫星通常位于中地球轨道(MEO)。GNSS 还广泛利用 GEO 卫星提供区域修正和完整性服务(作为空基增强系统)。我们将在第 8 章中详细介绍空基增强系统(SBAS)。图 2.9 所示为 GPS、GLANOSS 和 GEO 在 ECI 坐标系中的轨道情况。

可以看到,MEO 和 GEO 卫星的轨
道偏心率较低,更接近于圆轨道。
LEO 卫星是同样的情况。GEO 卫
星定义的时段比较严格,为了保持
精度,它定期对轨道参数进行修
正。LEO 卫星和 GNSS 卫星一起用
于地球物理学测量,测量方法为利
用重叠卫星对电离层探测方法。
LEO 卫星受到空气流动的影响,这
种力量很难解释,因此它们的星历
表有效期比较短,对于它们的计算
也是非常难的工作。

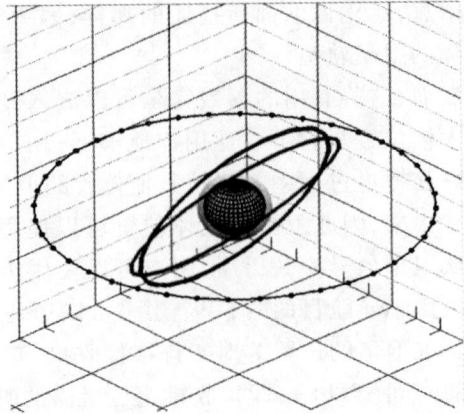

图 2.9　ECI 坐标系内的 GPS、GLONASS 和 GEO
(ReGen 面板屏幕截图)(带颜色的是围绕地球的电离层)

　　使用历书可以分析一个特定
轨道的主要特点。先了解一下卫星地面的轨迹,在习题 2.2 中我们讨论此任务。
GPS 卫星的周期大约为 11h58min,而 GLANOSS 卫星大约为 11h16min。因此在一
个恒星日内 GPS 卫星的地面轨迹重合时大约有 4min 的误差。通过在 ECI 坐标系
中对 GPS 和 GLONASS 的观察,我们可以看到它们仅在轨道的大小和倾斜角上存
在不同。图 2.10 所示为 GPS 轨道在 ECEF 坐标系中的 12h 情况(图(a)和(b)从
不同的角度显示相同的三维图)。GPS 轨道是闭环的。

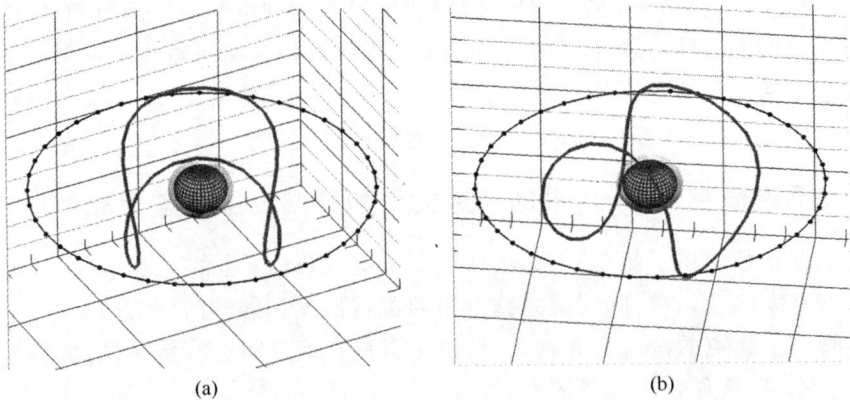

(a)   (b)

图 2.10　ECEF 和 ECI 坐标系中的 GPS 和 GEO(ReGen 面板截图)

　　GLONASS 轨道在 ECEF 坐标系中是开放的(图 2.11),GLONASS 重复周期约
为 8 个恒星日。在此期间 GLONASS 地面轨迹不会重合。因此,GPS 卫星定期受到
地球引力场的干扰[21,22],而 GLANOSS 的星座受此影响很小。这不影响终端用户
的使用精度,因为 GPS 可以较好地分配星历表的预测值和通过网络获得星历表的
数据,然而它最终还是影响到 GPS 卫星进行必要修正的频率。

50

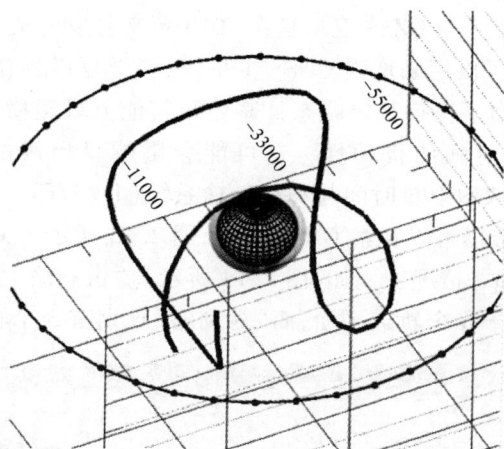

图 2.11 ECEF 坐标系中的 GLONASS(ReGen 面板截图)

有一种高偏心率的轨道,称为高度偏心轨道,或高椭圆轨道(HEO)。典型的 HEO 轨道的例子是"闪电"轨道,这种轨道是俄罗斯通信卫星发射后命名的。这种轨道的设计可以覆盖苏联西伯利亚的大部分地区。

在远地点轨道 HEO 上的卫星大部分的时间都远离地面运动,这主要遵循开普勒第二定律(图 2.3)。日本的准天顶卫星系统(QZSS)就是运行在高轨道上的卫星,可以提供额外的卫星供乡村用户使用。QZSS 星座计划有 3 个运行在 HEO 轨道上的卫星覆盖亚洲地区。

如上所述,开普勒第二定律指出,在卫星和地球之间连接一条线,这条线在相同的时间内扫过相同的面积。因此,由于 QZSS 轨道的高度椭圆化,卫星将在一部分高空的轨道上徘徊,当它远离地球时运行速度将变低,这使得 QZSS 卫星可以花大部分的时间停留在所需的地区。QZSS 卫星通常一天超过 12h 运行在仰角大于70°的地方。这就是为什么卫星被称为"准天顶"。QZSS 卫星的地面轨迹形状是不对称的,称为 8 字曲线。在 ECEF 坐标系中可以清晰地看到这种形状(图 2.12)。

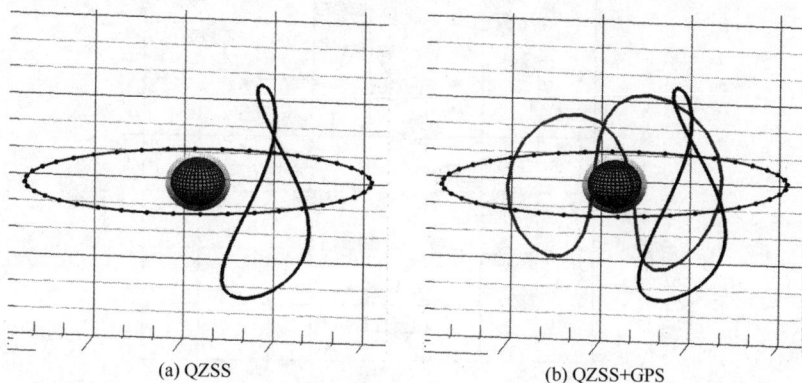

(a) QZSS

(b) QZSS+GPS

图 2.12 ECEF 坐标系中的 QZSS 和 QZSS + GPS 卫星系统(ReGen 面板截图)

51

日本第一颗"指路"号 QZSS 卫星是在 2010 年 9 月发射成功的。整个 QZSS 星座有 3 颗卫星,它们可以用来增强 GNSS 主星座,甚至可以用作独立的定位服务系统[23]。然而,QZSS 为了保持稳定状态且避免和其他卫星碰撞,需要比其他卫星系统(如 GPS 系统)有更强的机动性。这可能会影响星历表的准确性,它取决于 QZSS 计时的组织和双向卫星时间与频率传输系统(TWSTFT)[24]。

利用 ReGen 模拟器可以观察 GNSS 星座,图 2.13 所示为 GPS 卫星在 ECEF 坐标系及卫星轨道的部署情况。例如,图 2.14 所示为"伽利略"卫星的轨道部署。可以看到,GPS 卫星位于 6 个轨道平面,而"伽利略"计划有 3 个轨道平面。

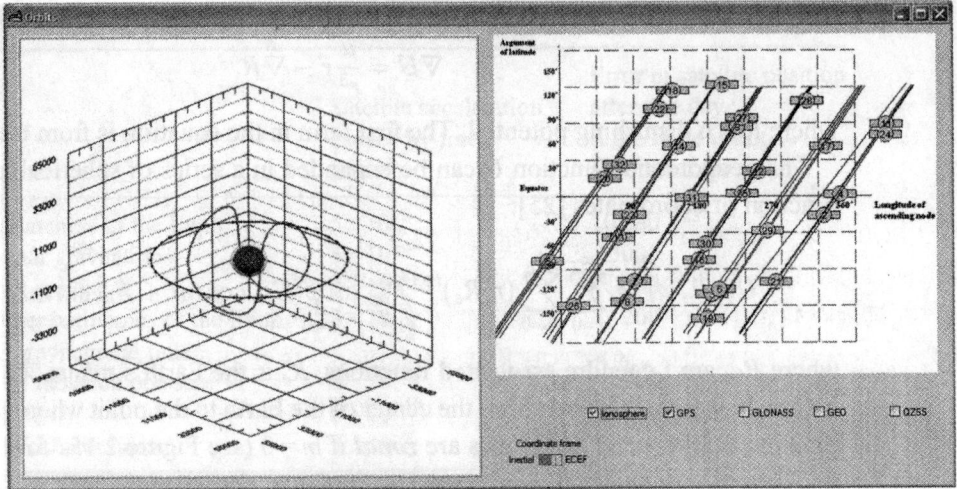

图 2.13　GPS 在 ECEF 坐标系中的轨道及卫星在轨道上的部署图
(ReGen 面板截图)

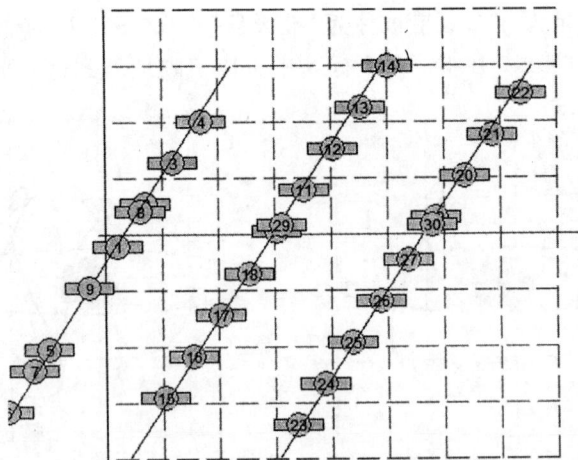

图 2.14　"伽利略"卫星轨道部署图(ReGen 面板截图)

2.8 外力模型

2.8.1 地球位势球形谐波

在牛顿方程式(2.4)中的加速度可以表示成轨道 ∇U 的势能的梯度：

$$a = -\nabla U \tag{2.37}$$

式中

$$\nabla U = \frac{\mu}{r^3}r - \nabla R \tag{2.38}$$

式中：R 为一个扰动项，公式中的第一项来自中心天体，重力函数 U 可以用扩展的坐标函数的级数来表示[25]，即

$$U(r,\lambda,\varphi) = \sum_{l=0}^{\infty} \sum_{m=0}^{l} (r/R_e)^{l+1} P_{lm} \sin\varphi (C_{lm}\cos m\lambda + S_{lm}\sin m\lambda) \tag{2.39}$$

式中：P_{lm} 为勒让德(Legendre)多项式；R_e 为地球半径；λ 为纬度；φ 为经度；r 为从地球的中心到需要计算的重力点的距离。

通常情况下，如果 $m=0$，则谐波为带状(图 2.15(a)为 $l=3, m=0$ 时的谐波)。如果 $m=1$，则谐波为扇形(图 2.15(b)为 $l=2, m=2$ 时的谐波)。如果 $l=3, m=0$，则谐波为柱状(图 2.15(c))。

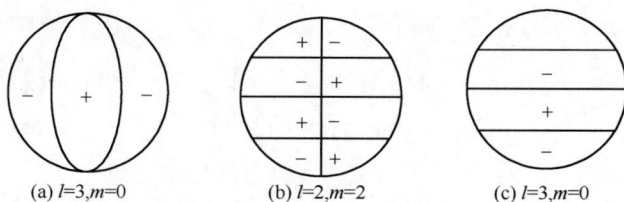

(a) $l=3, m=0$ (b) $l=2, m=2$ (c) $l=3, m=0$

图 2.15 地球位势球形谐波(见文献[25,26])

定义地球重力场模型为式(2.39)级数展开的一组系数。带状系数通常表示为

$$J_l = C_{l0} \tag{2.40}$$

J_0 项表示由 $1/\gamma$ 定律表示势能变化的球面分布：

$$J_0 = 1 \tag{2.41}$$

坐标系通过物体质点的中心，因此，有

$$J_1 = 0 \tag{2.42}$$

J_2 项表示赤道隆起部分或扁平段的质量分布，它是最重要的项。它会导致升交点的赤经每天有几度近地点幅角旋转，高阶项的部分和 J_2 相比会更小。表 2.3 列出了前 4 项戈达德地球模型 10B[11] 的例子。一个重力模型可以包括从 100 ~ 1000 项。

表 2.3　位势项的例子(根据文献[11])

J_0	J_1	J_2	J_3	J_4
1	0	0.00108263	-0.00000254	-0.00000161

这个球状谐项模型也可以用来解释地球的弹性性能。在这种情况下,系数应被表示为时间的函数。地球潮汐是通过分析最低潮汐时得到的,而式(2.39)中的系数是通过分析跟踪大量卫星的数据确定的。

2.8.2　其他外力的影响

式(2.22)中包含的影响卫星的外力模型都是标准的、经过验证的,并且一般都是可用的。虽然这些模型可以为用户提供一些数据和服务,如星历表,但是在一般情况下,用于导航目的的用户不会使用这些模型,用户有可能利用这些模型来外推星历表的数据,以便提高广播星历表的有效性。

表 2.4 总结了卫星运动时受到不同外力影响的情况。它综合了文献[14-16, 27,28]中给出的一些结果。表中第一行和第三行表示的是前面所讨论的外力情况。感兴趣的读者可以从这些参考文献中了解更多关于这些模型的情况。

表 2.4　卫星运动时各种外力的影响

外　力	由外力引起的卫星加速度 /(m/s^2)	不考虑外力时,卫星运行一天后的位置误差/m
地球的不规则性	5×10^{-5}	10000
月亮的引力	5×10^{-6}	3000
太阳的引力	2×10^{-6}	800
地球谐项的引力场	3×10^{-7}	200
太阳辐射压力	9×10^{-8}	200
$Y - bias$	5×10^{-10}	2
地球潮汐	1×10^{-9}	0.3

2.9　卫星最终都到哪里去了? 卫星的生命周期和太空垃圾的危害

这些卫星达到使用寿命后会到哪儿去了呢? 来自红矮人的 Kryten 提出了这样的问题。他提出的这个哲学问题在现实生活中有很大的影响。GNSS 卫星不会去任何地方,它们都滞留在空间。这是退役卫星和太空垃圾造成较大和较常见问题的一部分。

我们以 GPS 卫星来为例,看看中轨道退役卫星到底去了哪儿? 当一颗 GPS 卫星退役后,它被放置在处理轨道上,这种轨道比 GPS 卫星运行的轨道略微高一点。退化的 GPS 轨道经过多年后会越来越偏心变形,可能会首先对 MEO 卫星构成威胁,甚至会对 GEO 或 LEO 轨道上的卫星构成威胁[29]。经过数十年后对 MEO 轨道卫星的威胁变得足够大,再经过 100 多年后对 GEO 和 LEO 轨道卫星威胁也在不断上升(图 2.16)。

最初退役的卫星被放置在一个近圆轨道。其偏心变形源是同一周期共振效应,这点我们在前面章节已经讨论过。

在 GLONASS 轨道上拥有超过一百颗退役的卫星。尽管 GLONASS 轨道不易产生共振效果,但它们大约在 30 年后也会成为一个潜在的威胁。

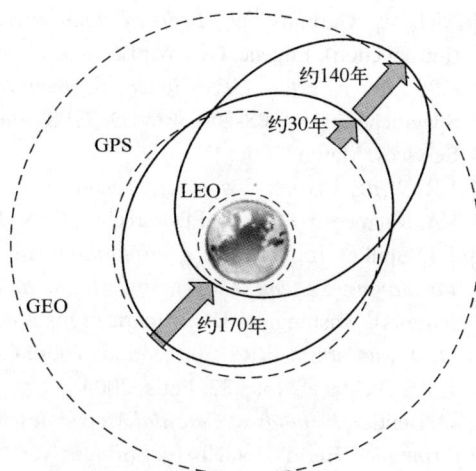

图 2.16　GNSS 轨道随时间的退化

"伽利略"卫星可能有更强的共振效应,因为它们高度较高,会受到太阳和月亮引力的影响。

然而,太空垃圾的问题,不是光指 GNSS 卫星本身存在的问题。卫星之间的碰撞也是极其危险的,因为它们之间的碰撞会产生大量的碎片。每一块碎片都有自己的移动的轨迹,它们之间可以产生新的碰撞,这样会增加大量的零星碎片,这反过来又可以导致新的碰撞概率的提高[21]。卫星相撞后产生的大多数散落的残骸被特定的地面站持续跟踪。然而,有一个问题就是这些被跟踪的最小碎片的尺寸还是比较大的,那些更小的碎片会和其他的卫星或火箭产生碰撞,这些问题迟早会影响到全人类的太空活动。

参考文献

[1] *Ptolemy's Almagest*, translated and annotated by G. J. Toomer, Princeton, NJ, Princeton University Press, 1998.

[2] S. Heilen, Ptolemy's doctrine of the terms and its reception, in *Ptolemy in Perspective*, A. Jones (editor), Springer Science + Business Media B.V., 2010.

[3] J. D. North, *Stars, Minds and Fate, Essays in Ancient and Medieval Cosmology*, London, The Hambledon Press, 1989.

[4] William of Ockham, *Philosophical Writings*, Cambridge, MA, Hackett Publishing Company, 1990.

[5] Isaac Newton, *Mathematical Principles of Natural Philosophy and His System of the World*, Berkeley, CA, University of California Press, 1934.

[6] Nicolaus Copernicus, *On the Revolutions of Heavenly Spheres*, Amherst, NY, Prometheus Books, 1995.

[7] I. Kepler, *New Astronomy*, Cambridge, Cambridge University Press, 1992.

[8] A. Einstein and L. Infeld, *The Evolution of Physics*, New York, Simon and Schuster, 1938.

[9] Nicholas Cusanus, *Of Learned Ignorance*, G. Heron (Translator), D.J.B. Hawkins (Introduction), Eugene, OR, Wipf & Stock Publishers, 2007.

[10] GPS IS, *Navstar GPS Space Segment/Navigation User Interfaces*, GPS Interface Specification IS-GPS-200, Rev D, GPS Joint Program Office, and ARINC Engineering Services, March, 2006.

[11] J.R. Wertz, *Mission Geometry: Orbit and Constellation Design and Management*, El Segundo, CA, Microcosm Press, and Dordrecht, The Netherlands, Kluwer Academic Publishers, 2001.

[12] J.J. Spilker Jr., *Satellite Constellation and Geometric Dilution of Precision*, in *Global Positioning System: Theory, and Applications*, Vol. I, B.W. Parkinson and J.J. Spilker (editors), Washington, DC: American Institute of Aeronautics and Astronautics Inc., 1996.

[13] D.D. McCarthy: IERS Conventions 2000, Central Bureau of IERS, Observatoire de Paris, IERS Technical Note, 32, Paris, 2004.

[14] G. Beutler, *Methods of Celestial Mechanics*, Vol. I: *Physical, Mathematical, and Numerical Principles*, Berlin/Heidelberg, Springer-Verlag, 2005.

[15] G. Beutler, *Methods of Celestial Mechanics*, Vol. II: *Application to Planetary System, Geodynamics and Satellite Geodesy*, Berlin/Heidelberg, Springer-Verlag, 2005.

[16] R. Dach, U. Hugentobler, P. Fridez, and M. Meindl (editors), *User Manual of the Bernese GPS Software Version 5.0*, Bern, Astronomical Institute, University of Bern, 2007.

[17] *Global Navigation Satellite System GLONASS, Interface Control Document, Navigational Radiosignal in Bands L1, L2*, Edition 5.1, Moscow, Russian Institute of Space Device Engineering, 2008.

[18] J.M. Dow, R.E. Neilan, and G. Gendt, The International GPS Service (IGS): Celebrating the 10th anniversary and looking to the next decade, *Adv. Space Res.*, 36, (3), 2005, 320–326, doi:10.1016/j.asr.2005.05.125.

[19] Cornelius Lanczos, *Applied Analysis*, Englewood Cliffs, NJ, Prentice-Hall, Inc., 1956; republication by Mineola, NJ, Dover, 1988.

[20] M. Schenewerk, *A Brief Review of Basic GPS Orbit Interpolation Strategies*, GPS Solutions 6:265–267, Berlin/Heidelberg, Springer-Verlag, 2003.

[21] U. Hugentobler, *Astrometry and Satellite Orbits: Theoretical Considerations and Typical Applications*. Volume 57 of Geodätisch-geophysikalische Arbeiten in der Schweiz, Schweizerische Geodätische Kommission, Institut für Geodäsie und Photogrammetrie, Zürich, Switzerland, Eidg. Technische Hochschule Zürich, 1998.

[22] D. Ineichen, G. Beutler, and U. Hugentobler, Sensitivity of GPS and GLONASS orbits with respect to resonant geopotential parameters, *Journal of Geodesy*, 77, 2003, 478–486, Springer-Verlag.

[23] I. Petrovski, *et al.*, QZSS – Japan's new integrated communication and positioning service for mobile users, *GPS World*, 14, (6), 2006, 24–29.

[24] I. Petrovski and U. Hugentobler, Analysis of impact of onboard time scale instrumental error accuracy of Earth satellite ephemerides estimation with one-way measurements, In Proceedings of the European Navigation Conference 2006, London, Royal Institute of Navigation, 2006.

[25] W.M. Kaula, *Theory of Satellite Geodesy – Applications of Satellites to Geodesy*, Waltham, MA, Blaisdell Publishing Company, 1966.

[26] *GPS for Geodesy*, P. Teunissen and A. Kleusberg (editors), 2nd edition, Berlin/Heidelberg, Springer, 1998.

[27] O. Montenbruck and E. Gill, *Satellite Orbits, Models, Methods, Applications*, Berlin/Heidelberg, Springer-Verlag, 2000.

[28] M. Capderou, *Satellites, Orbits and Missions*, France, Springer-Verlag, 2005.

[29] Collision prevention for GPS, *Crosslink*, The Aerospace Corporation Magazine, Summer, 2002, 3, (N2), 2002, The Aerospace Corporation, LA, USA.

习题

【习题 2.1】根据本章所述内容,分析一下如何使用星盘从 GNSS 卫星上获得有用的信息,当然我们指的是用星盘看到实际的卫星。现在这是可行的。大多数的卫星都安装了激光反射器,通过地面激光跟踪站用回路法进行测距,因此我们可以研制一个系统,它可以把星盘和激光测距机组合在一起,系统应该相当容易研制,如果我们具备所有的条件,例如可以利用实际卫星和地面激光跟踪器。我们还需要满足什么条件? 一个新的星盘是怎样的? 可以得到哪些有用的信息? 星盘可以使用多长时间?

【习题 2.2】使用 ReGen 信号模拟器软件画出 GPS 和 GLONASS 地面跟踪站,从地面跟踪站估计一个恒星的周期,图 1.1 示出了 GPS、GLONASS 和“伽利略”与卫星地面跟踪站。

【习题 2.3】用来自 IGS SP3 格式的星历表来预测精确的轨道从而针对实际的时钟估计出时钟的精确度。如果我们假设把来自星历表的精确时钟当作实际时钟,看看卫星的时钟精度和预测的时钟精度之间的差别。

【习题 2.4】利用 GPS 和 GLONASS 历书,用 ReGen 模拟器分析高纬度可见的 GPS 和 GLONASS 卫星之间的区别。其中 GLONASS 卫星的倾角为 64.8°,而 GPS 卫星的倾角为 55°,计算出它们不同覆盖面积。

【习题 2.5】画出 GLONASS 卫星轨道展开图,计算 GLONASS 使用了多少个轨道平面?

第3章　用发射机和模拟器产生 GNSS 信号

在这一章中,将研究 GNSS 信号是如何生成的。将集中讨论 GPS 和 GLONASS 目前正在使用的信号,当然也会考虑 GNSS 信号将来的发展特点,主要考虑现代化的 GPS、GLONASS 和"伽利略"系统。本章中还会讨论在模拟器中如何生成 GNSS 信号,它们与在卫星发射机和伪卫星中产生的信号有所不同,本章所讨论的内容结构如图 3.1 所示。本书中我们借助一些 GNSS 模拟信号来描述 GNSS。目前,GNSS 模拟设备已经变成 GNSS 技术中重要的和不可缺少的一部分,在实际中有很高的应用价值。此外我们一切演示均在模型上进行,这些模型有些是数学的,有些是经验的,还有一些是基于推测的模型。基于模型的模拟设备将使用最好的模型组合,尽最大可能与实际系统接近。

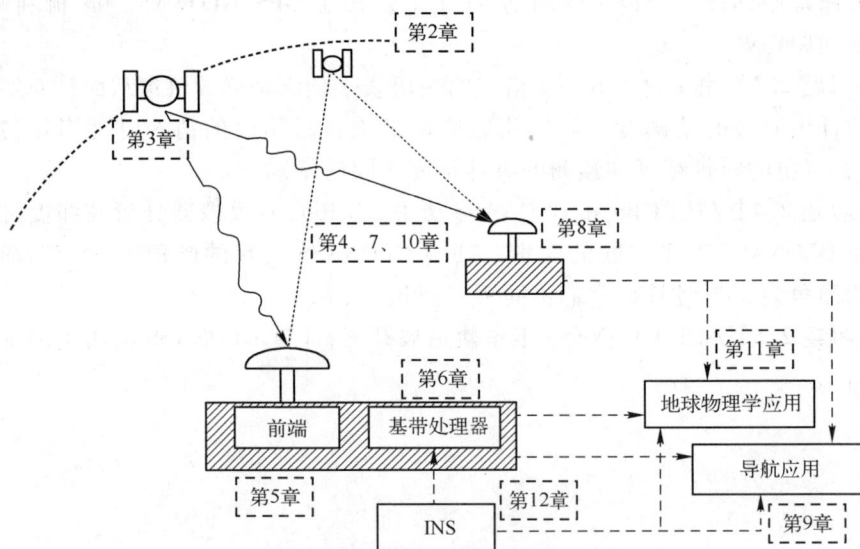

图 3.1　第 3 章内容

3.1　卫星导航中的扩频信号

3.1.1　扩频的概念与优点

扩频信号的概念是整个 GNSS 信号的核心,如前章所述,GNSS 卫星运行在中地球轨道（MEO）上，距离用户接收机大约 2 万 km 左右。即使位于较低地球轨道的太空接收机，它们到 GNSS 卫星的距离几乎和地球表面的用户到 GNSS 卫星的距离一样。信号的能量与信号源和接收机之间的距离成反比，在地球的万有引力定律中就遇到过与平方成反比的情况。信号的能量和地球的万有引力一样遵循与平方成反比的规律，因为信号能量在接收距离的球面上均匀辐射。卫星的有效载荷被尽量压缩，以便它们可以更廉价地送入轨道。信号传输的能量也应该尽量小，以便减少发射机的功耗。由于有这些约束条件的存在，卫星信号的功率较小，到达地球时卫星信号的能量会远远低于噪声电平。GNSS 各系统的信号功率值如表 3.1 所列。这些数据基于 GPS ICD L1/L2/L2C 信号[1]、GPS L5 ICD[2]、GPS L1C ICD[3]、GLONASS ICD[4]、Galileo ICD[5] 和 QZSS ICD[6]。

表 3.1　GNSS 信号的最低功率电平

系　　统	信　　号	最小功率/dBW
GPS	L1C/A	−158.5
	L2C（卫星型号：Ⅱ/ⅡA/ⅡR）	−164.5
	L2C（卫星型号：ⅡR−M/ⅡF）	−160.0
	L5I 和 Q	−157.9
GLONASS	L1 和 L2（所有的卫星）	−161
"伽利略"	E1（L1）	−157
	其余频率的卫星	−155

由于卫星导航信号功率低，因此不得不使用扩频体制。在使用扩频信号时，导航信号的载波是用扩频码来调制的，通常情况下由于接收机事先知道信号的样式，它可以探测到功率较低的扩频信号。更进一步说，扩频信号的优点不仅如此，它还可以在同一时刻传输多种信号。

（1）接收机可以利用扩频信号捕获并跟踪低功率信号，这种信号的功率可以淹没在噪声中。

（2）接收机可以利用扩频码获得时延信息，这种信息是卫星导航系统将时间转换为到卫星的距离。

（3）对于卫星系统，许多卫星均利用同一个频率传输信号（如 GPS），这可以使我们利用扩频码来区分不同的卫星，由于这个特点，一般称能够完成此功能的扩频信号为码分多址（CDMA）信号。CDMA 信号原理不仅用于卫星导航电文中，同样可以应用到一般通信中，如应用到移动通信中。

（4）它使我们能够获得有用的地球物理信息，例如通过编码和载波传播时延差异来获取大气层信息。

3.1.2　GNSS 信号的中心频率

GPS、GLONASS 和"伽利略"系统的信号传输的中心频率如表 3.2 所列，图 3.2

所示为 GPS 和 GLONASS 信号使用的载波中心频率和带宽。

表 3.2　GNSS 信号中心频率

系　　统	信　　号	中心频率/MHz	当前民用系统
GPS	L1	1575.42(带宽 20.46)	C/A
	L2	1227.6(带宽 20.46)	L2C[①]
	L5	1176.45(带宽 24)	
GLONASS	L1	1602(1598.0625～1605.375)	SP
	L2	1246(1242.9375～1248.625)	SP
	L3	1202.025	CDMA[②]
QZSS	L1,L2,L5	同 GPS	C/A,L1C,L2C,L5[③]
"伽利略"	E1(L1)	1575.420	
	E5	1191.795	
	E5a	1176.450	
	E5b	1207.140	
	E6	1278.750	

① 某些卫星发射的信号；
② GLONASS - K 卫星发射的信号；
③ 测试方式发射信号

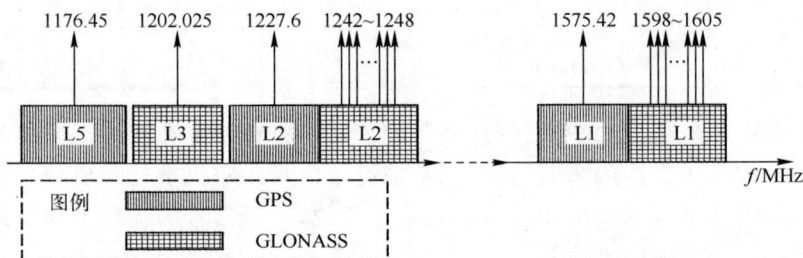

图 3.2　GPS 和 GLONASS 当前使用的频率

GNSS 信号载波可表示如下：

$$A(t) = A_0 \sin(\omega t + \varphi) \tag{3.1}$$

信号的频谱表示信号能量在频率上的分布。正弦波的频谱在频率 $f = \dfrac{\omega}{2\pi}$ 处是一条直线。

GPS 信号是由一个共用的卫星时钟和基准频率产生的,它的时钟频率为 10.23MHz,GPS 的信号频率分别为

$$\begin{cases} L1 = 1575.42 = 154 \times 10.23 \\ L2 = 1227.6 = 120 \times 10.23 \\ L5 = 1176.45 = 115 \times 10.23 \end{cases} \tag{3.2}$$

虽然 GPS L2 频率的信号不是为民用设计的,且一般情况下对于未经授权的用

户也不能用于实时的单站定位,但是目前在大地测量中的应用是不可或缺的。大地测量接收机能够得到两种频率的信号,但是由于在 L2C 频率上传输的信号不是为民用设计的,因此此频率上的噪声较大。只有具有接收两个频率信号能力的用户才能得到 L2C 频点上的信号,这些用户在大多数的单点定位时,使用 L2C 频点上的信号来估计电离层传播误差。L2C 频点的信号是由部分 GPS 卫星发射的。目前,L1C 和 L5 频点上的信号使用 QZSS 卫星以测试方式进行发射。将来 GPS 将在更多的领域为民用提供应用,例如利用 L5 频点提供航空应用。

接收机是利用相同的扩频码乘以接收到的信号的方法恢复扩频信号的,此时会得到许多谐波信号。当接收到的编码和恢复的编码一致时得到的乘积最大,通过这种结果接收机可以区分使用共同载波频率的不同的卫星信号,这就是 GPS 和 GLONASS 有时使用 CDMA 的原因。

由于扩频码的这些特点,GLONASS 最初就使用扩频码,目前 GLONASS 使用 L1 和 L2 频率发射民用信号。不是通过不同扩频码区分所有的 GLONASS 卫星,还有一些卫星是通过使用不同的频率来区分的。GLONASS 使用的 L1 频率为

$$L1_k = L1_0 + k\Delta L_1 \tag{3.3}$$

式中:$L1_0 = 1602\,\text{MHz}$;$\Delta L_1 = 562.5\,\text{kHz}$;$k = -7, \cdots, +6$。

GLONASS 使用 L2 频率为

$$L2_k = L2_0 + k\Delta L_2 \tag{3.4}$$

式中:$L2_0 = 1246\,\text{MHz}$;$\Delta L_2 = 437.5\,\text{kHz}$;$k = -7, \cdots, +6$。

GLONASS 在所有卫星上采用单一扩频码。因此,GLONASS 有时会被认为是一个 FDMA(频分多址)系统。然而这是不完全正确的,因为 GLONASS 使用的基本上是扩频码,有两个原因:一是可以使用低功率的信号工作;二是得到的到卫星的距离是伪距。CDMA 的基本原理就是使用扩频码,而 FDMA 不需要使用扩频码,因此 GLONASS 在一定程度上可以看成是 CDMA 之上的 FDMA。最初 FDMA 被认为是抗干扰较好的信号方式,单载波系统抗有意或无意干扰的性能较差,而覆盖一定频率范围的多载波系统的抗干扰性能要强一些。在新的 GPS 信号、计划发展的 GLONASS 和"伽利略"信号中通过利用副载波的调制都获得了相同的抗干扰性能。GLONASS 最早在 L3 频率点上使用单载波的 CDMA 信号,这种信号由 GLONASS - K 卫星使用,第一颗 GLONASS - K 卫星从 2011 年开始在 L3 频点上发射 CDMA 信号。

3.1.3　GPS 信号的产生

理想的扩频码应该是独立的、同分布的、同概率随机选取两个值(0 或 1)的无限序列。这样的随机代码不会重现,在发射机和接收机以一种经济的方式都产生这样的代码也是很困难的。使用非线性理论和混沌理论可以产生混沌码,但不是随机的。这种混沌码和随机码一样有相同的特性且是无限长的。然而,目前在

GNSS 中使用了一种更为确定性的方法,利用线性反馈移位寄存器产生了近似的二进制随机序列(图 3.3)。移位寄存器的数学表达式为

$$y(n) = \sum_{k=1}^{m} h_k y(n - k) \tag{3.5}$$

式中:m 为加法器的数目;h_k 可以是 1 或 0,其中 0 表示移位寄存器中相应位不做加法。如果给定移位寄存器的初始状态如下,那么可以产生一个连续伪随机噪声(PRN)序列 $a[y_0(n-1), y_0(n-2), \cdots, y_0(n-m)]$。

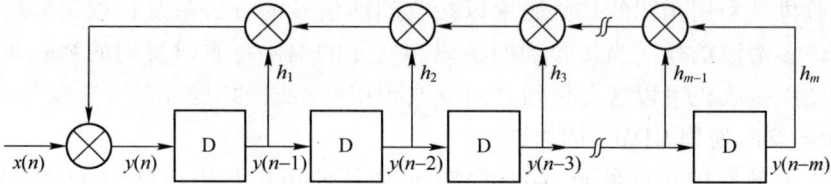

图 3.3 可以产生 m 序列的线性反馈移位寄存器

由于其确定性,由此产生的序列不会是随机的,在一定的时间后,移位寄存器将开始重复这些序列。移位寄存器可以产生一个周期不大于 $N = 2^m - 1$ 的周期序列,这样的最大周期的序列称为最大长度序列(m 序列)。

这些代码具有特殊的性能,它们几乎是相互正交的[7]。这意味着它们之间几乎没有相关性,这正是我们所期待的真正的随机码的性能。对正交码进行自相关结果是单个相关峰值。自相关函数可以被认为是与自身的移位序列相乘的结果,即

$$R(n) = \frac{1}{N} \sum_{k=0}^{N-1} y(k) y(n + k) \tag{3.6}$$

式中:N 为序列的周期。

在这里,我们使用的是随机值为 $\{-1, 1\}$ 的序列,而不是 $\{0, 1\}$ 的序列。因此自相关函数的峰值在 0 时刻,其中 n 是 N 的倍数。若相关值不在 0 时刻时,自相关函数的值为 $-1/N$。移位寄存器函数式(3.5)通常用如下所示的多项式来表示:

$$G(X) = \sum_{k=0}^{m} X^k \tag{3.7}$$

GPS 对民用用户使用 L1 频点发射 C/A 码信号(粗捕获),其编码码使用 Gold 码[8]。Gold 码是伪随机噪声序列,有许多特殊的优点,它的长度较短,最大为 1023 码片,产生速率为 1023 码片/ms,使用卫星上 10.23MHz 的时钟。

GPS C/A 码可以用以下两个多项式来表示:

$$\begin{cases} G_1(X) = 1 + X^3 + X^{10} \\ G_2(X) = 1 + X^2 + X^3 + X^6 + X^8 + X^9 + X^{10} \end{cases} \tag{3.8}$$

两个多项式的初始状态可以确定一个卫星的编码形式。Gold 码不是正交序列,因此它们的自相关函数一般情况下不为零。另一方面,Gold 码在它们自己的家

族中均匀地保持很低的互相关性,GLONASS 的民用信号是在 L1、L2 上提供 m 序列的信号,目前所有的卫星使用的仅是一个码序列,因此它不需要互相关性。图 3.4 所示为 GPS Gold 码 PRN = 2 和 PRN = 3 和 GLONASS m 序列的自相关和互相关函数。g2 码在 PRN = 2 和 PRN = 3 时的移位分别为 6 和 7。

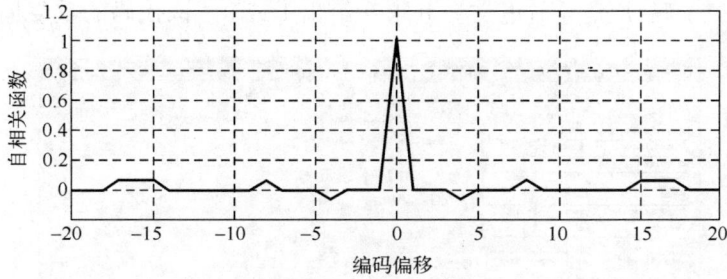

(a) PRN=2的GPS Gold码的自相关函数

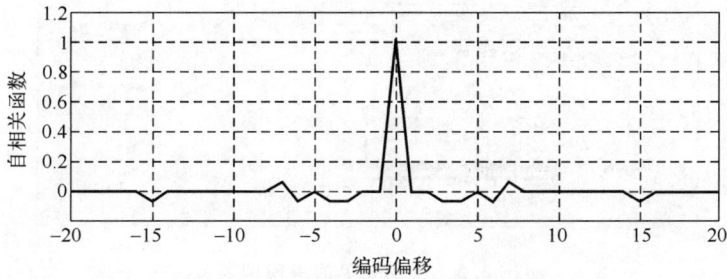

(b) PRN=3的GPS Gold码的自相关函数

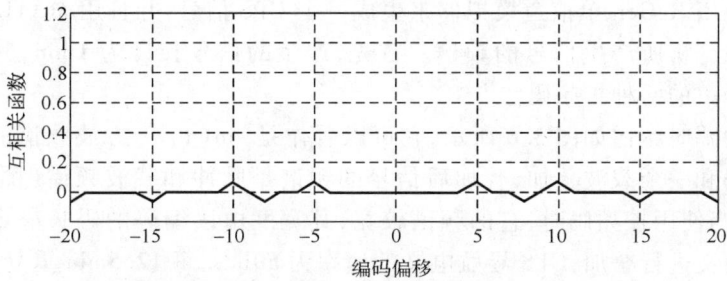

(c) PRN=2和PRN=3的GPS Gold码的互相关函数

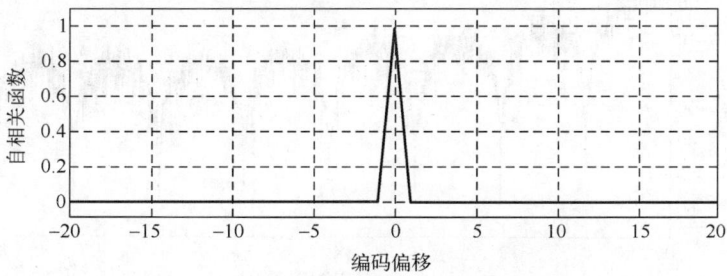

(d) GLONASS m 序列的自相关函数

图 3.4　归一化相关函数

现在模拟 GPS 在 L1 频点的 C/A 码信号。如果使用 ReGen 单信道模拟器（图 3.5），则该 GUI 只允许创建一个载波、编码或导航电文构成的信号。在每个历元，GPS 信号可模拟一个由编码或导航电文所调制的频率为 L1 的载波信号：

$$A = A_0 \sin(\omega t + \varphi) \cdot D \cdot B \tag{3.9}$$

式中：D 是 C/A 码；B 是导航电文。其求和给出 1 或 0。该代码的重复周期为 1ms。

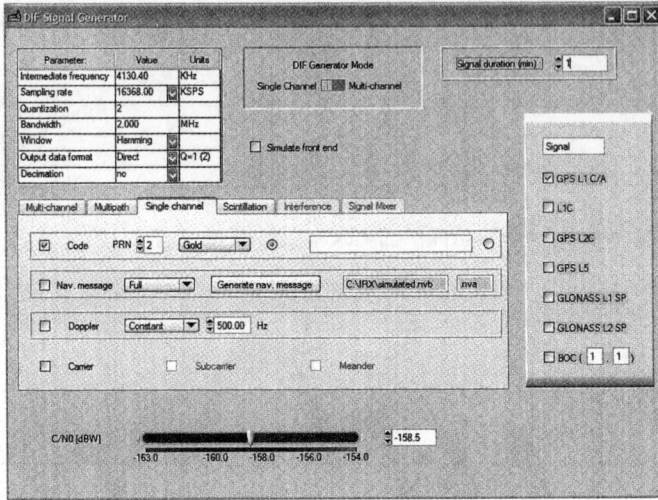

图 3.5　ReGen 单信道模拟器

下面使用 ReGen 单信道模拟器来生成一个 GPS 信号，并且用 MATLAB 信号分析工具箱来分析所产生信号的频谱。首先，产生的信号长度为 1min，其中只包含带有最小噪声的一种扩频码。

信号的瞬时频谱如图 3.6 所示，它可以看作是 $\sin(x)/x$ 方波频谱的拓延。如果把扩频码和一个载波叠加，叠加后信号的频谱是脉冲和载波频谱（图 3.7）的卷积。因此，当使用扩频码时，它的频谱较宽，其宽度由该编码的码长决定。编码和 GPS 导航电文进行叠加，GPS 导航电文的速率为 50b/s，每 12.5min 重复一次。

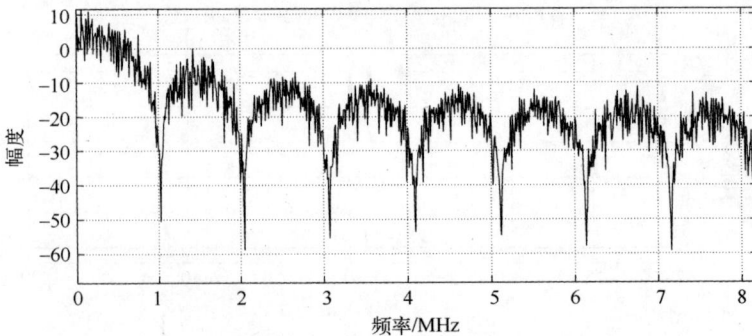

图 3.6　由 ReGen 模拟器产生的单信道 GPS 信号的瞬时谱

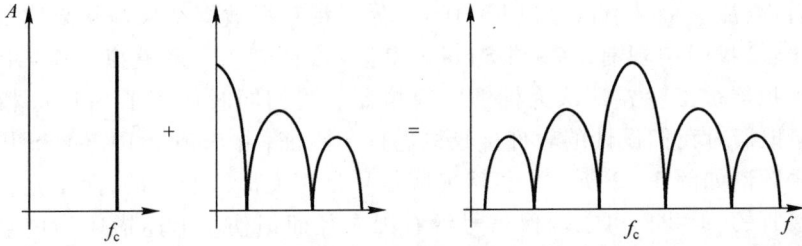

图 3.7 码片速率和频率

现在,可以在信号上叠加一个载波信号。该信号的表达式见式(3.9),其频谱如图 3.8 所示。我们现在产生一个数字化中频(DIF)信号,就像接收机通过天线接收到信号后,L1 射频信号经过前端后,下变频到中频(IF)。因此,带有编码信号的载波信号被搬移到中频,这里选择的中频约为 4MHz。中频、采样率和其他的参数都在如图 3.5 所示的 GUI 文件中进行了规定。通过模拟多普勒频移,可以看出信号经过下变频处理后没有改变。

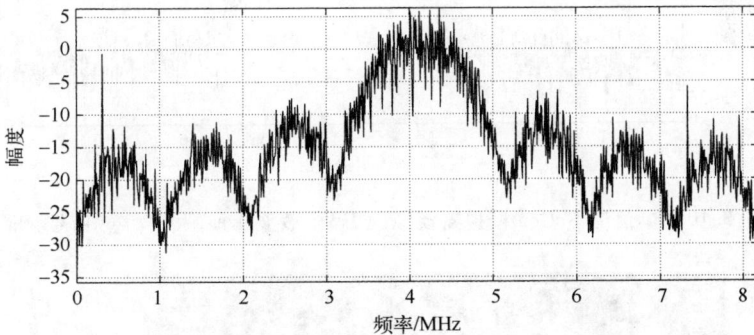

图 3.8 用单信道 ReGen 模拟器产生的"码 + 载波"信号频谱

接下来,用带通滤波器来模拟产生一个动态信号,信号的频谱如图 3.9 所示。我们模拟一个窄带前端,除了主瓣信号外其余信号全部被抑制。

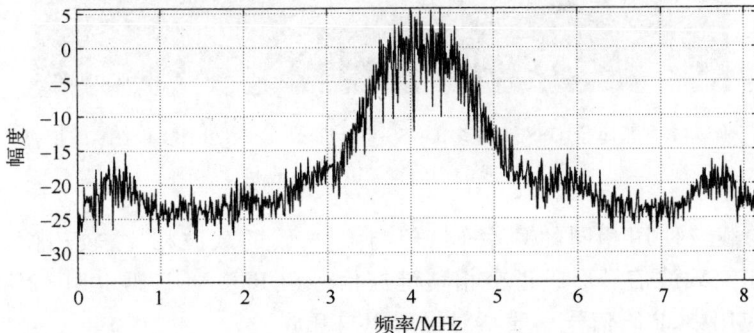

图 3.9 单信道 ReGen 模拟器模拟的"码 + 载波 + 前端"信号频谱

65

最后,叠加一个噪声信号(图3.10)。为了将获得数据结果与从真实前端获得数据相比较,我们用现有的高端 Spirent 模拟器(图3.11)来模拟一个 GPS 信号,Spirent 模拟器被工业界默认为标准的模拟器。我们同时使用了 Spirent 模拟器和 ReGen 模拟器对我们设计的软件接收机进行了验证,由 Spirent RF GNSS 模拟器模拟的信号频谱如图3.12所示。虽然射频信号是用模拟器产生的,而不是从实际的天线中接收的,但我们可以确保信号没有因多径而损伤。上述描述的信号体制称为二进制相移键控(BPSK)信号,这种信号和严格控制的 P 码信号叠加在一起。

$$A_P = A_{P0}\sin\left(\omega t + \varphi + \frac{\pi}{2}\right) \cdot D_P \cdot B_P \tag{3.10}$$

式中:D_P 为 P 码;B_P 为嵌在 P 码中的导航电文。

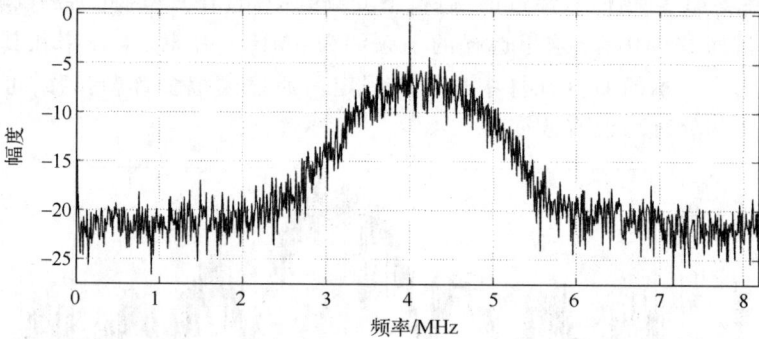

图3.10　单信道 ReGen 模拟器模拟的"码 + 载波 + 前端 + 噪声"信号频谱

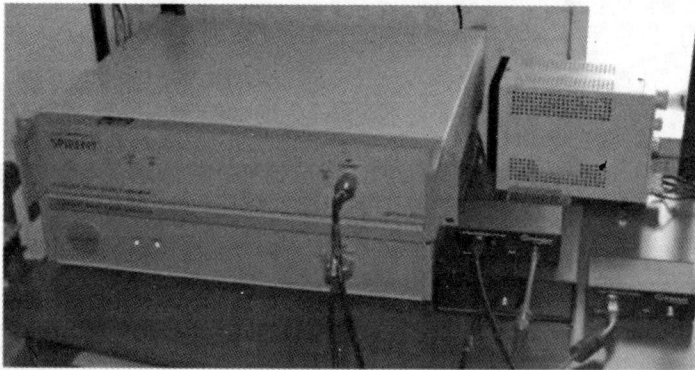

图3.11　思博伦 GSS6300 多 GNSS 发生器和 GSS6700 多 GNSS 模拟器
组成的 IP 方案 jiesh 接收机

P 码的载波使用相同的频率 L1,但与 C/A 码的载波相比,较相位延迟 $\pi/2$。然后两个正交载波信号形成正交相移键控信号(QPSK)。P 码也用 L2 频率发射,但在导航应用中,P 码信号一般不对民用用户开放。

用户将从同一个卫星上的两个频率的信号中获得好处,因为这样可以使用户

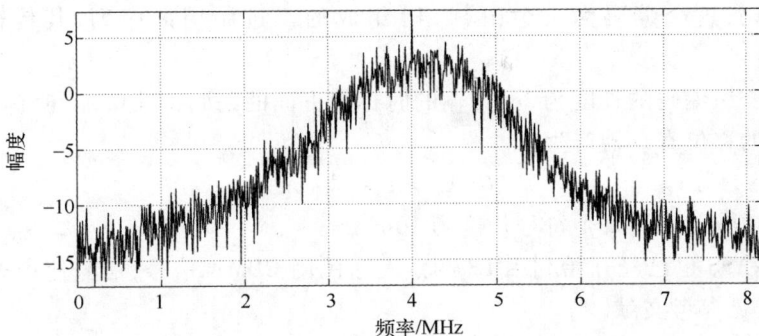

图 3.12　采集的真实信号的频谱(带有 Rakon 模块的 IP 方案采样器)

消除信号在大气传播中带来的误差,大地测量接收机使用特殊的算法恢复部分 P 码信息。

　　新的 GPS 民用信号将包括 L1C、L2C 和 L5。在接口文件(ICD)中对信号进行了描述。L2C 信号已经在一些 GPS 卫星中进行广播,正在完善的 L1C 和 L5 信号在 QZSS 卫星中永久使用。QZSS 卫星从 2010 年 9 月中旬开始发送测试信号,从 2010 年 12 月中旬开始发射正式信号作为技术和应用的验证,目前 QZSS 在星座中只有一颗卫星,因此它传输的信号几乎不能用于定位,星座可以向其他卫星提供足够精确的时间,如果 QZSS 卫星也能得到星座提供的精确时间,那么就可以用一颗卫星来定位。

3.1.4　GLONASS 开放性接入信号的生成

　　理想情况下,GLONASS 信号的频谱应该由一组不重叠的窄波束来表示,每个波束代表一个频率点,但是事实上这些频率是有重叠的,频率重叠造成一些信号有 54dB 的损失,同样 GPS L1 C/A Gold 码和纯正交码序列相比较会造成 21.6dB 的损失。目前,在 L1 和 L2 频率上,GLONASS 所有的卫星上都使用同一 m 序列的编码,接收机通过频率来区分不同 GLONASS 卫星的信号。

　　目前,GLONASS 在 L1 和 L2 上发射同样精度的信号,编码的生成方式和式(3.9)所述的 GPS C/A 码一样,不同的是 GLONASS 用一个额外的二进制序列作为时间的标记,GLONASS 信号由下式产生:

$$A = A_0 \sin(\omega t + \varphi) \cdot D \cdot B \cdot M \tag{3.11}$$

式中:D 为一个 m 序列码(所有 GLONASS 卫星都用同样的序列);B 为导航电文;M 为交织序列。

　　GLONASS 标准精度码以 511b/ns 的速率传输,它由下列多项式产生:

$$G(X) = 1 + X^5 + X^9 \tag{3.12}$$

其编码周期和 GPS L1 C/A 码的周期一样,为 1ms。

　　导航电文的传输速率也和 GPS 信号一样,为 50b/s。信息长度为 2.5min,是一个交织编码,这个编码为一个由{0,1}组成的二进制周期序列,其传输速率为100b/s。

这个交织编码的长度为2s,传输的时标用下面的编码持续0.3s,时标由下列多项式定义的移位寄存器产生:

$$G(X) = 1 + X^3 + X^5 \qquad (3.13)$$

取前30个符号,每个符号长度为10ms。

GLONASS 也已经开始利用 L3 频点发送民用 CDMA 信号,信号使用 Kasami 序列编码,详见参考文献[9]。

3.1.5 GPS 和 GLONASS 导航电文

所有有关卫星星历、卫星时钟和电文时标等必要信息都由二进制编码生成,这些信息由式(3.9)和式(3.11)中的 B 表示。GPS 导航电文中还包含电离层参数,这些参数用来补偿由电离层带来的信号延迟。而 GLONASS 导航电文中不包含电离层信息。

GPS 和 GLONASS 都以 50b/s 的速率利用 L1 频率发送民用导航电文,GPS 发送一条完整的信息需要 12.5min,而 GLONASS 只需要 2.5min。在 GPS L1 频点上,任何一段 36s 长的导航电文都可以让接收机完成定位任务。GPS L1 接收机通常在开机 36s 后就可以定位,就像我们在前面章节所看到的那样,GLONASS 和 GPS 星历表提供的格式不同。GPS 星历表由一套开普勒密切参数组成,而 GLONASS 星历表由表格的形式提供。每一个导航电文还向用户提供一个时标,用户可以通过时标确定卫星在某个时刻的位置。用户在一帧完整的时长为 6s 的 GPS L1 C/A 导航电文中可以获得一个时标。GLONASS 用户在一帧时长为 2s 的导航电文中获得一个时标。

GLONASS 导航电文包含的参数可以用来计算 GLONASS 和 GPS 之间的时间差 $\Delta \tau$。该参数可以使 GPS/GLONASS 接收机的时间误差精度在 30ns 内,大约造成的距离误差为 9m。要缩短两个标准之间的误差精度需要在式(1.19)中引进其他的未知量。

$$Z = A(X) \qquad (3.14)$$

式中:状态矢量 X 为

$$X = \begin{bmatrix} x_r \\ y_r \\ z_r \\ \delta t_r \\ \Delta \tau \end{bmatrix} \qquad (3.15)$$

这使我们能够找到和其他坐标具有相同的精度等级的 $\Delta \tau$,这种方法的缺点是需要使用额外的卫星来提供额外的参数。

68

3.1.6　未来的"伽利略"和现代化的 GPS、GLONASS 信号的新特点

按照计划,"伽利略"使用的信号结构会略有不同。在这里我们将讨论这些信号的新特点。这些信号的主要特点是信号的大部分能量不是集中于载波频率,而是被分散开来。发展这种新的信号的主要原因是:一方面,有必要改进传统的 GNSS 信号的特性以预防多径和干扰;另一方面,需要提高各个 GNSS 之间频谱共享能力。

BOC 调制是由式(3.9)加入一个副载波来实现的[10],这种副载波是一个二进制周期性{0,1}序列,它可以由下式表示:

$$S(t) = \text{sign}(\cos(\omega_s t)) \tag{3.16}$$

也可以表示为

$$S(t) = \text{sign}(\sin(\omega_s t)) \tag{3.17}$$

副载波与编码同步生成。BOC(n,m)确定为 $1023 \times m$ 个码片/ms,副载波频率为 $1.023 \times n$MHz 的二进制偏移载波信号,因此,有

$$A = A_0 \sin(\omega t + \varphi) \cdot D \cdot B \cdot S \tag{3.18}$$

式中:$S = \{0 \quad 1\}$ 是一个二进制序列的副载波。副载波可以和编码对齐或偏离一定相位。

目前,按照计划,"伽利略"将在 E1 频率点使用 BOC(1,1),在 E5 频点使用 AltBOC(15,10),在 E6 频点使用 BPSK(5)。L1C 信号和 GPS 军用 M 码一样为 BOC 信号。

一些新的编码形式不能由移位寄存器产生,因此只能在存储器中设定。

一些信号(如 GPS L5,GLONASS L3)有两个信道,一个是数据信道,另一个为导频信道。数据信道有编码和导航电文,导频信道具有第二个码而不是导航电文。我们将在下一章会看到,如果接收机可以得到第二个码,其灵敏度会更高,这是因为可以对信号进行更长时间的积分。

"伽利略"系统的导航电文中基本上包含了星历、卫星时钟的漂移参数、电离层模型参数和时标信息。新的信号设计也不会丢弃导航电文,对那些只能够获得一个或两个旁瓣的用户来说,"伽利略"AltBOC 信号是很有用的,导航电文由两个信道提供,一些用户可以接收到两个信道的信号,尽快地两次获得导航电文的一部分(特别是历书)。

导航电文设计的其他特点见文献[11],发射机的两个信道交替产生导航电文序列。接收机通过处理恢复原始的排列顺序,如果部分导航电文由于某些原因被损坏(如多径、障碍物或干扰造成的影响),那么突发损坏的信息位可以分散到多个字当中,只有少量的这些错误可以通过实施纠错算法所提供的冗余数据进行纠正。

3.2　GNSS 信号模拟器

3.2.1　为什么需要模拟器

为什么模拟器如此重要？GNSS 每项业务都和信号的产生与信号的处理有关，模拟器广泛应用于 GNSS 领域的测试过程中。然而，研制 GNSS 信号模拟器的好处往往被忽略，我们可以把 GNSS 模拟器当作真实 GNSS 的模型来用。当我们试图了解和掌握外界的事情时，我们总是在大脑中首先形成一个模型，模拟器可以帮助我们了解 GNSS，包括系统在物质世界的存在，例如：地球和行星之间存在的万有引力的影响、太阳和它的辐射的影响、大气对无线电信号传播的影响等。本书中，我们使用的是 ReGen 信号模拟器。本书的网站上可以获得免费的版本，使用此模拟器可以用于信号产生、系统测试，提供研究 GNSS 的实例等。我们也可以使用其他一些常用的模拟器。特别是，我们还使用了思博伦 GSS6300 多 GNSS 发生器和 GSS6700 多种 GNSS 模拟器，以及与 ReGen 信号模拟器一起来并行测试 IPRx 接收机（这些模拟器和被试接收机如图 3.11 所示）。用射频信号模拟器来产生 GNSS 信号，这些信号可以由卫星上的 GNSS 接收机接收。标准的 RF 模拟器可以产生接收机天线之后和最前端之前的信号。ReGen 数字中频信号模拟器可以产生接收机前端之后的信号。在全书的示例中我们使用本书奉送一个基本版的数字中频信号模拟器，和专业版一样使用。

本书中我们主要是进行学术研究，因此我们最大的兴趣在于怎样用模拟器来研究 GNSS。通过模拟器对 GNSS 进行研究，不仅能帮助我们去了解 GNSS 的环境因素，而且也可以帮助我们来验证模型，掌握 GNSS 接收机。GNSS 接收机既可以接收模拟器的信号又可以接收真实 GNSS 卫星信号。其基本原理就是如果能够成功地模拟 GNSS 信号，那么我们就有一个成功的模型，因此就形成了正确的认知。同样作为被仿真的主体，GNSS 本身就是作者需要认知的一个模型。同时我们也要看到模型的局限性，有时这些局限性并不会起到明显的作用。例如，如果被试系统受带宽限制，有限功率噪声和白噪声之间没有差异，那么，白噪声模型就可以不受限制地使用（图 3.13）。

了解了如何在模拟器中生成 GNSS 信号，那么我们不仅了解了真实的信号结构，而且也了解了信号在接收过程中和事后处理软件进行处理的所有相关过程。通过这些过程便了解了 GNSS 中各个阶段的信号处理过程，而不仅限于关注接收机的位置。

在本章中，我们产生的 GNSS 信号在一定程度上无法区分是否来自真正的卫星信号。模拟器产生的信号和实际卫星信号的区别就在于信号中距离信息的来源。实际信号的距离信息来自经过传播延迟的模拟信号，而模拟器产生的信号

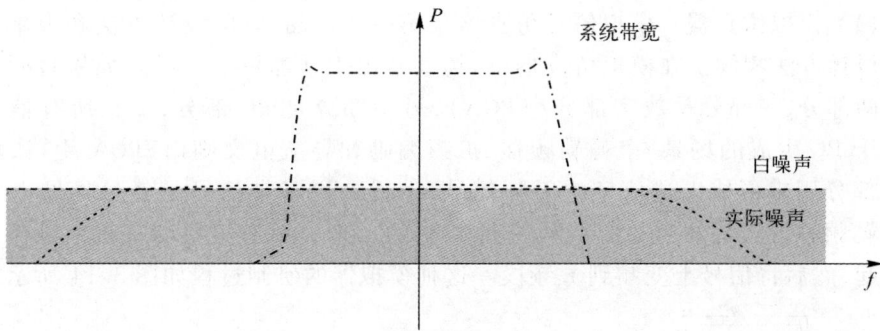

图 3.13 噪声模型的应用

的距离信息来自于模型。当这些模拟器描述的信号传播精度足够高时,模拟信号就越接近实际信号。影响信号传播的模型将在第 4 章中进行描述。这一章我们只讨论在模拟器中重建的 GNSS 信号怎样才能和到达接收机天线的信号相似。

模拟器提供了通用的、高层次的仿真能力,它可以在 GNSS 全寿命周期的每个阶段对其进行测试。全球导航卫星系统的设备,特别是全球导航卫星系统接收机的全寿命周期可以包含以下几个阶段[12]:

(1)研究和开发阶段。此阶段进行新的设计,创建新的解决方案。

(2)设计和验证。此阶段进行具体接收机的设计研制,并测试其满足规定的技术要求的能力。

(3)分模块进行生产。此阶段进行芯片的封装、模块的研制、OEM 和用户设备的研制。在每个阶段都必须进行特定的测试,以确保生产线上输入和输出模块的质量。

(4)认证。

(5)消费者测试。

(6)维修及保养。

通常情况下,我们使用实时的卫星信号对 GNSS 设备进行测试,然而,当我们使用实时信号进行测试时,我们无法控制影响信号传播的环境,我们也无法重现这些环境,这使得我们很难制定测试要求。例如:就像我们早期看到的那样,卫星的数目和星座排列方法会影响到精度。在接收机研制阶段的测试中,我们总是先不考虑星座的几何因素的影响,只是想对接收机本身的参数进行确定。我们也不需要对现实中较少发生的状态进行检测,比如:卫星发生故障等,我们利用模拟器主要是为了测试 RAIM 算法(第 1 章中提到的)。综上所述,GNSS 模拟器只是我们在研制 GNSS 时的一个测试工具。

3.2.2 GNSS 模拟器主要设计方法

下面来看模拟器的主要设计类型[13,14]。

（1）模拟仿真器。模拟信号仿真器是第一代产品,它的设计方法和卫星发射机的设计方法相同。在模拟仿真器中,场景是由主计算机生成的。如果将硬件划分成两部分,一部分是数字部分(FPGA),另一部分是 PC 部分,那么所有信息都来自于 PC 生成的场景,多普勒频移、扩频编码和导航电文则由 FPGA 生成,射频模拟部分用来形成上述信息的射频信号,也就是说基带信号是经过导航电文和多普勒频移混合后再经过扩频码进行调制的。来自所有卫星的基带信号再混合到一起,然后将信号上变频到 L 频段。这种模拟器的研制过程如图 3.14 所示。

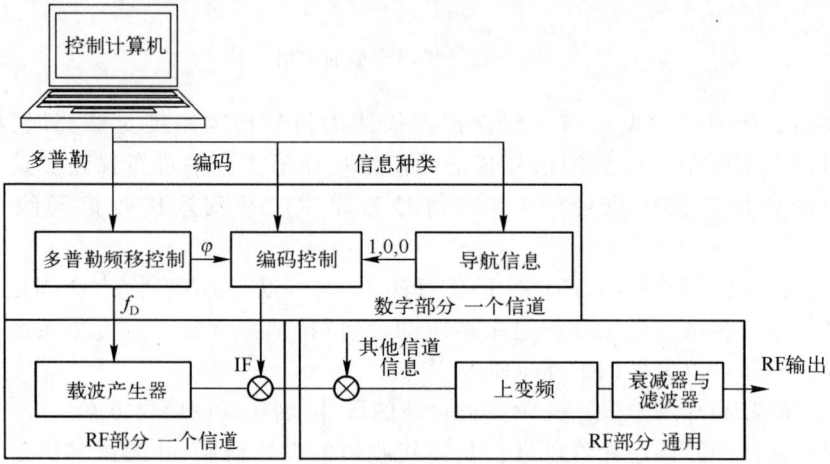

图 3.14　模拟仿真器

（2）数字仿真器。大约在 10 年前,数字仿真器研制成功。现在常用的仿真器都是数字仿真器,图 3.15 所示为数字仿真的流程图。信号完全由数字部分(FPGA)在中频(IF)生成,然后转换成模拟信号,再上变频到射频。载波由数字控制振荡器

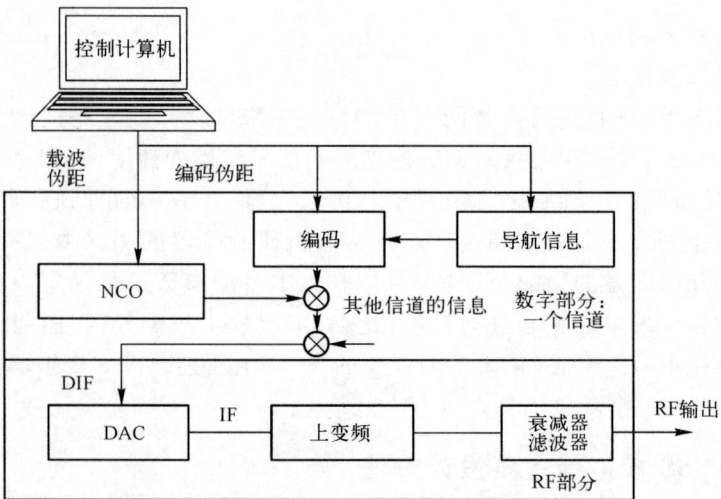

图 3.15　数字仿真器

（NCO）产生,和编码与导航电文一起形成一个数字中频信号(DIF)。

把所有信道的数字中频信号(DIF)混合在一起,再经过数/模转换(DAC)后,转换成和模拟仿真设备产生的信号一样,这两种信号没有任何区别。

未来和当前现代化的 GNSS 都在向数字信号发生器发展,因为用数字信号发生器产生信号更加灵活、方便。数字信号发生器更容易实现在线编程,从而提供不同的信号结构,数字信号发生器还有很高的信号质量、更长的使用时间和较高的可预测性,还可以提供更高分辨率的信号。

然而数字仿真器也有它的潜在缺点:一是有较高的杂散产生;二是相对带宽较窄。杂散是由 NCO 产生阶梯形的载波形成的,高端的模拟器应用了许多复杂的技术来减少杂散信号的产生,以此来满足由 ICD 描述的 GNSS 对信号质量的特殊要求。

（3）软件 DIF 信号仿真器、采集和回放设备。对软件接收机来说,DIF 信号模拟器是一个完美的模拟器。在这种接收机中信号经过基带处理后再通过前端的处理,此时利用精确设备记录的信号和接收机的前端信号一样(图 3.16),然后把记录的信号存储到中间存储器中而不是接收机中,这种信号可以由接收机以同样的方式进行处理。图 3.16 示出了相同的接收机或记录设备的前端,既可以作为标准接收机的前端,也可以作为记录仪以文件的形式将记录的 DIF 信号存储到存储器中。软件接收机可以读取这种 DIF 信号的文件。

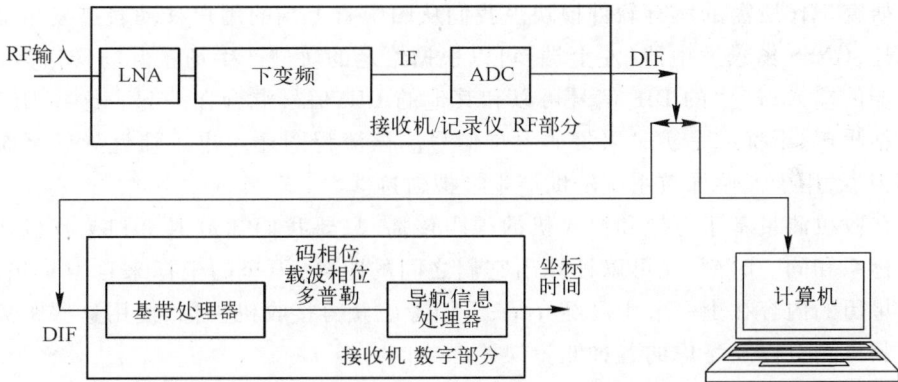

图 3.16　来自接收机或射频记录仪的 DIF 信号

我们利用上述技术对同一个试验项目进行反复的试验,试验中用模拟器以同样的方法对参数进行不同的设置。这样的 DIF 信号是由接收机的前端输出的,经过存储后供将来使用。

DIF 信号模拟器产生的信号和我们存储的信号相类似,不同的是由模拟器产生的信号中的环境参数和信号参数是完全可控的,经过存储和由接收机产生的 DIF 信号都可以由回放设备以射频信号的形式进行回放(图 3.17)。前端设备的基本工作就是在接收机前端将信号进行转换,包括将信号进行数/模转换,也就是将数字中频信号(DIF)转换到模拟中频(IF)信号,还有就是上变频转换,即将中频信号变频到射频信号。

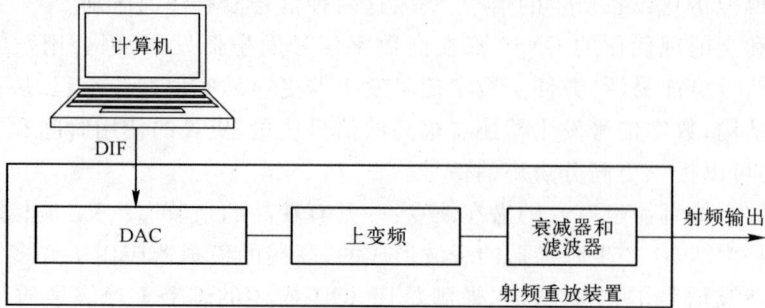

图 3.17　带回放功能的 DIF 信号仿真器

3.3　案例研究:机载接收机的场景数据生成

在接下来的几节中,我们描述模拟全球导航卫星系统信号的生成过程。在本节中,我们设计一个场景,此场景中提供的信息包含了导航信号的所有参数。我们建立可以用来观测信号的接收机,它也可以用于下一步产生 GNSS 信号。图 3.18 所示研究工作所需的所有软件模块。我们从图中右上端的用户移动轨迹发生器开始描述,GNSS 场景发生器(左上端)可以根据给定的轨迹产生场景。场景作为 DIF 发生器的输入,产生的 DIF 信号可以和其他的 DIF 信号混合在一起。这些 DIF 信号包括噪声、干扰或是实时采集的卫星信号。该流程图还示出了惯性导航系统数据模拟器,用于惯性导航系统辅助产生模拟轨迹。

接收机测量基于卫星和接收机的视距传播,只要我们知道卫星和接收机在同一坐标系和同一时刻,就可以计算出它们之间的距离,卫星的坐标来自卫星星历,有关星历的内容在上一节中已经介绍,下面考虑获得接收机坐标、使用这些距离实现接收机测量以及考虑的各种测量误差。

3.3.1　GNSS 和惯性导航系统仿真生成飞行轨迹

实现接收机轨迹最简单的方法是使其静止,即将其固定在地球表面。然而在许多实际应用中,接收机是移动的,移动就产生了距离。如果接收机安装在行驶的机动车辆中,那么将对接收机处理数据造成影响,在第 6 章和第 12 章将详细分析这些影响。为了解决因用户移动方式不同而造成的不同影响,我们参照飞机的运动过程,并模拟飞机的飞行轨迹。首先,模拟一个简单的飞行轨迹,包括飞机的起飞、直线飞行、转弯和降落过程。

在第 12 章我们将分析高度集成的 GNSS 和惯性导航系统。为此,我们需要产

计算卫星位置 | 可见度 | 位置 起始时间 持续时间 | 轨道产生器 轨道产生器

轨道历书

限制条件+典型情况

到卫星的距离 | 运动几何

电离层模型

对流层模型

卫星时钟模型

ASCII码文件 | 场景生成

未校准

Gyro模型

加速度误差模型

Schuler

仿真DIF | 仿真ASCII

信号混合

选择文件

CA码 | 信号产生

导航信息

多径 | 信道增益

惯导输出 | 传播误差

分类机 | 惯导数据仿真

通道-1文件 | DIF产生器

DIF

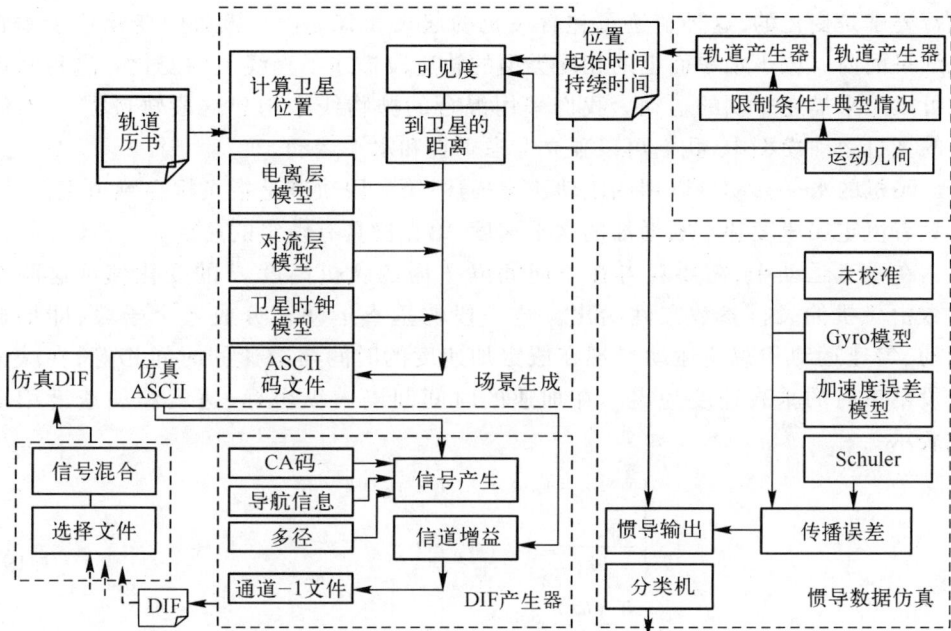

图 3.18　ReGen 模拟器的流程图

生两个轨迹,一个是真实的轨迹,这是对所有的 GNSS 模拟器生成的,此时只有一个移动用户。这条轨迹用来产生 GNSS 信号,它模拟一个真正的用户在使用实时卫星情况下的运动轨迹。另一条轨迹是测量轨迹,它是由在线惯性导航系统估计出来的,这条轨迹将在第 12 章中详细介绍,到时我们利用这条轨迹来模拟惯性导航系统辅助的紧耦合机载接收机。

一般来说,轨迹可以描述一个三维物体的移动,要在三维空间描述飞机的位置需要 6 个坐标,而它们的一次和二次微分可以描述飞机的飞行动态,只有当要建立惯性导航系统测量时才需要这些微分值,否则每个历元的 6 个坐标足可以表达 GNSS 信号。

这里我们生成 GNSS 信号与接收机接收到的信号一样,但不是从卫星发来的信号。6 个坐标中有 3 个描述接收机的位置,另外 3 个描述载体的行驶状态,重要的是要记住,当我们谈论接收机的位置时,我们实际上是指接收机天线相位中心,因为这些都是实际测量的坐标。描述载体姿态的坐标很重要,它表现在两个方面:首先,使用它们来创建紧耦合的惯导测量,以测量在物体坐标系中的加速度;其次,载体姿态可以确定在任意时刻接收机可以观测到哪些卫星。

在创建惯性导航系统测量时,特别是对一般情况的真实轨迹测量而言,重要的是要确保轨迹是连续的并且它的二次微分也是连续的,这些轨迹的可微性也受限于所选择的模拟载体的动态。

该轨迹可以分成多个段,每段都可以在二维空间中进行描述。第一种类型的飞行姿态是变化的,这种轨迹可包含飞机的起飞和着陆段。该段的变化位于垂直二维平面内。位于水平面上的相同类型的轨迹段描述了直线上的变化。这种轨迹也可以用来描述车辆的运动。我们采用混合的抛物线来构建这段轨迹[15]。在线性的飞机运动模型中,我们可以独立考虑垂直和水平运动。

飞机的水平移动可以用两段轨迹来描述:第一段轨迹是指飞机在跑道上运动,它具有恒定加速度和不断增加的水平速度;第二段具有恒定的速度。

在垂直运动中,需要获得在时间间隔 T 内的飞机高度 H 的变化值。这两个参数由飞机的飞行参数文件给出。这一段的垂直运动被分成 3 个子段,即加速运动、匀速运动和减速运动。现在假定加速度的时间与减速的时间相等,在减速阶段结束时的垂直速度为零。在加速的时间间隔内纵坐标、速度和加速度用下式表示:

$$
\begin{cases}
y(t) = y_0 + \dot{y}_0 \cdot t + \ddot{y}_0 \cdot t^2/2 \\
\dfrac{\partial y(t)}{\partial t} = \dot{y}_0 + \ddot{y}_0 \cdot t \\
\dfrac{\partial^2 y(t)}{\partial t^2} = \ddot{y}_0
\end{cases}
\tag{3.19}
$$

其中:在起飞时,初始高度和垂直速度都设置为零:$y_0 = 0$;$\dot{y}_0 = 0$。这里假定 a 代表加速时间,c 代表恒定速度时间;d 代表减速时间。则加速度等于加速运动结束时的速度除以所用的时间间隔,即

$$
\ddot{y}_0 = \dot{y}_{t_a}/t_a
\tag{3.20}
$$

在匀速运动的时间间隔内纵坐标、速度和加速度为

$$
\begin{cases}
y(t) = y_{t_a} + \dot{y}_{t_a} \cdot t \\
\dfrac{\partial y(t)}{\partial t} = \dot{y}_{t_a} \\
\dfrac{\partial^2 y(t)}{\partial t^2} = 0
\end{cases}
\tag{3.21}
$$

式中:$y_{t_a} = y_0 + \dot{y}_0 \cdot t_a + \ddot{y}_0 \cdot t_a^2/2$。

在减速的时间间隔内,纵坐标、速度和加速度可以用式(3.19)表示,其中

$$
\ddot{y}_{td} = -\ddot{y}_{ta}
$$

$$
y_0 = y_{t_a} + \dot{y}_{t_a} \cdot t_c, \dot{y}_c = \dot{y}_{t_a}
$$

在降速的情况下,该高度差是负值,第一子段变为降速运动。在水平跑道上运动时,我们考虑的是水平速度而非垂直速度的侧向分量。我们还可以在水平面上来描述飞机的转弯运动。

图 3.19 所示的截图是在 ReGen 上用轨迹模拟器模拟产生的一个轨迹的示例。这个软件允许用户修改飞行参数。飞行参数可以用于根据飞机的机动能力提供逼真的动态。轨迹是按照用户设定的参数基于标准轨迹生成的。

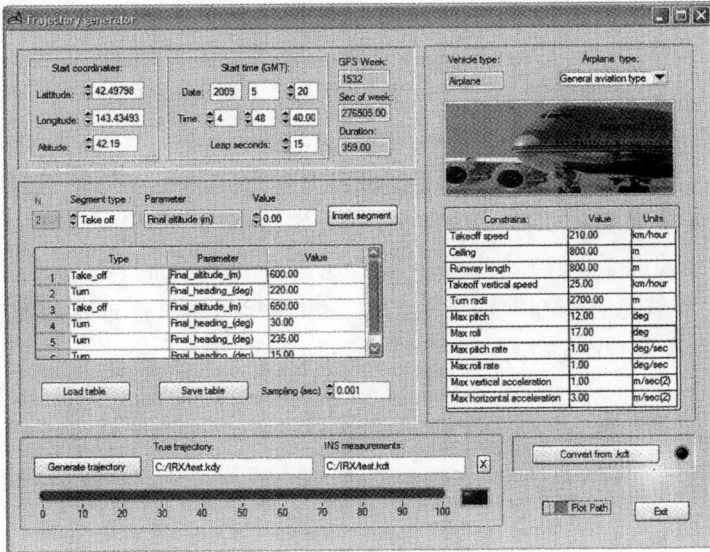

图 3.19　轨迹发生器的面板截屏

3.3.2　生成模拟场景

天线的坐标可以是静态的,也可以是一条轨迹。如果天线不是静止的,那么其坐标随时间变化。我们基于卫星星历表计算每一时刻的卫星位置坐标。该星历表可从记录的广播导航电文和历书中自动获取,或用户自己输入到模拟器。

卫星的星历表按照精度的不同可以分为几个等级(参见前面的章节)。精度最低级别的要用 6 个开普勒参数来描述。这 6 个参数可以描述一个椭圆轨道、卫星的形状和它相对于地球的位置。当前的历元可以确定卫星在椭圆轨道上的位置,这些参数可以构成 GPS 的历书。在真实的环境里,GPS 历书可以给出足够的信息来计算卫星的位置。卫星的位置精度可以使接收机"猜测"搜索到了哪一颗卫星和这颗卫星在哪里,同时可以预测到其多普勒频移值。历书信息可以协助用户获取卫星的信号。

为了对初始位置进行修正,接收机需要更加精确的轨道参数,这种轨道参数是由开普勒密切参数来描述的。密切参数用来描述理想椭圆轨道的偏移量。这种理想的椭圆轨道一般包含在历书中。这样一套完整的轨道参数来自接收机 RINEX(接收机自主交换)的格式文件,从 IGS 网站得到的 RINEX 文件也可以应用到 IGS 站。

但在模拟器上,我们只利用星历参数且把开普勒密切参数设置为零。从某种意义上讲,这是一种特殊情况,因为提供给接收机的参数都是按照卫星星历模拟的导航电文产生的,因此在测试状态下的接收机计算出来的位置和实际卫星的位置是一样的,而且因为在实际模型和广播模型中利用的都是同一个星历参数,因此被试接收机的定位精度不会受到影响,从而在该算法中不用考虑开普勒密切函数。

在每一时刻,被跟踪计算出的接收机和卫星之间的距离是基于对编码和载波的观测。在实际使用中 GNSS 信号在通过大气传播时会产生时延和失真,并且经常会被植物和建筑物阻挡或衰落。同时还有一些其他的误差源。我们构建的 GNSS 观测信号就像它们在接收机输出端输出的信号那样。这些观测值是接收机到卫星之间的视距值,这些值都有误差。记为

$$\rho_i = \left| X_i - X_R \right| + \Delta d_i + \delta d_i + \Delta d_R + \delta d_R \tag{3.22}$$

式中:X_i 为第 i 卫星的坐标矢量;X_R 为接收机坐标矢量;Δd_i 为第 i 颗卫星固有的系统误差;δd_i 为第 i 卫星固有的随机误差;Δd_R 为一般的系统误差;δd_R 是一般的随机误差。

对特定的卫星来讲,存在的误差有信号在大气中的传播误差和卫星的时钟误差。有些是来自信道之间的共有误差,还有一些是来自接收机的误差。这些误差有些是基于模型计算出来的,有些是估计不同卫星之间的距离时产生的误差,用户可以用这些误差来创建真实的信号模型。

视距是由 GNSS 信号传输的距离计算出来的。若卫星在 t_{TOT} 时刻发射 GNSS 信号而接收机在 t_{TOR} 时刻接收到此信号,可利用式(3.22)来计算时间差。同时也可以得到接收机在 t_{TOR} 时刻的天线坐标 X_R 与卫星在 t_{TOT} 时刻的坐标矢量 X_i。否则这两个时刻的时间差为

$$\Delta t = t_{TOR} - t_{TOT} \approx \frac{20000 \text{km}}{300000 \text{km/s}} \approx 0.7 \text{s} \tag{3.23}$$

GPS 卫星的平均速度大约为 $V = 4 \text{km/s}$,因此在上述时间差内卫星的坐标误差为

$$\Delta r = \Delta t \cdot V \approx 0.28 \text{km} \tag{3.24}$$

因此,在计算到卫星的距离时,由于和信号传播信道相关(图 3.20),因此需要进行两次迭代。

由 GNSS 卫星发送的导航电文中携带有卫星轨道信息、卫星时钟和电离层模型参数(GPS 和"伽利略")。嵌入到导航电文中的参数体现了我们对真实模型的先验知识,它也带来了不确定的因素。真实模型的参数用于信号生成,通常与嵌入到导航电文中的参数不同。

GPS 用 Klobuchar 模型实现广播电离层修正模型,"伽利略"系统以 NeQuick 模型实现广播电离层修正模型。如果模拟器同时模拟两个系统,那么它们的广播模型就应该使用相同的真实底层模型。

本章所描述的软件模拟器的用途是为 GNSS 信号仿真生成数据,而不是模拟

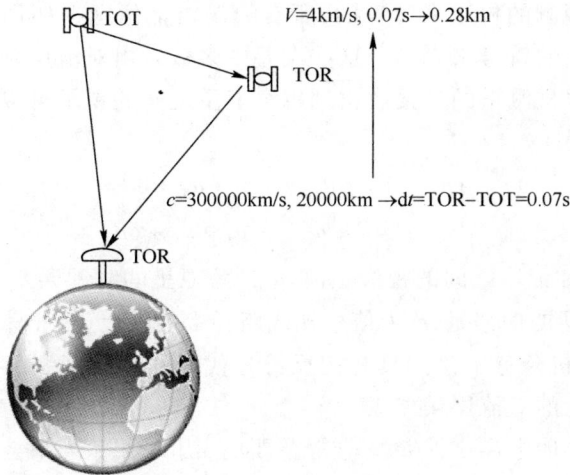

图 3.20   两次迭代计算卫星的位置

接收机的输出。在这一方面,上面所描述的误差与多径、电离层闪烁误差是有区别的,下一章我们将详细地介绍这些误差,在此我们需要提到它们,因为这些误差和式(3.22)中提到的误差不同。多径是由卫星信号的反射造成的,闪烁误差是由信号在大气中的传播造成的,如果仿真软件是为了模拟接收机输出的信号,那么我们需要考虑多径和电离层闪烁引起的测距误差,就像式(3.22)中描述的偏差和随机误差一样。但是,我们将要设计的是信号模拟器,因此,这闪烁和多径误差在模拟器中实现的方式不同,因为它们不像传播时延那样的影响编码和载波测量结果。多径和电离层闪烁误差仅仅在信号通过接收机的基带处理后才影响到测距误差,因此我们在这里不模拟这些误差,只考虑那些导致编码延迟的误差,也因此在考虑式(3.22)时,我们需要排除这些误差。相应地,当我们为编码和载波观察创建距离数据时不考虑这些误差的影响。我们将在第 4 章考虑与 GNSS 信号产生相关的那些误差。

对于 GPS、GLONASS 和"伽利略"系统来讲,用于测距的编码和载波观测是不同的,这主要和卫星轨道以及电离层造成的误差有关。这些误差和信号的频率有一定函数关系,有些随机误差还和扩频编码的长度有关。所有的星座的卫星轨道都可以通过多普勒参数来描述,这些参数的值也会依据不同系统而变化。不同 GNSS 信号的噪声也不同,噪声也和码片的长度有关系,而且大多数是来自接收机的处理过程。每一个星座的时钟误差也不尽相同。因为建模不仅需要依靠时钟漂移模型,而且取决于对漂移采用的补偿方式,因此形成的模型也不相同,一般情况下我们利用有同样参数或轻微差异参数的广播模型对时钟误差进行模拟。

模拟 GNSS 的测距误差时,需要修改式(3.22)来精确地考虑主要的误差来源。这些误差主要是由信号在大气中的传播造成的。电离层造成的误差被看作编码观测的延迟和相位观测的校正来计算的,所有的误差都像延迟那样由编码和相位以相同的方式和相同的符号来表示。这些误差中多数是由对流层延迟和卫星时钟误差造成的。由接收机测量的从接收机到每个卫星之间的视距可以由下式计算出来(这里省略了指数 i):

$$
\begin{cases}
\rho_{\text{code}} = d + d_{\text{clock}} + d_{\text{I}} + d_{\text{T}} + \delta d \\
\rho_{\text{carrier}} = d + d_{\text{clock}} - d_{\text{I}} + d_{\text{T}} + \delta d
\end{cases}
\tag{3.25}
$$

式中: d 为接收机和卫星之间的视线距离; d_{clock} 为卫星的时钟误差,即每颗卫星的时钟与 GPS 时间之间的偏移量; d_{I} 为信号视线路径上的误差(严格来说它也可以用随机分量来模拟,随机分量中包括具有相反符号代码和载波观测值造成的误差); d_{T} 为信号视线路径上的对流层误差。

能够生成恰当的电离层误差是非常重要的,因为这个误差会影响到一些基本的定位算法。在本书的后面章节将给出一个特殊的例子。模拟器应该能够输出 ρ_{code} 和 ρ_{carrier} 数据。在这种情况下,可以通过如下两种方案检查模拟器生成码和载波数据是否正确:

(1) 没有出现误差的情况,此时,在式(3.25)中仅模拟接收机和卫星之间的视线距离 d 。

(2) 只有电离层引起误差的 d_{I} 。

通过比较两组数据,应该看到由公式计算出的这些值的正确性。

这些 ρ_{code} 和 ρ_{carrier} 值被模拟器传递到信号产生时的编码延迟和载波相位中,用户处于静止状态时,这些值需要在 10ms 内计算出来,在 10ms 的时间间隔内,GPS 的采样速率为 16×10^6 Hz,此时 ρ_{code} 和 ρ_{carrier} 值可以被内插到 DIF 中。值得注意的是 ρ_{code} 值不是伪距,伪距是包括时钟误差的,在信号模拟器中不含此项内容,各部分误差分布及总的误差估计如表 3.3 所列[16,24]。

表 3.3　GNSS 误差表

误　　差	电离层	对流层	时钟和星历	接收机噪声	多径
1σSPS 误差范围/m	45[1],7[2]	20[1],0.7[2]	3.6	1.5	1.2
[1] 在低海拔状态下的补偿前的最大值; [2] 经过接收机补偿后的值					

3.3.3　接收机的 GNSS 观测

在设定的场景中计算出的 ρ_{code} 和 ρ_{carrier} 值基本上是基于相同的观测,我们在接收机的输出端可以获得该值。唯一的区别是,它们不包括接收机时钟误差、其他接收机引起的误差、多径和闪烁引起的误差,这些误差将在后面信号产生的章节中进行介绍。

GPS 卫星移动速度大约为 4km/s。在卫星和地面接收机可以通视的情况下,这个速度在视线上的投影大约小于或等于800m/s。这种相对的运动使接收机接收到的信号频率发生了变化,这种频率上的变化称为多普勒频移,由下式表示:

$$f_D = f_0 \frac{v_{LOS}}{c} \tag{3.26}$$

式中:f_0 为发送信号的频率;c 为光速;v_{LOS} 为卫星和接收机之间在视线上的相对速度。

如果接收机和卫星靠近,则这种变化增加了频率。那么由式(3.9)描述的接收机输入端的信号可以被写成如下形式:

$$A = A_0 \sin((\omega_0 + \omega_D)t + \varphi) \cdot D \cdot B \tag{3.27}$$

式中:ω_0 为信号的中心角频率;ω_D 为多普勒角频率。

描述GLONASS和"伽利略"信号的方程可用类似的形式来表示。对于低速的载体,最大多普勒频移为6kHz。对于高速行驶的用户,式(3.26)描述的多普勒频移通常是不充分的,因为它没有包含正确解中的高阶微分项。就像在ReGen模拟器上进行的那样,如果模拟器按照几何轨迹在每个时刻生成信号,它会自动考虑多普勒效应而不模拟载体的动态。

为了使这些数据适用于定位算法(当然我们需要这些算法能随手可得,例如我们需要利用这些数据来验证这些算法的正确性),ReGen模拟器要以RINEX的格式输出这些数据。RINEX格式由测量协会推广并提供标准的信息,这种标准信息可以在接收机上获得。在这种情况下,接收机作为一个传感器来收集信息,而它自己不进行导航的工作,图3.21所示为ReGen生成场景文件的RINEX格式。文件包含了标题栏和数据行数及时标、可观测卫星的数量以及每颗卫星产生的观测值。这里码相位、载波相位和多普勒频移值是PRN=2的卫星生成的。

```
     2.11           OBSERVATION DATA    G (GPS)             RINEX VERSION / TYPE
 iPRx v.3           ???                 3-APR-96 00:10      PGM / RUN BY / DATE
                                                            COMMENT
iPRx 01                                                     MARKER NAME
001                                                         MARKER NUMBER
USER                ???                                     OBSERVER / AGENCY
X1234A123           XX                  ZZZ                 REC # / TYPE / VERS
234                 YY                                      ANT # / TYPE
  4375274.       587466.     4589095.                       APPROX POSITION XYZ
        .9030          .0000          .0000                 ANTENNA: DELTA H/E/N
     1     1                                                WAVELENGTH FACT L1/2
     3    C1    L1    D1                                    # / TYPES OF OBSERV
    1                                                       INTERVAL
  1990     3    24    13    10   36.000000                  TIME OF FIRST OBS
                                                            END OF HEADER
 09 02 24 04 12 42.4457680  0  1G 2
  19476944.137     41733803.616 7     66745.487
 09 02 24 04 12 44.4457680  0  1G 2
  19475936.213     43303333.650 7     66740.906
 09 02 24 04 12 52.4457680  0  1G 2
  19471916.084     49581453.788 7     66740.727
 09 02 24 04 12 58.4457680  0  1G 2
  19468904.647     54290043.891 7     66744.288
 09 02 24 04 13  4.4457680  0  1G 2
  19465900.697     58998633.995 7     66736.002
 09 02 24 04 13  9.4457680  0  1G 2
  19463387.569     62922459.081 7     66731.170
 09 02 24 04 13 13.4457680  0  1G 2
  19461384.345     66061519.150 7     66732.109
 09 02 24 04 13 18.4457680  0  1G 2
  19458885.046     69985344.236 7     66732.175
 09 02 24 04 13 21.4457680  0  1G 2
```

图3.21 ReGen产生的部分RINEX观测文件

RINEX 同时也为 GNSS 卫星星历表信息（RINEX 导航文件）和气象信息（RINEX 气象文件）规定了标准,多数在用的模拟器可以使用 RINEX 导航文件将轨道信息引入到模拟器中。

ReGen 模拟器上的轨道参数按钮允许将真实的轨道信息和广播模式引入到模拟器中(图 3.22)。真实模型轨道用来在场景发生器中计算卫星轨道,而相应的广播模型用来确定导航电文中的轨道参数。左面轨道的参数是通播模型中的,右边显示的轨道参数是真实卫星的轨道模型。真实的模型使用开普勒参数或表格化的星历表。如果表格化的星历表被用于真实的模型中,那么它必须和以开普勒参数定义的通播模型的星历表相关联。

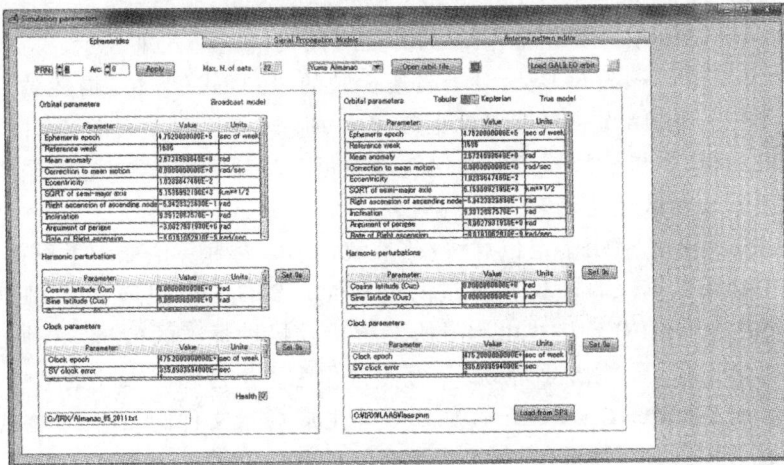

图 3.22　ReGen 轨道参数界面

3.4　用 GNSS 模拟器产生的 DIF 信号

上一节描述了如何创建模拟场景,其中包含建立 GNSS 信号所有必要的数据。下面来看一下这样的场景是如何应用到现有各类射频信号模拟器的?

从单信道模拟器开始分析:单信道模拟器只能模拟一颗卫星,但用户可以对模拟器的参数进行更多的控制。对于多信道模拟器而言,所有参数都通过设计好的场景来定义。单信道模拟器不能使用多个场景,它使我们能够更灵活地控制信号的多普勒剖面,这是非常有用的,例如,可以用于调谐接收机跟踪环路。单信道模拟器通常用于生产和研发阶段的试验。单信道模拟器应能提供:

(1) 可按要求控制信号功率。

(2) 可控的多普勒频移。

(3) 可编辑的导航电文。

本书和 ReGen 模拟器的说明书一起可完整描述数字信号模拟器的所有功能，单信道和多信道模拟器都能模拟射频信号的前端，主要区别在于 ReGen 功能是在软件中实现的，而现成的射频模拟器均在 FPGA 中实现此功能，因此，ReGen 可以实时提供信号。通过 ReGen 产生的 DIF 信号包含了完整的 GNSS 射频信号，这些GNSS 射频信号可以储存起来，并能通过现成的回放系统进行重演。

在单信道模拟器中，多普勒剖面是按照给定的规则计算的。例如，可以规定它是一个常数，也可以是变化的值。导航电文可以用来进行各种试验，通过利用单信道 ReGen 模拟器面板上的操作，可以把导航电文作为检测码、带有完整参数的导航电文或者是仅有标题行的模拟导航电文来使用。

导航电文直接放到编码中以避免码片和导航电文的比特之间对不准的问题。多普勒频移应该相应地加到编码和载波中。如前面描述的，多普勒效应会使码片移位。更复杂的仿真设计应同时说明码片大小的变化，在测试很长连续合成信号的相关性时，此功能是有用的。

模拟仿真器和数字仿真器的主要区别在于它们处理多普勒频移的方法上面。模拟仿真器可以精确地计算多普勒频移并将它们应用到编码和载波中，数字仿真器也可以使用相同的方法，但它也可以只计算卫星和接收机在每个历元之间的码观测距离和载波观测距离。就像在大自然中真实发生的那样，我们可以精确地来考虑多普勒效应，就像考虑几何关系的结果一样。

多普勒效应产生方法的不同反映了模拟器模拟高动态载体的能力。数字仿真器可以更容易地考虑式(3.26)中的高阶项的内容，并且可以考虑码片长度的变化。

现在，利用 ReGen 作为例子，来看看数字仿真器是如何生成信号的，以及与实际卫星相比有什么区别？在实际系统中，信号是在发射时(TOT)产生的。在模拟器中，信号是在接收时(TOR)产生的。在前面的章节中已经介绍了它们之间的差异是和观察点有关的，现在来看看基于这些观测点的信号产生方法。我们需要扣除接收时间的信号的传播时间。我们是在用户的接收机时间体系内得到卫星信号的传播时间，然而这个时间和发射时间不同。发射时间是我们需要重构信号的时间，它是卫星时间体系的时间，也可以说是由卫星进行识别的 GNSS 时间，因为它的时钟误差，通过减少距离值，我们把接收时间转换成卫星在用户接收机时间体系内发射信号的时间，通过减少伪距值把发射时间转换到 GNSS 时间体系内的发射时间。

为了获得发射时间，还需要使用卫星时钟误差。用户时间体系和 GNSS 的时间体系不同，存在一定时钟误差，在信号仿真时可以忽略这个误差。事实上，如果模拟射频信号，我们应该忽略该误差，因为这个误差是在用户接收机内产生的。

正如上面提到的，在这里并没有将多普勒频移精确地添加到信号当中。它会通过距离的变化而自动生成。事实上，这也很好地解释了多普勒效应。它就是每个正弦波采样的延迟,这个延迟的值是随着源和接收机之间的距离变化而变化的。为了看清楚它的发生过程,我们可以看一下地球同步卫星的信号产生方法。所生成信号中的相位变化只和信号的频率有关(假设接收机和卫星时钟漂移不存在)。

信号的产生方法有多种途径,我们可以在用户接收机位置产生一个正弦波,这种情况下多普勒效应将被明显地叠加到信号频率上。下面要做的就是在接收机端产生一个复制的信号。理论上我们完全可生成一个这样的信号,利用接收时间的范围重新计算每一个采样的发射时间,然而在实际中不可能做到这点,这是因为:

(1)为了得到正确的多普勒值,需要在 L1 频率点上而不是在中频上计算,即由于卫星/用户的移动造成信号延迟。因此,首先需要在频率 L1 上计算相位,然后将其变频到中频。

(2)在实际中,如果信号是用来模拟距离的,那么当只有一个采样水平时,信号的质量是不能保证的。在计算距离时噪声误差会完全把信号掩盖住,这时噪声产生的效果和在信号上叠加噪声是完全不一样的。

(3)我们需要生成中频信号,所以下变频后信号波长变得更长了,但预测误差值仍主要由初始 L1 频率来决定。因此,载波的准确性在下变频后仍然和原来的一样。

信号生成部分需要为低速运动的用户生成采样间隔为 5~10ms 场景数据。这个 5~10ms 长度的数据可以连续复制。在信号产生过程中,多普勒频率被截取为整数。因此,所产生的信号频率将始终小于实际需求的频率。为了弥补这一点,用实际的多普勒频移值和被截取的值之间的差异并对其进行补偿。

3.5 射频信号的产生

3.5.1 模拟器中射频信号的产生

通过 ReGen 产生的数字中频信号在各方面都和现成的高端货架产品的模拟器产生的信号类似(图 3.15),所不同的是,数字部分位于 PC 上。现成高端货架产品的模拟器的其余部分用射频前端来表示。软件模拟器回放设备的射频部分和数字模拟器是一样的(图 3.17)。在这两种情况下,前端包括以下几个主要部分:

(1)数/模转换器(DAC)。

(2)上变频器。

(3)衰减器。

首先将数字中频信号数据插值后变换到数/模转换器需要的频率。模拟器的射频前端的设计应使得到的射频信号满足 GPS 技术规格的要求,尤其是对数字型模拟器的要求更加苛刻,要求数字型模拟器无杂散动态(SFDR)达到要求。SFDR是指信号和最大谐波与非谐波峰值的比值,从本质上讲它指的是一个允许的动态范围,GPS 的 SFDR 值规定为 40dB[1]。在 DIF 信号中杂散频率是由 NCO 的载波数字特性所产生的。在 DAC 中 RF 部分还有另一个产生杂散频率的地方。数/模转换器的 SFDR 由其本身的特殊性所决定,多信道模拟器应能提供其通道上的 SFDR和其通道功率的精确控制能力,每个通道的增益空间由 GPS 的 SFDR 和数/模转换器 SFDR 之间的差异所决定。这个增益的可调节空间由各通道之间的功率和控制分辨率决定(图 3.23)。

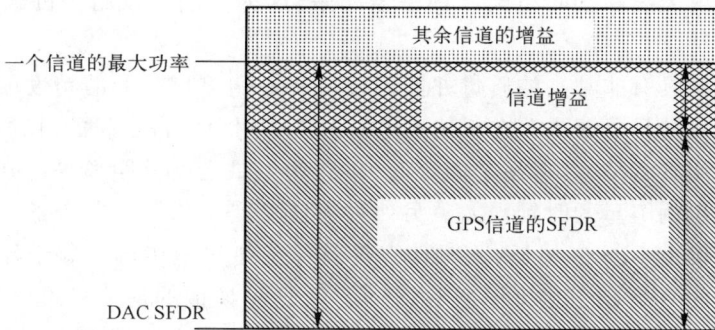

图 3.23   多信道模拟器的 SFDR 需求计算

射频前端功能也可以由独立的现成采集与回放系统(RPS)来实现。RPS 允许用户将采集好的或新生成的 DIF 信号转换到 RF 信号并将信号转发出去。使用RPS 可以将 ReGen 产生的 DIF 信号转换到射频信号,因此它可以被常规 GNSS 接收机截获并跟踪。

3.5.2   卫星发射机上射频信号的产生

在利用卫星发射机和模拟器产生信号时,需要考虑两个主要的不同点:

首先要考虑的是和卫星时钟相关的问题。卫星上的时钟都和系统相连,且比模拟器的主时钟精度要高得多。尽管它的精度比较高,但是卫星在传播时钟信号时仍然有不同的时间漂移,但在大多数情况下,这些时间的漂移量由导航电文包含的漂移参数进行补偿,所有利用模拟器产生的卫星信号都使用这个主时钟,因此这些时间的漂移不是很重要。对某些应用来说,如那些需要高灵敏度的研究项目,则要求主时钟的漂移比被试接收机的时间漂移要低得多。

第二个要考虑的问题是有关相对效应的问题[17]。例如,对于 GPS 来说,由ICD 确定卫星的时钟频率,以便利用偏移量补偿相对效应。结果显示,在接收机上看到的卫星时钟频率为 10.23MHz,而它的实际频率是 10.22999999543MHz[1]。只要在地球表面上的用户和这些效应相关,那么在应用时间传输时应考虑这些效应。

3.5.3　伪卫星

单信道模拟器也可以用来模拟伪卫星。最初推出伪卫星的目的是为了模拟真实的卫星,后来应用到飞机在接近陆地和着陆时 GPS 信号的延伸。伪卫星的详细设计和应用见文献[18,19]。可以通过把 RF 模拟器连接到天线上的方式来模拟伪卫星信号。然而,这些都是在室内可以做的事情,如果没有任何预防措施阻止 RF 信号泄露出去的话,这些事情都是不允许进行的,除非得到允许或有营业执照(经过法律允许的),否则会使多个接收机互相产生干扰。一种解决办法就是利用金属罩将发射天线和接收机天线都覆盖起来,这种方法可以用于机载 GNSS 天线的飞行前测试。

卫星时钟具有非常高的质量并能精确同步。伪卫星时钟的精度就差一些,伪卫星成功的关键是要解决存在于伪卫星发射机和用户设备之间的时钟误差。一种方法就是利用参考站,参考站是固定的,它和伪卫星之间的距离是已知的,所以参考站能估计出伪卫星的时钟误差。另一种方法就是提供一个额外的同步时钟,额外的同步可以由 GPS 来担任,此时伪卫星就像卫星星座中的一颗卫星,以定位在 YUMA 状态的 GPS 伪卫星来模拟 GNSS 信号,这种模拟的伪卫星可以将它的名字加入到 YUMA 星座中。伪卫星同样也可以应用到在真实环境中模拟"伽利略"[20]和 QZSS 卫星[21]。

为了完成伪卫星的功能,模拟器需要增加特殊的功能来减少其他接收机的伪卫星的干扰,这种干扰一般为近场效应。如果伪卫星离接收机比较近,那么它的信号功率肯定比卫星的信号要强。卫星的信号需要在远离接收机 20000km 处发射,因为伪卫星的信号使用的频率和 GPS 相同,那么卫星信号将达到饱和状态,并被阻塞。减少这种干扰的有效办法是使用偏移的脉冲和频率,伪卫星的脉冲标准是由无线电技术委员会海事服务部(RTCM)来确定的(RTCM 同样为 GPS 的校正格式提供了一种标准)。

脉冲调制提供了发射信号的脉冲式中断方法。它通过信号扩展减少有其他接收机的伪卫星信号的强度,而参加测试的接收机使用相同的脉冲调制机理来接收完整的信号。频率漂移使信号频率超出了窄带锁相环的带宽,这可以使我们在跟踪处理信号时限制来自伪卫星的干扰。如果伪卫星的信号足够大且超出了其他接收机的捕获范围,但是在其他接收机的范围内,频率漂移也限制了在获取信号时伪卫星的影响。这实际上就是折中的解决方法,将伪卫星的频率移出 GPS 的频率范围。

在社会基础设施[22]和机器人方面都可以找到伪卫星的应用[19,23]。伪卫星在室内机器人领域应用的主要问题是多径问题。目前,伪卫星占用的频率是 GPS 信号的频率,主要是因为它可以允许研究人员使用现成的接收机和模拟器,然而 GNSS 伪卫星在室外的应用将受到限制,除非一些特殊的应用场合,例如在设计新卫星时的仿真领域。

到目前为止,GPS 和 GLONASS,还有未来有希望使用的其他 GNSS,如"伽利略"、QZSS 和"北斗"。这些导航系统都能为导航和地球物理研究提供强大的工具,其中有一些会对人类做出重大的贡献。然而,大多数的方法对干扰特别敏感,许多系统使用的频率与 GNSS 信号的频段靠得很近,即使这些信号不被禁止,也应该受到严格的限制,否则 GNSS 的频段将受到干扰。其他系统若无限制地使用这些频率,那将首先可能危及用于大地测量的高灵敏度接收机,还可能会影响到与之有密切关系的地球物理学、大地测量以及工程应用领域。即使不会造成直接的影响,也会使噪声基底升高,相应地也会影响基于载波相位测量、周跳甚至失锁。此外,它还可能会对高灵敏度的应用和应急服务产生无意的干扰,从而直接危及人的生命。因此,为了人类所取得的巨大成就之一的 GNSS(GNSS 目前已经远远超出了最初的导航和定位应用)更好工作,任何无线应用,如 RFID 发射机、伪卫星等应放到其他频段,GNSS 业务应该按照一定规则进行控制,以避免相互之间产生干扰,特别是对已经成功应用的系统产生干扰,而且随着时间的推移,它们也会不可避免地增加地球轨道上不能回收的太空垃圾的危险。

3.6　课题设计:利用 ReGen 模拟器产生 GPS 信号

我们用 ReGen 模拟器来产生一个已知时间和地点的 GPS 模拟信号[①]。在第 5 章中,我们使用射频记录器来记录 GPS 信号。记录信号的同时也对同一时间和地点的 GPS 信号进行模拟仿真。

从网上下载一个 RINEX 导航文件或 YUMA 历书(请注意,RINEX 文件在加载到 ReGen 模拟器之前要进行格式转换(见说明书)),建议从美国海岸警卫队导航卓越中心下载 YUMA GPS 历书(hrtp://www. navcen. uscg. gov/? pageName = gpsAlmanacs)。使用 ReGen 软件来模拟 GPS 信号,如下面几幅图所示的那样,图 3.22 ~ 图 3.25 给出了轨道参数、位置和 DIF 发生器界面,界面上显示出了产生信号所必需的参数设置。主要显示的信息包括:卫星星历(图 3.22)、接收机天线坐标、时间(图 3.24),任何模拟器都需要用户对这些参数进行设置,DIF 信号模拟器中设置了与 DIF 规范相关的信息(图 3.25)。它是由接收机基带处理器来限制的,并用传统的接收机指定接收机射频前端的参数。

我们产生信号时引入一定的误差。我们还可以用 iPRx 接收机来处理模拟产生的 DIF 信号。iPRx 接收机的简化版资料也一同随本书赠送。

任务:

(1) 用场景信号和 DIF 信号发生器模拟产生特定时间和地点的 GPS 信号。

---

① 在这里描述的一些功能可能不包含在 ReGen 的简本中,并且只适用于标准版和专业版。

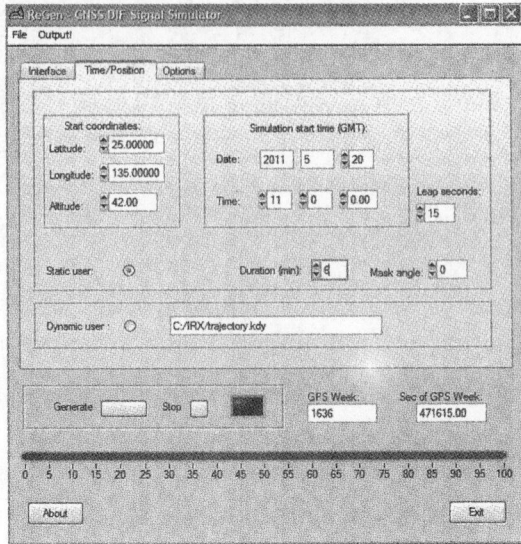

图 3.24　输入到 ReGen DIF 信号模拟器的接收机天线坐标和仿真时间

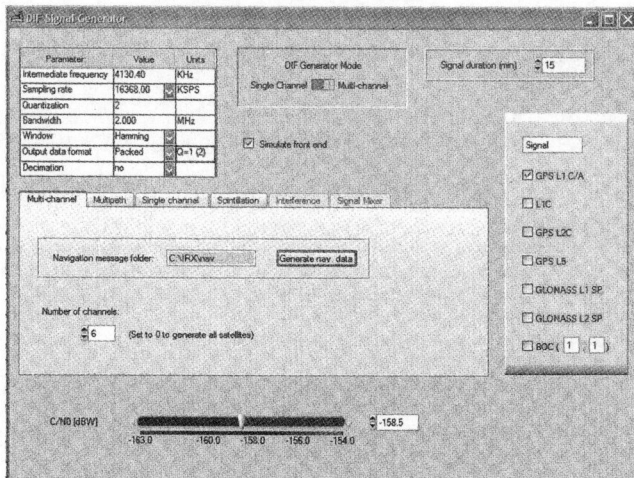

图 3.25　输入到 ReGen DIF 信号模拟器中的 DIF 信号参数

（2）用随书赠送 iPRx 接收机来产生相同的信号。

（3）将误差加入到采样间隔为 15m 的场景中去，用 DIF 发生器模拟一个信号，看看信号在只能接收到 4 颗卫星的时候是如何影响精度的？用 iPRx 接收机来处理信号。

（4）改变导航数据，用 DIF 发生器模拟产生一个信号来检测它对定位精度的影响。

（5）用 DIF 发生器模拟产生带有能量不断增加的噪声的 GNSS 信号，检测噪声对捕获和跟踪卫星的影响程度。

参考文献

[1] GPS IS, *Navstar GPS Space Segment/Navigation User Interfaces, GPS Interface Specification IS-GPS-200, Rev D*, GPS Joint Program Office and ARINC Engineering Services, March 2006.

[2] ICD-GPS-705, Interface control document: Navstar GPS space segment/ navigation L5 user interfaces, US DOD, 2002.

[3] IS_GPS-800 Specification, US Coast Guard, 2008.

[4] *Global Navigation Satellite System GLONASS, Interface Control Document, Navigational Radiosignal in Bands L1, L2*, Edition 5.1, Russian Institute of Space Device Engineering, Moscow 2008.

[5] European GNSS (Galileo) OS SIS ICD, Issue 1.1, European Space Agency/European GNSS Supervisory Authority, September 2010.

[6] IS-QZSS, Draft 1.2, Japan Aerospace Exploration Agency (JAXA), March 2010.

[7] J. J. Spilker, *GPS Signal Structure and Theoretical Performance*, in [24].

[8] R. Gold, Optimal binary sequences for spread spectrum multiplexing, *IEEE Trans. Inform. Theory*, 13, (4), 1967, 619–621.

[9] Y. Urlichich, V. Subbotin, G. Stupak, *et al.*, GLONASS. Developing strategies for the future, *GPS World*, 22, (4), 2011, 42–49.

[10] J. Betz, Binary offset carrier modulations for radionavigation, *Journal of the Institute of Navigation*, 48, 2001, 227–246.

[11] D. Torrieri, *Principles of Spread-Spectrum Communication Systems*, Berlin/Heidelberg, Springer, 2004, p. 39.

[12] I. Petrovski, B. Townsend, and T. Ebinuma, Testing multi-GNSS equipment, systems, simulators and the production pyramid, *Inside GNSS*, July/August 2010, 52–61.

[13] I. Petrovski and T. Ebinuma, Everything you always wanted to know about GNSS simulators but were afraid to ask, *Inside GNSS*, September 2010, 48–58.

[14] I. Petrovski, T. Tsujii, J-M. Perre, B. Townsend, and T. Ebinuma, GNSS simulation: A user's guide to the galaxy, *Inside GNSS*, October 2010, 36–45.

[15] L. Biagiotti and C. Melchiorri, *Trajectory Planning for Automatic Machines and Robots*, Berlin/Heidelberg, Springer, 2008.

[16] National Research Council, Committee on the Future of the GPS, *The Global Positioning System: A Shared National Asset*, Washington, DC, National Academy Press, 1995.

[17] N. Ashby and J. J. Spilker, *Introduction to Relativistic Effects on the Global Positioning System*, in [24].

[18] S. Cobb, *Theory and Design of Pseudolites*, Dissertation, Stanford University, 1997.

[19] S. Sugano, Y. Sakamoto, K. Fujii, *et al.*, It's a robot life, *GPS World*, 18, (9), 2007, 48–55.

[20] G. Heinrichs, E. Löhnert, E. Wittmann, and R. Kaniuth, Opening the GATE, Germany's GALILEO test and development environment, *Inside GNSS*, May/June 2007, 45–52.

[21] T. Tsujii, H. Tomita, Y. Okuno, *et al.*, Development of a BOC/CA pseudo QZS and multipath analysis using an airborne platform, Proceedings of the Institute of Navigation National Technical Meeting 2007, San Diego, California, USA, January 22–24, 2007, pp 446–451.

[22] I. Petrovski, *et al.*, Pedestrian ITS in Japan, *GPS World*, 14, (3), 2003, 33–37.

[23] I. Petrovski, *et al.*, Indoor code and carrier phase positioning with pseudolites and multiple GPS repeaters, Proceedings of the Institute of Navigation ION GPS/GNSS 2003, Portland, Oregon USA, September 2003.

[24] *Global Positioning System: Theory, and Applications*, Vol. I, B. W. Parkinson and J. J. Spilker (editors), Washington, DC: American Institute of Aeronautics and Astronautics Inc., 1996.

习题

【习题 3.1】比较一下模拟产生的信号的频谱和实时采集的卫星信号的频谱。实时采集的卫星信号可以从本书网站上下载。注意这些采集的信号是以打包的形式记录的,每个字节由 4 个 2bit 采样组成。你可以用解压软件打开此信号。

【习题 3.2】将本书网页提供的或从互联网 RINEX 上和 YUMA 网站下载的星历表文件引入到 ReGen 模拟器中,并在 ReGen 轨道上查看每种情况下的参数变化。

第4章　大气层信号传播

前面几章我们介绍了如何产生 GNSS 信号,本章将讨论 GNSS 信号是如何通过大气层传播的。本章和本书目录的关系如图 4.1 所示。

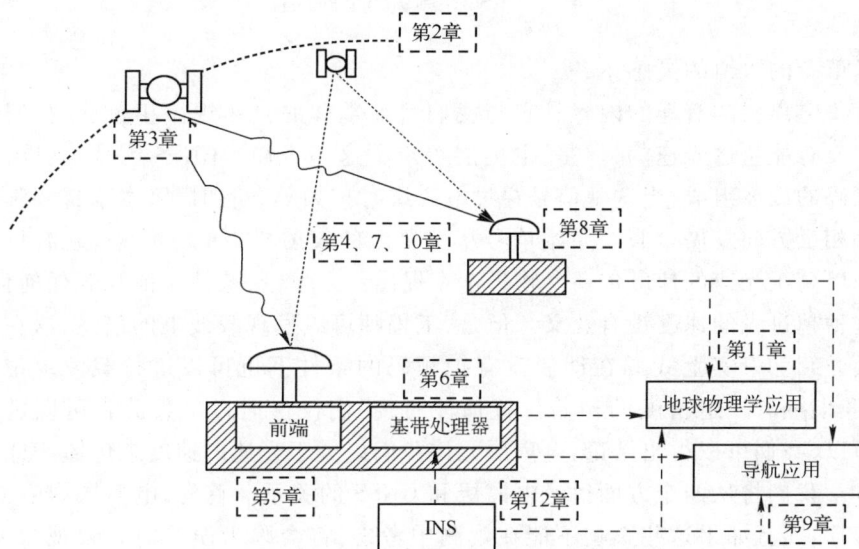

图 4.1　第 4 章内容

无线电信号如何穿过大气层传播,在很大程度上取决于信号载频频率。这里我们可以认为分配给不同的 GNSS 是一个相对较窄的频率范围。不同波长信号的线性比例和对数关系如图 4.2 所示。只有在对数关系上才可以看到分配给不同 GNSS 的频率与光、无线电和声音信号的相互关系。无线电、GNSS 和可见光在波长上的分布相邻,这种 GNSS 与光谱接近的分布使得我们可以使用许多用于光学的数学工具来处理 GNSS 信号的传播。

GNSS 信号受到大气的影响,大气引起射线弯曲、信号时延,以及频率、幅度和相位的起伏。本章我们将讨论大气对 GNSS 信号的主要的系统性影响。在此方面,许多描述电磁频谱上可见光特性的现有理论适用于 GNSS 信号。

电离层是高度为 $300 \sim 500 \text{km}$、环绕地球的带电离子层。电离层在特定频率上可以反射电波,所以它可以使接收机接收到位于接收机地平线以下的发射机的信号。虽然这是不熟悉的读者听起来相当乏味的课程,但电离层是科幻小说、阴谋论

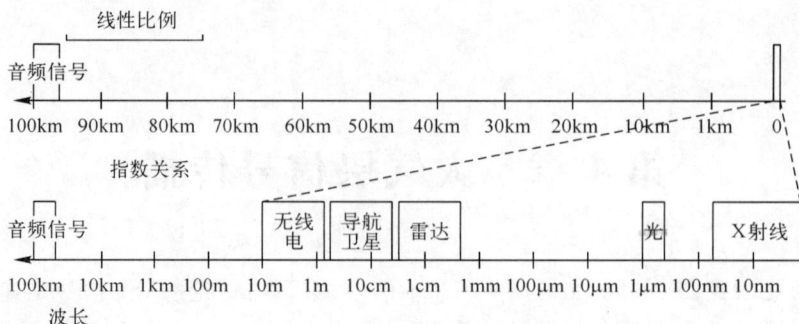

图 4.2　GNSS 在频谱图上的位置

和技术革新的永恒的灵感。

有关电离层的有趣的内容是它与我们目前掌握的自然规律相矛盾,我们学过宇宙中没有能超过光速的,但是,电离层否定了这一规律。GNSS 信号一般由调制了扩频码的载波组成,当这一信号穿过电离层时扩频码会有时延,本章将要学习的载波朝相反方向发展。假设原始信号从卫星上的发射机以光速传播,载波将在电离层中以高于光速的速度传播。物理学家提出一个争论,载波不能承载任何信息,所以这种超过光的速度没有意义。但是,工程师可以发现载波上的信息,这在下一章将会介绍。事实上我们在即使没有扩频码的条件下也可以进行载波定位。例如,当我们拥有一定精度的初始位置估计时,我们仅仅通过单载波就可以进行定位。所以,我们可以得出结论:电离层允许我们以大于光速的速度来传播信息。

本章我们将从两个方面讨论电离层和 GNSS 的关系。首先,电离层影响 GNSS 信号传播,而且如果这些影响不能在观测中考虑,将会因为误差而导致观测失败。所以,必须建立 GNSS 信号穿过大气层传播的模型,这些模型在恢复码和载波观测值时必须使用。

其次,可以利用 GNSS 测量电离层参数。在这种情况下,利用已知点位上的接收机,并且将电离层参数置于一个矢量空间,伴随或代替诸如接收机坐标和时钟等参数。我们将在第 11 章中详细讨论这些内容。

4.1　无线电信号传播的几何光学理论

1865 年,毕业于剑桥、后来成为教授的詹姆斯·克拉克·麦克斯韦(James Clerk Maxwell)发表了题为《动态电磁场原理》的论文,他在这一著作中提出了著名的电磁场方程。多少与托勒密的行星理论类似,麦克斯韦建立他的方程的前提现在被认为是错误的。麦克斯韦是在假设存在"以太"的基础上建立他的理论的。虽然后来似乎证明了"以太"不存在,但是麦克斯韦方程依然完美,正如托勒密的理论依然能完美描述行星运动。不同的是我们不能改变电磁场理论的方程,像哥白尼理论与托勒密理

92

论的关系。第 2 章我们看到,托勒密理论的前提以当代科学观点看不再是错误的。同样,我们也回归到了"以太"的概念,例如在现代的弦理论中。

麦克斯韦方程可以写为以下形式。

一个电场方程:

$$\nabla \times \boldsymbol{E} = -\frac{1}{c}\frac{\partial \boldsymbol{B}}{\partial t} \tag{4.1}$$

一个磁场方程:

$$\nabla \times \boldsymbol{H} = -\frac{1}{c}\frac{\partial \boldsymbol{D}}{\partial t} + \frac{4\pi}{c}\boldsymbol{J} \tag{4.2}$$

一个位移方程:

$$\nabla \cdot \boldsymbol{D} = 4\pi\rho_e \tag{4.3}$$

一个电磁感应方程:

$$\nabla \cdot \boldsymbol{B} = 0 \tag{4.4}$$

在这些方程中,$\boldsymbol{J}$ 为电流密度,ρ_e 为静电荷密度。我们可以基于这些方程从根源上分析 GNSS 信号是如何穿过大气层传播的。在媒质中,麦克斯韦方程可由基本方程补充,用于描述传播媒质。磁场通过媒质的磁导率与感应场相关,即

$$\boldsymbol{B} = \mu\boldsymbol{H} \tag{4.5}$$

位移通过媒质介电常数与电场相关,即

$$\boldsymbol{D} = \varepsilon(r,t)\boldsymbol{E} \tag{4.6}$$

磁导率和介电常数决定了电磁波在媒质中的传播速度(相位速度),即

$$c_p = 1/\sqrt{\varepsilon\mu} \tag{4.7}$$

在应用中,磁导率可以假设为一个常数:

$$\mu = 常数 \approx 1 \tag{4.8}$$

相反,介电常数在媒质中变化较为显著。对于地球大气层,介电常数依赖于坐标与时间,并且一般可以通过均值和较小的随机因素[1]来描述,即

$$\varepsilon(r,t) = \varepsilon_0(r) + \Delta\varepsilon(r,t) \tag{4.9}$$

这一随机因素 $\Delta\varepsilon(r,t)$ 随空间和时间起伏。我们将在第 10 章讨论信号闪烁时给出解释。

麦克斯韦提出他的方程时隐含了波的运动。可以从麦克斯韦方程推出一般标量波动方程为[2]

$$\nabla^2 E(r) + k^2[1 + \Delta\varepsilon(r,t)]E(r) = -4\pi ikJ(r) \tag{4.10}$$

式中:$k = 2\pi\sqrt{\varepsilon\mu}f$ 为电磁波数,波数是角频率的空间模拟。

这一方程描述了无线电信号在任意方向的传播。从式(4.7)可以看出,电磁波数也可以表达为 $k = 2\pi/\lambda$,其中 f 是频率,λ 是讨论的无线电信号的波长。

如果可能解方程式(4.10),那么就能描述任意点上的无线电信号,彻底解决与电波穿过大气层传播相关的所有问题。如果需要描述的区域不存电磁场的源,一

个条件可以化为

$$J(r) = 0 \qquad (4.11)$$

那么式(4.10)右边部分可以假设为0。如果也可以忽略随机因素,即

$$\Delta \varepsilon \approx 0 \qquad (4.12)$$

则式(4.10)可以简化为

$$\nabla^2 E(r) + k^2 E(r) = 0 \qquad (4.13)$$

它将有一个解,即

$$E = E_0 \cos(\omega t \pm kx) \qquad (4.14)$$

式中:E_0 为电场的幅度,x 为信号传播的轴。

这一方程描述了两个相对方向传播的波,这是因为我们不能确定场源的位置。

如果固定坐标,那么可以看到在该点信号是如何随时间变化的。它是一个沿时间轴的谐波,即

$$E = E_0 \cos(\omega t) \qquad (4.15)$$

如果固定时刻,那么可以看到信号幅度沿坐标轴谐波分布,即

$$E = E_0 \cos(kx) \qquad (4.16)$$

更复杂的基于式(4.10)的数学描述来自于调制了扩频码的实际 GNSS 信号。在导航任务中,人们对依赖于媒质的码信号的传播更感兴趣,也许它具有不同于载波的速度。

4.2 GNSS 在大气层的射线弯曲

一般情况下,无线电信号在媒质中以不同于真空中的速度传播。折射率给出了媒质中信号传播速度与真空中信号传播速度(通常所指的真空中光速)的关系。折射率可定义为

$$n(\omega, r) = \frac{c_0}{c_p} \qquad (4.17)$$

式中:c_p 为媒质中信号传播速度;c_0 为真空中光速。

折射率 n 可以让我们从视野内的几何位置观察信号传播。它表明信号从真空到媒质的界面上信号射线路径变化角。通常,折射率是一个复数。我们对实部感兴趣,实部与时延和射线弯曲有关,虚部与信号吸收有关。

从式(4.7)、式(4.8)和式(4.17)得出,折射率与介电常数关系为

$$\varepsilon = n^2 \qquad (4.18)$$

折射率及相应的介电常数取决于信号频率。如果介电常数与相应的电磁波数取决于信号频率,那么这一媒质称为色散媒质。彩虹可以看作光通过色散媒质传播的例子,不同频率的光穿过雨滴进入大气会产生不同的弯曲。晶体给出了另外一个信号通过色散媒质传播的例子(图4.3)。

这种光的模拟非常重要,因为主要的无线电信号传播理论是基于几何光学,同样的光绕射和折射的原理可用于无线电信号。事实上正是麦克斯韦证实了光和电磁振荡一样。相应地,如果介电常数与电磁波数不依赖于信号频率,那么这种媒质称为非色散媒质。

对于 GNSS 应用,需要讨论大气层的两个分层。对流层在大气层的下层,是非色散媒质。电离层在大气层的上层,是色散媒质。GNSS 信号波束向高折射率媒质一边弯曲。波束在对流层向地球方向弯曲,波束在较低的电离层弯曲较小,波束在较高的电离层向太空弯曲(图4.4)。

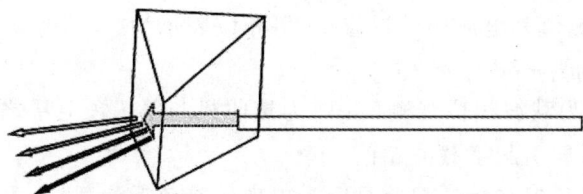

图 4.3　信号通过色散媒质传播　　　　图 4.4　GNSS 信号在大气层中射线弯曲

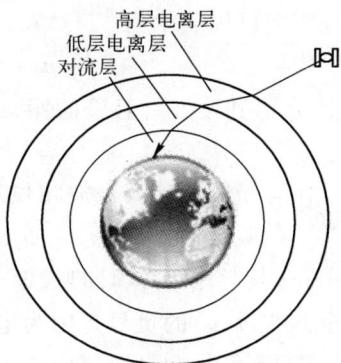

费曼的最少时间理论描述折射弯曲的原理。费曼理论用最小相位积分描述射线轨迹,

$$\oint ds \sqrt{\varepsilon(s)} = 最小 \tag{4.19}$$

这可以用理查德·费曼在《物理学讲义》[3]中给出的以下模拟来描述。我们可以比较射线路径与岸边的救生员选择较快接近落水者的路径。在这种情况下,救生员选择路径,是为了发挥他在岸上的速度比在水下速度快的优势(图4.5)。

图 4.5　理查德·费曼(Richard Feynman)对反射系数的描述

最初的最短时间原理由希腊数学家和物理学家亚历山大的希罗(Hero of Alexandria)提出的。他于公元 1 世纪生活在埃及。这一原理也暗示了某种方式下可以提前预测电磁信号传播路径。

4.3 GNSS 信号在电离层的相速度和群速度

GNSS 信号在通过电离层时表现出了码延迟和相位超前。这意味着我们在通过码和载波相位计算卫星距离时必须考虑这一时延。如第 3 章内容,每颗卫星的伪距观测可以表示为

$$\rho_i = r_i + d_1^i + \delta t_r \cdot c, i = 1, \cdots, n \tag{4.20}$$

式中:r_i 为到第 i 颗卫星的距离;δt_r 为接收机时钟误差;d_1^i 为取决于电离层的码延迟。

从若干载波计算载波相位观测值和电离层延迟修正,可相应表示为

$$\phi_i = \lambda_j N_i + \delta\phi_i - d_1^i + \delta t_r \cdot c \tag{4.21}$$

式中:λ_j 是频率为 L_j 时的波长;ϕ_i 为载波相位观测值;N_i 为接收机与第 i 颗卫星之间全部波数;d_1^i 的负号是因为电离层引起了载波超前。

GNSS 信号在电离层中产生码延迟和相位超前是因为电离层是色散媒质,在电离层中折射率取决于信号频率式(4.17)。这一事实有巨大含义。为了解释这一效应,我们讨论一个调幅载波 E_1。该信号和 GNSS 信号一样,可以表示为若干傅里叶级数谐波。如果媒质是非色散的,那么所有谐波以相同速度传播并且波形形状不失真。波形传播速度与谐波的传播速度相等。相速度定义为

$$c_p = \frac{c_0}{n} \tag{4.22}$$

式中:c_0 为真空中光速。

在色散媒质中,折射率由式(4.17)定义,相应的介电常数取决于信号频率。折射率可以用不同的方法导出。这一依从关系为[1]

$$\varepsilon = \varepsilon_0\left(1 - \frac{e^2 N}{\varepsilon_0 m_e \omega^2}\right) \tag{4.23}$$

式中:N 为单位体积内的总电子含量;e 为电子电荷;m 为电子质量;ω 为探测频率。

同样,相速度由式(4.22)和式(4.18)确定,即①

$$c_p = \frac{c}{\sqrt{1 - \dfrac{e^2 N}{\varepsilon_0 m_e \omega^2}}} \tag{4.24}$$

所以,如果媒质是色散的,那么每个谐波以自己的速度传播。在这种情况下,

---

① 注意这是参考文献中的错误,它定义了群速度。

96

码相位取决于有最大幅度并占有大部分能量的傅里叶谐波,这也决定了波形包络。

群速度定义为波形包络的速度(不失一般性,我们以标量形式讨论所有传播方程)。

$$c_g = \frac{\mathrm{d}x}{\mathrm{d}t} \tag{4.25}$$

对于 GNSS,波形包络带宽与载波相比较窄,且波形包络的形状是持续的,因此其到达会伴随延迟。

利用文献[4]给出的方法,可以看到谐波信号被另一个谐波调制。不失一般性,包括方波序列的任何调制信号可以用足够多的傅里叶级数谐波表示,即

$$x = A\sin(2\pi f_m t)\sin(2\pi f_c t) \tag{4.26}$$

这可以变换为

$$x = \frac{1}{2}A\sin(\omega_c - \omega_m)t - \frac{1}{2}A\cos(\omega_c + \omega_m)t \tag{4.27}$$

如果信号在色散媒质中传播,那么不同的组成部分传播时间将不同,且方程可以写为

$$x = \frac{1}{2}A\sin(\omega_c - \omega_m)(t + t_L) - \frac{1}{2}A\cos(\omega_c + \omega_m)(t + t_H) \tag{4.28}$$

式中:t_L 为较低频率信号的电离层延迟;t_H 为较高频率信号的电离层延迟。

在色散媒质中,信号速度与信号频率的平方成反比。这样,色散媒质中较低频率信号的传播延迟可以表示为

$$t_L = \frac{K}{(\omega_c - \omega_m)^2} \tag{4.29}$$

较高频率信号的传播延迟为

$$t_H = \frac{K}{(\omega_c + \omega_m)^2} \tag{4.30}$$

式中:K 为比例常数。

代入式(4.28)并假设

$$\omega_c^2 \gg \omega_m^2 \tag{4.31}$$

则

$$x = A\sin\left[\omega_m\left(t - \frac{K}{\omega_c^2}\right)\right] \cdot \sin\left[\omega_c\left(t + \frac{K}{\omega_c^2}\right)\right] \tag{4.32}$$

这里我们可以看到等量的码延迟和载波超前。我们可以用 GNSS 接收机揭示码延迟和相位超前的量值确实相等。

对于一个单音波,可以定义为

$$\omega t - kx = 常数 \tag{4.33}$$

其群速率可以表示为

$$c_g = \frac{\mathrm{d}x}{\mathrm{d}t} = \left(\frac{\mathrm{d}k}{\mathrm{d}\omega}\right)^{-1} \tag{4.34}$$

相速率可以表示为

$$c_{\mathrm{p}} = \frac{x}{t} = \frac{k}{\omega} \tag{4.35}$$

从式(4.22)和式(4.35)以 n 表达 k，并带入式(4.34)，我们可以写为

$$c_{\mathrm{g}} = c_0 \left(n + \omega \frac{\mathrm{d}n}{\mathrm{d}\omega} \right)^{-1} \tag{4.36}$$

在非色散媒质中，折射率 n 不取决于频率，因为 $\frac{\mathrm{d}n}{\mathrm{d}\omega} = 0$。这就导致在非色散媒质中传播时，$c_{\mathrm{g}} = c_{\mathrm{p}} = c_0$，这也可以表示为

$$c_{\mathrm{g}} \cdot c_{\mathrm{p}} = c_0^2 \tag{4.37}$$

在截止频率上折射率变为 0。相速度增加，而群速度变为 0，因为式(4.36)的第二部分变得非常大。在这种情况下波将不再继续传播。

在电离层中，折射率满足条件 $n^2 < 1$。所以从式(4.17)得出，相速度高于光速。此外，群速度和相速度的积仍然是常数，式(4.37)正确。群速度的减小量由相速度的增加量补偿。GNSS 信号码到达用户天线有延迟，而载波要比它以光速传播时提前到达。物理学家通常以特殊的相对论理论解释这一不一致的现象，认为这里载波不能携带任何信息，所以狭义相对论依然有效。但是，与第 5 章结论一样，载波实际载有信息，我们可以利用载波得到位置信息。所以，在电离层中相位超前实际上违背了狭义相对论。

相位移动的方法可以通过折射率表达为

$$l = \int c_0 \mathrm{d}t = \int \frac{c_0}{c_{\mathrm{p}}} \mathrm{d}x = \int n(x,\omega) \mathrm{d}x \tag{4.38}$$

延迟可以按照距离与 $n = 1$ 时的理想传播之差计算，即

$$d = \int (1 - n(x,\omega)) \mathrm{d}x \tag{4.39}$$

4.4　电离层中 GNSS 传播模型

4.4.1　电子总量的模型形式

地球电离层的结构如图 4.6 所示。电离层分层由另一位毕业于剑桥的诺贝尔物理学奖得主 E. V. 阿普尔顿(E. V. Appleton)命名，他对大气层研究及无线电发展做出了巨大贡献。他以字母 D 开始命名是为了命名更高和更低层时有可用的字母。但是后来发现在 D 层以下没有其他层。

太阳辐射和宇宙射线电离了地球大气层的上层部分，并产生了自由电子和带电离子。离子起因于原子电流，没有离子就没有雷暴、没有光。到达地球的太阳辐射量取决于白天和年份时间。太阳黑子数与太阳辐射总量相关，并影响电离程度。

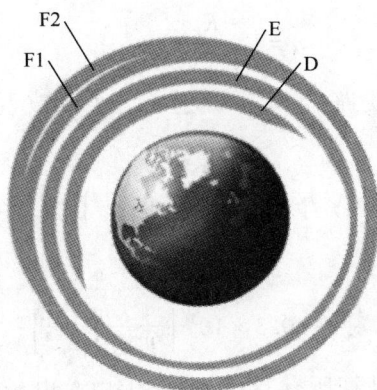

图 4.6　电离层结构(不按比例)[5]，F、E 和 D 层与太阳相对地球位置的关系。

太阳辐射密度变化周期是 11 年。大气层各层的白天、季节和太阳周期的变化动态在 ReGen 模拟器中可以看到(详见第 10 章)。

前一节指出了 GNSS 信号的相速度和群速度取决于折射率。在电离层这样的色散媒质中，折射率取决于信号频率。这种依赖关系由等离子体电离引起，并且是沿着射线路径的自由电子含量的函数。

总延迟依赖于沿路径的折射率，折射率取决于电子含量。可以用信号频率的函数表示折射率[6,7]，即

$$n = 1 - \frac{K_x}{2} N_e \left(\frac{1}{f}\right)^2 \pm \frac{K_x K_y}{2} N_e H_0 \cos\theta \left(\frac{1}{f}\right)^3 - \frac{K_x^2}{8} N_e^2 \left(\frac{1}{f}\right)^4 \qquad (4.40)$$

式中：N_e 为电子密度，以每立方米的电子含量表示；H_0 为磁场强度；θ 为信号传播方向与地球磁场矢量的夹角。

系数表示如下：

$$K_x = \frac{e^2}{4\pi^2 \varepsilon_0 m_e} \qquad (4.41)$$

$$K_y = \frac{\mu_0 e}{2\pi m_e} \qquad (4.42)$$

式中：e 为电子电荷；ε_0 为真空中介电常数；m_e 为电子总量；μ_0 为真空中的磁导率。

从式(4.38)，可以将延迟计算为名义距离和电子密度函数的附加部分。我们对沿射线路径的总电子含量感兴趣。所以下面介绍总电子含量(TEC)的概念，它定义为沿射线路径上电子密度的积分：

$$\text{TEC} = \int N_e(s)\,\mathrm{d}s \qquad (4.43)$$

可以用总电子含量单位(TECU)表示，一个 TECU 等于截面积为 1m^2 的沿视距的圆柱体上有 10^{16} 个电子。

下面忽略式(4.40)的第 3 和第 4 部分[8]，它们比第 2 部分小，并改写为如下等式：

$$n = 1 - \frac{K_x}{2} N_e \left(\frac{1}{f} \right)^2 \tag{4.44}$$

沿着视距（LOS）射线路径积分折射率，可以改写计算电离层延迟的式
（4.39）为

$$d_I = \frac{K_x}{2} \cdot \text{TEC} \cdot \left(\frac{1}{f} \right)^2 \tag{4.45}$$

式中

$$\frac{K_x}{2} \approx 40.3 \times 10^{16} \left[\frac{\text{m}}{\text{TECU} \cdot \text{s}^2} \right] \tag{4.46}$$

通过式（4.45），可以计算所有 GNSS 频率上由总电子含量引起的延迟。例如，对于 GPS L1 = 1.57542GHz，可以近似得到 0.162（m/TECU）。

斜向总电子含量是沿着卫星到接收机的射线路径计算的，所以它是一个卫星和用户位置的函数，对每个用户是唯一的。斜向总电子含量不能用于绘制电离层图，所以我们采用垂直总电子含量（VTEC），它是沿当地垂直方向的总电子含量。VTEC 图可以支持用户们和每个用户由 VTEC 重新计算每一颗卫星的视距斜向总电子含量。电离层图由国际 GPS 服务组织（IGS）通过互联网以 IONEX 格式提供。

第 5 章讨论一个简化的总电子含量图，它由 GPS 卫星广播。

为了从 VTEC 计算出斜向总电子含量，我们使用一个单层模型（图 4.7）。在这一模型中，假设由 VTEC 计算的所有电子集中在位于特定高度的单一层。GPS 广播模型选择这一高度为 350km，欧洲轨道测定中心（CODE）分析电离层时用 450km。

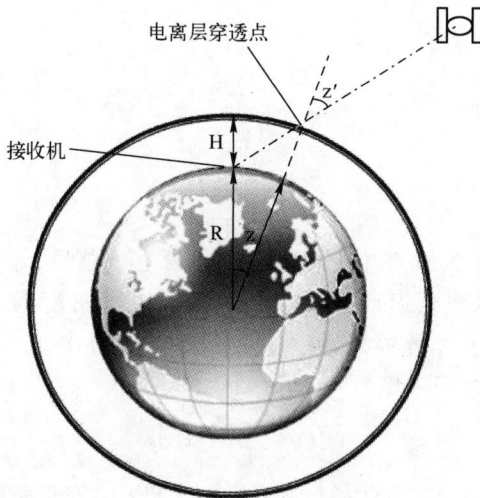

图 4.7　单层电离层模型

为了从 VTEC 转换到斜向总电子含量，需要构造一个映射函数。地面观测网

构造 VTEC 图也需要这些图函数：

$$TEC = M_{TEC}(z) \cdot VTEC \tag{4.47}$$

视距射线可以穿透的点称为穿透点。卫星在穿透点的天顶距可以表示为

$$\sin z' = \frac{R}{R+H} \sin z \tag{4.48}$$

式中：R 为地球半径；H 为层高；z 为卫星在接收机位置的天顶距。

按照地理考虑，单层图函数可以定义为

$$M_{TEC}(z) = \frac{1}{\cos z'} = \frac{1}{\sqrt{1 - \sin^2 z'}} \tag{4.49}$$

4.4.2 GPS 电离层广播模型

GPS 采用 Klobuchar 模型。Klobuchar 模型是一个单层模型，它只取谐波序列的第一个分量，并定义总电子含量图为与太阳同步旋转的余弦形凸起。

GPS 电离层广播模型是按照 350km 高的单层建立，可以表述为

$$M_{TEC}(z) = 1 + 2\left(\frac{z+6}{96}\right)^3 \tag{4.50}$$

式中：z 为自接收机起到卫星天顶距 t 的角度。

GPS 卫星广播单层模型有 8 个参数，这些参数在 ReGen 模拟器中设置，其一个例子如图 4.8(a) 所示，并且在 ReGen 模拟器电离层界面采用这一模型计算和图形化，如图 4.8(b) 所示。

单频用户使用广播模型和 GPS 接口控制文件（ICD）给出的算法修正电离层延迟。据估计，这一模型可以修正电离层引起的单用户均方根误差（RMS）的 50% 以上。

我们给出如下算法，并鼓励读者对 ICD 算法进行改进。单用户电离层修正的计算如下：

倾斜因子按照卫星高度的函数计算：

$$F = 1 + 16(0.53 - E)^3 \tag{4.51}$$

式中：F 为倾斜因子；E 为卫星仰角。

x 的值基本定义了信号射线是否通过电离层突变：

$$x = \frac{2\pi(t - 50400)}{\sum_{n=0}^{3} \beta_n \varphi_m^n} \quad (\text{rad}) \tag{4.52}$$

式中：ϕ_m 为用户的地理纬度；$\beta_n (n = 0 \sim 3)$ 是 4 个卫星发射共同影响因子，β_n 参数定义了突变的大小和形状。

电离层延迟可以按下式计算：

如果 $|x| > 1.57$，那么信号波束遇到突变，且穿过最小总电子含量区域：

$$d_1 = c_0 F \cdot 5 \cdot 10^{-9} \quad (\text{m}) \tag{4.53}$$

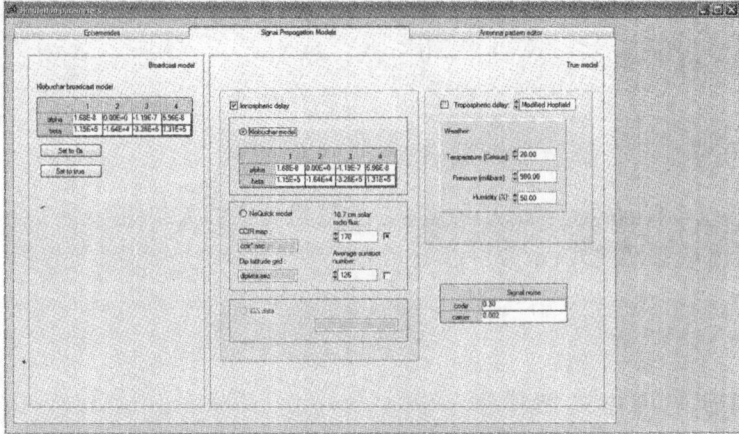

(a) 克罗布歇（Klobuchar）模型参数

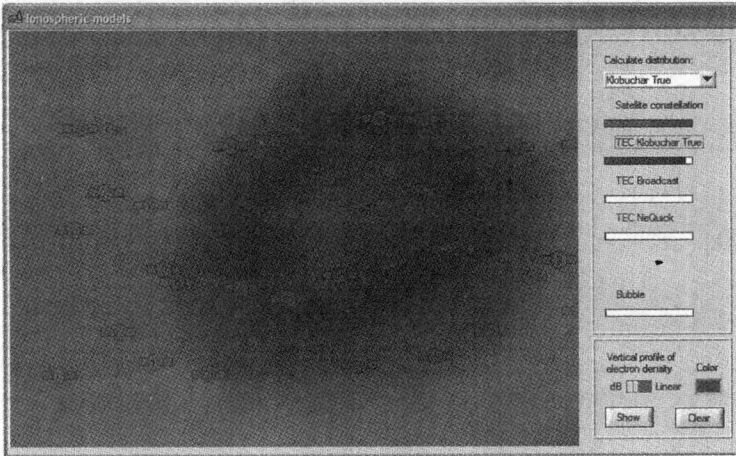

(b) 总电子含量分布

图 4.8　ReGen 的 GUC 界面

如果 $|x| \leqslant 1.57$，那么信号射线穿过凸起处，并有额外的延迟附加在最小值上，即

$$d_1 = c_0 F \left[5 \cdot 10^{-9} + \left(\sum_{n=0}^{3} \alpha_n \varphi_m^n \right) \left(1 - \frac{x^2}{2} + \frac{x^4}{24} \right) \right] \quad (\text{m}) \qquad (4.54)$$

式中：$\alpha_n (n = 0 \sim 3)$，为 4 个由卫星传送的其他系数，参数定义了突变的形状以及附加在最小值上的延迟大小。

双频用户可以使用已知 GNSS 信号载频延迟的依存关系补偿电离层延迟。修正后的码相位显然可以用下式计算[10]：

$$\rho = \frac{\rho_j - \gamma_{i,j} \cdot \rho_i}{1 - \gamma_{i,j}} \qquad (4.55)$$

式中：对 L1 和 L2 的 P 码用户，有

102

$$\gamma_{1,2} = \left(\frac{f_1}{f_2}\right)^2 = \left(\frac{1575.42}{1227.6}\right)^2 \tag{4.56}$$

式(4.55)可以由式(4.45)经一系列代换推导出来。

其他本地双频信号有相似的算法。对 L1 – C/A、L2C 以及 L5 – I/L5 – Q 等不同组合的用户的算法与式(4.55)相似,也包含了每颗卫星的广播中间信号修正因子和群延迟 T_{GD}:

$$\rho = \frac{(\rho_j - \gamma_{i,j} \cdot \rho_i) + c_0(\mathrm{ISC}_j - \gamma_{i,j} \cdot \mathrm{ISC}_i)}{1 - \gamma_{i,j}} - c_0 T_{GD} \tag{4.57}$$

遵循

$$\gamma_{1,5} = \left(\frac{f_1}{f_5}\right)^2 = \left(\frac{1575.42}{1176.45}\right)^2 \tag{4.58}$$

和

$$\gamma_{2,5} = \left(\frac{f_2}{f_5}\right)^2 = \left(\frac{1227.6}{1176.45}\right)^2 \tag{4.59}$$

4.4.3 GLONASS 接收机电离层误差补偿

GLONASS 导航电文不提供单频用户电离层参数信息。GLONASS 接收机可以按照式(4.55)或者下面分析模型来补偿电离层误差[11]:

$$d_1 = \frac{d_1^0}{\sqrt{1 - \left(\dfrac{R_E \cos E}{R_E + h_{\mathrm{LAYER}}}\right)^2}} \tag{4.60}$$

式中:d_1^0 为电离层决定的最小延迟;R_E 为地球半径;E 为卫星仰角;h_{LAYER} 为单层高度,单层高度在最大电子密度剖面之上。

最小延迟可以计算,例如,基于 Klobuchar 模型式(4.53)。倾斜因子需要做相应地调整。

多数 GLONASS 接收机也支持 GPS。在单频 GPS/ GLONASS 接收机中,可以使用 GPS 广播的 Klobuchar 模型补偿 GLONASS 卫星的电离层延迟。修正算法必须调整到 GLONASS 频率上。

GLONASS 在 L1 和 L2 频率上发射开放的寻址信号,所以双频用户能利用两个频率上观测码相位的差找到一个频率上的电离层误差。利用式(4.45)并代换,有

$$\Delta\rho = d_1^{f_1} - d_1^{f_2} = k(K_x, \mathrm{TEC})\left(\frac{1}{f_1^2} - \frac{1}{f_2^2}\right) = d_1^{f_1}\left(1 - \frac{f_1^2}{f_2^2}\right) \tag{4.61}$$

$$d_1^{f_1} = \Delta\rho\left(1 - \frac{f_1^2}{f_2^2}\right)^{-1} \tag{4.62}$$

式中:$\Delta\rho$ 为两个频率上码相位观测的差,它包括不考虑两个频率上都存在的码相位观测差异所带来的结果误差。该误差包括卫星和接收机的中频硬件偏差、噪声、高阶电离层误差等。

对于 GLONASS，$\dfrac{f_1}{f_2} = \dfrac{9}{7}$，可从式（4.62）推导出 GLONASS L1 电离层修正量，即

$$d_1^{f_1} = 1.53 \cdot \Delta\rho \tag{4.63}$$

4.4.4 "伽利略"接收机电离层误差补偿——NeQuick 模型

前面讨论的广播 Klobuchar 模型和 IGS 模型都是单层模型，并且不需要垂直电子密度剖面的知识，所以这些模型利用仅有的 GPS 全球网的陆基观测就可以推导。电离层图的最近发展是采用掩星技术，并且视距范围内的卫星允许我们得到垂直电子密度剖面，进而引入多层模型。

"伽利略"系统计划采用 NeQuick 模型，它是多层模型，有时也称为剖面。该模型是文献[12]首次引入并持续发展的模型。Klobuchar 和 IGS 全球模型等单层模型与多层模型 NeQuick 的比较如图 4.9 所示。

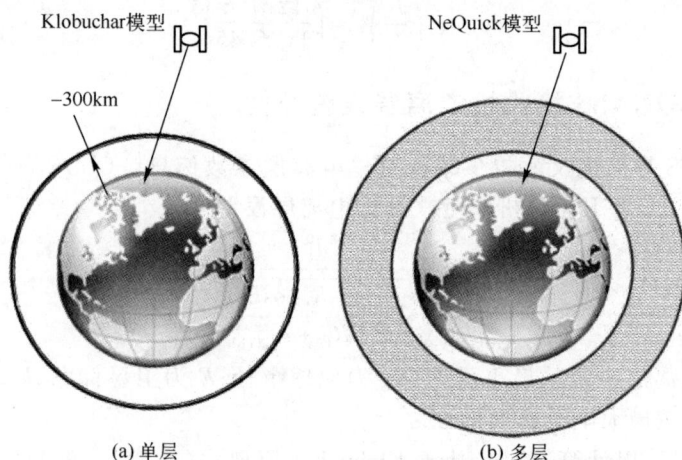

图 4.9　单层和多层电离层模型（未按比例）

如果将 Klobuchar 模型与 IGS 模型给出的总电子含量分布和 NeQuick 给出的总电子含量分布进行比较，可以看到后者在总电子含量分布图中展示了更多的谐波。图 4.8(b)和图 4.10 验证了总电子含量分布。由本书附送的 ReGen 信号发生器产生 Klobuchar 和 NeQuick 分布。

NeQuick 使用在电离层收集的经验数据，这些数据是不同频率探测电离层的结果。基于电离层图，NeQuick 建立了电子密度剖面图。这一剖面图在特定时间和地点重构的例子在第 10 章讲述。

NeQuick 程序的输入是位置和时间，以及太阳辐射流或太阳黑子数。太阳辐射流与太阳黑子数关系为

$$R_{12} = \sqrt{167273 + (F10.7 - 63.7) \times 1123.6} - 408.99 \tag{4.64}$$

式中：R_{12} 为太阳黑子数；$F10.7$ 是在 10.7cm 波长上单位频率辐射流，这一频率接近观测太阳辐射的峰值。

图 4.10　ReGen 模拟器 GUC 界面上 NeQuick 模型的总电子含量分布

NeQuick 允许我们计算电离层中任何点位的电子浓度。可以将电子密度整合到卫星与接收机的视距上。斜向总电子含量结果可以直接转换为电离层误差。

在"伽利略"系统中,文献[13]建议使用全球参考站网络计算 3 个参数,并且在后续时间广播给用户。

4.4.5　电离层信号衰减

GNSS 信号和无线电波在媒质中传播时都会衰减。衰减由电子和其他颗粒碰撞引起[1]。折射率是复变量,迄今为止我们只讨论其实部。折射率与无线电波衰减由下式定义:

$$E = E_0 e^{-\frac{\omega}{c_0}\int x\mathrm{d}x} = E_0 e^{-\Gamma} \qquad (4.65)$$

$$\Gamma = 20\lg\frac{E_0}{E} = 20\frac{\omega}{c_0}\int \chi \mathrm{d}x\lg e \qquad (4.66)$$

$$\alpha = 20\frac{\omega}{c_0}\chi\lg e = 4.6 \cdot 10^{-2}\frac{N_e v}{\omega^2 + v^2} \qquad (4.67)$$

4.5　对流层传播

4.5.1　原理

在对流层,利用气球飞行、机载采样和反射探测不断进行折射率、温度和湿度等参数的常规测量。从这些测量中可以发现,对流层折射率不取决于频率,并且对于 1MHz 到 30GHz 频率范围内都可以按照下面等式描述[1]:

$$n = 1 + \frac{77.6}{T}\left(p_{\mathrm{H}} + 4810 \cdot \frac{p_{\mathrm{W}}}{T}\right)10^{-6} \tag{4.68}$$

式中:T 为热力学温度;p_{H} 为大气压(mbar)①;p_{W} 为特定水蒸气气压(mbar)。

如前面给出的,折射率从 1 起的变化引起的延迟可以按照式(4.39)计算。

4.5.2 模型

正如从式(4.68)看到的,对流层模型有两个组成部分,取决于干燥气压的氢离子延迟,以及是水蒸气的函数的湿延迟。氢离子迟延可以建立模型并且能比湿延迟更精确地确定。

与电离层模型相似,与天顶角函数和天顶延迟产物一样,对流层模型描述了对流层的斜延迟。映射函数以仰角、气象条件与天顶延迟的函数描述实际路径延迟:

$$d_{\mathrm{T}} = M_{\mathrm{H}}(z)d_{\mathrm{H}} + M_{\mathrm{W}}(z)d_{\mathrm{W}} \tag{4.69}$$

式中:$M_{\mathrm{H}}(z)$ 为氢离子映射函数;d_{H} 为天顶氢离子延迟(m);$M_{\mathrm{W}}(z)$ 为湿映射函数;d_{W} 为天顶湿延迟(m);z 为辐射天顶角。

不同的模型计算天顶延迟和映射函数的方法有区别。干延迟或者氢离子延迟部分占到了对流层延迟的 90%,并可以很好建模。已证明它是每 6h 变化 1cm 水平的暂变量。湿延迟部分有更大的变化性,且难以建模,因为它取决于更大变化的水蒸气气压。湿延迟部分可以达到 40cm。当湿迟延(第二项和第三项)计算误差为几厘米时,氢离子天顶延迟(第一项)的精确度在毫米级。所以,如果大气压测量是有效的,氢离子延迟是固定的,且延迟是可以估计的。进一步,湿延迟有时分为两项,这取决于卫星的方位角,以考虑气象条件的不对称性。

导航应用中对流层延迟的一个很好的近似由下面映射函数给出。这一简单近似对低精度或者高仰角是充分的。但是,对低仰角、非均匀、有限宽度的球壳模型需要一个更复杂的函数:

$$M_{\mathrm{H}}(z) \equiv M_{\mathrm{W}}(z) \equiv \frac{1}{\cos z} \tag{4.70}$$

有许多更严格的变换适合大地测量应用。对于导航应用,布莱克(Black)和艾斯纳(Eisner)提出了另一个映射函数:

$$M_{\mathrm{H}}(z) \equiv M_{\mathrm{W}}(z) \equiv \frac{1.001}{\sqrt{0.002001 + \sin^2\alpha}} \tag{4.71}$$

式中:α 为卫星仰角。

尼尔(Niel)模型[15]使用 3 项连续分数构造映射函数:

---

① 1mbar = 100Pa。

$$M(\alpha) = \cfrac{\cfrac{1}{1+\cfrac{a}{1+\cfrac{b}{1+c}}}}{\cfrac{1}{\sin(\alpha)+\cfrac{a}{\sin(\alpha)+\cfrac{b}{\sin(\alpha)+c}}}} \qquad (4.72)$$

式中：a,b,c 为氢离子和湿映射函数共同影响因素。

为了按照高度修正映射函数，下列形式可以接受：

$$\Delta M(\alpha) = \frac{\mathrm{d}M(\alpha)}{\mathrm{d}h}H \qquad (4.73)$$

式中：H 为海拔高度，且

$$\frac{\mathrm{d}M(\alpha)}{\mathrm{d}h} = \frac{1}{\sin(\alpha)} - f(\alpha, a_{\mathrm{ht}}, b_{\mathrm{ht}}, c_{\mathrm{ht}}) \qquad (4.74)$$

式中：$f(\alpha, a_{\mathrm{ht}}, b_{\mathrm{ht}}, c_{\mathrm{ht}})$ 为类似由 9 个仰角按最小二乘进行修正决定参数的 3 项连续分数。

更广泛应用的萨斯塔莫宁（Saastamoinen）模型为

$$d_{\mathrm{T}} = \frac{0.002277}{\cos z}\left[p_{\mathrm{H}} + \left(\frac{1255}{T} + 0.05\right)p_{\mathrm{W}} - \tan^2 z\right] \qquad (4.75)$$

本模型隐含两个组成部分以及映射函数。

输入是温度 T，大气压 p_{H}，湿度可以从介绍高度函数的标准大气模型推导得出：

$$p_{\mathrm{H}} = p_{\mathrm{H}_0}(1 - 0.000026(h - h_0))^{5.225}(\mathrm{mbar}) \qquad (4.76)$$

$$T = T_0 - 0.0065(h - h_0)(\mathrm{℃}) \qquad (4.77)$$

$$H = H_0 \cdot \mathrm{e}^{-0.0006396(h - h_0)}(\%) \qquad (4.78)$$

局部水蒸气压力可以从湿度得到：

$$p_{\mathrm{W}} = H \cdot \mathrm{e}^{(-37.2465 + 0.21366T - 0.000256908T^2)} \qquad (4.79)$$

温度必须从摄氏度转换为热力学温度：

$$T(\mathrm{K}) = T(\mathrm{℃}) + 273.16 \qquad (4.80)$$

参考值将由高度 $h = 0$ 的标准大气模型给出：

$$p_{\mathrm{H}} = 1013.25\mathrm{mbar}$$
$$T = 18\mathrm{℃} \qquad (4.81)$$
$$H = 50\%$$

4.6　接收机和模拟器中大气误差建模

在本章中，我们使用 ReGen 模拟器并利用 Klobuchar 和 NeQuick 模型来产生电离层图。请注意,通常在 GPS 和未来的"伽利略"模拟器中有两个模型:一个电离层模型用于利用产生的码和载波相位计算电离层延迟和相位超前,这一模型是真实模型;另一个模型用于广播导航电文参数的设置,模拟器允许我们引入真实模型和广播模型的参数。如图 4.8(a)是这样一个 ReGen 信号模拟器界面。真实模型和广播模型可以完全相同,在这种情况下仿真电离层误差可以完全补偿。给仿真信号引入误差的概念如图 4.11 所示。真实模型可以按照图 4.11(a)更详细、更复杂的模型引入,或者仅填充一个不同的参数序列(图 4.11(b))。在电离层误差情况下,真实模型可以基于 IGS 图和 NeQuick 模型进行计算。用一个更复杂的模型作为简化模型计算的基础是非常重要的,或者它们由同时进行的测量推导。例如,图 4.8(b)描述的 Klobuchar 模型是从太阳活动较小的一年当中获取的参数计算的,NeQuick 模型是从太阳活动强的一年当中获取参数,所以误差的数值不一样。这样的模型可以一起使用,例如,为了学术和研究用途估计不修正电离层模型的最坏情景。

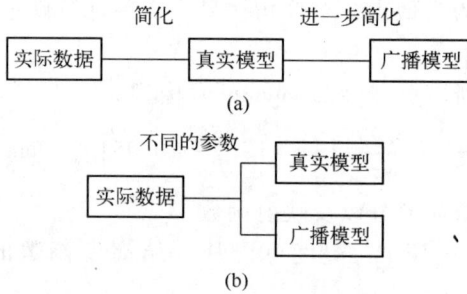

图 4.11　在真实和广播模型仿真信号中引入不确定性

通常,如果 NeQuick 模型作为 GPS 仿真的真实模型,或者 GPS 和"伽利略"在一个场景仿真,Klobuchar 和 NeQuick 模型是准确修正过的。从一个模型的给定参数推导另一个模型的参数基本上包括总电子含量估计算法的仿真(见第 12 章)。我们可以只从 NeQuick 模型推导 Klobuchar 模型的参数。这是因为 Klobuchar 模型是单层模型,所以它没有足够的信息填充在 NeQuick 模型的垂直剖面上。

4.7　课 题 设 计

【1】把下列模型作为真实的电离层模型,用 ReGen 模拟器产生场景:

A. Klobuchar 模型;

B. NeQuick 模型。

【2】用 ReGen 模拟器产生没有电离层误差的场景。

【3】对以上情况建立 RINEX 文件,并观察如何影响码和载波相位观测。

【4】用 ReGen 模拟器在提供真实模型的场景下产生 GPS 信号,分为广播模型中有或没有电离层误差。

【5】运行 iPRx 接收机,并利用真实模型和广播模型的多种组合处理模拟的信号。

【6】观察每种情况下接收机计算的每一颗卫星的误差,以及定位如何受到影响。一个没有各个卫星电离层误差估计的 iPRx 状态界面的截屏如图 4.12 所示。

【7】在载波平滑模式运行 iPRx 接收机,观察它如何受到码载波偏离的影响。

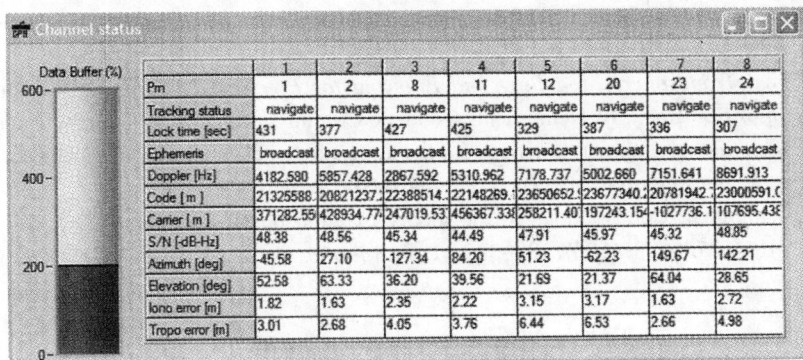

Channel status	1	2	3	4	5	6	7	8
Pm	1	8	11	12	20	23	24	
Tracking status	navigate	navigate	navigate	navigate	navigate	navigate	navigate	navigate
Lock time [sec]	431	377	427	425	329	387	336	307
Ephemeris	broadcast	broadcast	broadcast	broadcast	broadcast	broadcast	broadcast	broadcast
Doppler [Hz]	4182.580	5857.428	2867.592	5310.962	7178.737	5002.660	7151.641	8691.913
Code [m]	21325588.	20821237.	22388514.	22148269.	23650652.	23677340.	20781942.	23000591.0
Carrier [m]	371282.55	428934.77	247019.53	456367.33	258211.40	197243.15	-1027736.1	107695.438
S/N [dB-Hz]	48.38	48.56	45.34	44.49	47.91	45.97	45.32	48.85
Azimuth [deg]	-45.58	27.10	-127.34	84.20	51.23	-62.23	149.67	142.21
Elevation [deg]	52.58	63.33	36.20	39.56	21.69	21.37	64.04	28.65
Iono error [m]	1.82	1.63	2.35	2.22	3.15	3.17	1.63	2.72
Tropo error [m]	3.01	2.68	4.05	3.76	6.44	6.53	2.66	4.98

图 4.12　状态界面

参考文献

[1] A. D. Wheelon, *Electromagnetic Scintillation*, Vol. I. *Geometrical Optics*, Cambridge, Cambridge University Press, 2001.

[2] G. Gbur, *Mathematical Methods for Optical Physics and Engineering*, Cambridge, Cambridge University Press, 2011.

[3] R. P. Feynman, R. B. Leighton, and M. Sands, *Feynman Lectures on Physics*, Portland, OR, Book News, Inc., 1963.

[4] P. S. Jorgensen, *Ionospheric Measurements from NAVSTAR Satellites*, Report SAMSO-TR-79–29 (Space and Missile Systems Organization), Air Force Systems Command, December 1978.

[5] R. D. Hunsucker and J. K. Hargreaves, *The High-Latitude Ionosphere and its Effects on Radio Propagation*, Cambridge, Cambridge University Press, 2003.

[6] K. G. Budden, *The Propagation of Radio Waves*, Cambridge, Cambridge University Press, 1985.

[7] F. Brunner and M. Gu, An improved model for dual frequency ionospheric correction of GPS observations, *Manuscripta Geodaetica*, 16, 1991, 205–214.

[8] S. Schaer, *Mapping and Predicting the Earth's Ionosphere Using the Global Positioning System*, Volume 59 of *Geodätisch-geophysikalische Arbeiten in der Schweiz*, Schweizerische Geodätische Kommission, Institut für Geodätisch und Photogrammetrie, Switzerland, Eidg. Technische Hochschule Zürich, Zürich, 1999.

[9] J. A. Klobuchar, Ionospheric time-delay algorithm for single-frequency GPS users, *IEEE Transactions on Aerospace and Electronic Systems*, 23, 1987, 325–331.

[10] GPS IS, *Navstar GPS Space Segment/Navigation User Interfaces*, GPS Interface Specification IS-GPS-200, Rev D, GPS Joint Program Office, and ARINC Engineering Services, March, 2006.

[11] *GLONASS : Design and Operations Concepts*, A. Perov and V. Harisov (editors), 4th edition, Moscow, Radiotechnica, 2010 (in Russian).

[12] G. Di Giovanni and S. M. Radicella, An analytical model of the electron density profile in the ionosphere, *Adv. Space Res.*, 10 (11), 1990, 27–30.

[13] S. M. Radicella, The NeQuick model genesis, uses and evolution, *Annals of Geophysics*, 52, (3/4), June/August 2009, 417–422.

[14] F. Kleijer, *Troposphere Modelling and Filtering for Precise GPS Leveling*, Volume 56 of *Publications on Geodesy*, Netherlands Geodetic Commission, Delft, The Netherlands, 2004.

[15] A. E. Niel, Global mapping functions for the atmosphere delay at radio wavelengths, *Journal of Geophysical Research*, 101, (B2), February 10, 1996, 3227–3246.

[16] J. Saastamoinen, Contributions to the theory of atmospheric refraction, *Bull. Géodésique*, 1973, (105), 270–298, (106), 383–397, (107), 13–34.

第5章 接收机前端

第3章我们讨论了如何产生 GNSS 信号,第4章我们验证了 GNSS 信号是如何穿过大气层传播的。本章我们将讨论射频信号如何在 GNSS 接收机前端变换为后续处理需要的数字格式。本章的概要显示于图5.1的框图中。本章的意图是讲述接收机的前端设计、接收机主要部件的使用,并分析如何设计这些影响 GNSS 信号的部件。

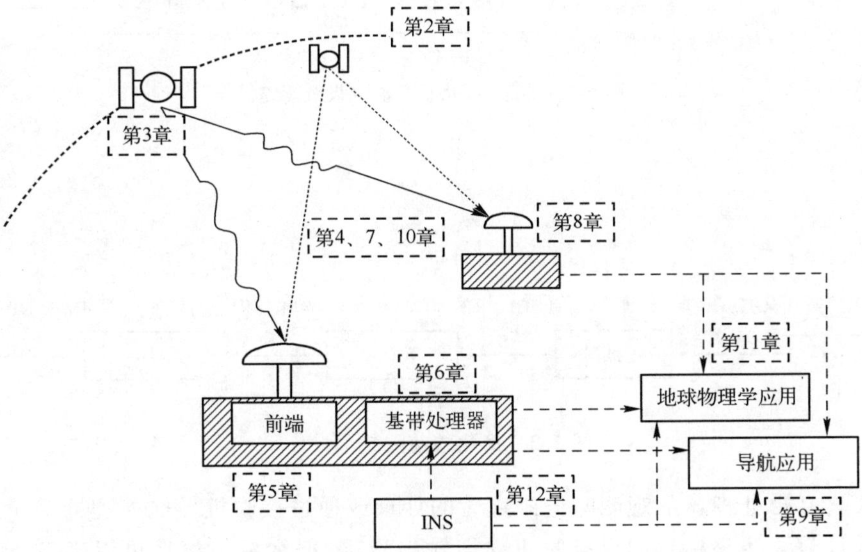

图 5.1 第 5 章内容

5.1 软件 GNSS 接收机射频前端

5.1.1 通用 GNSS 接收机

通用 GNSS 接收机流程图如图5.2所示。本接收机流程图不包括导航处理器。接收机捕获来自卫星并穿过大气层的射频信号。信号到达接收机前端,在接收机前端的输出,我们得到数字化的中频信号,之后它可以在数字化硬件或软件中进行处理。在接收机前端,信号由一个带通滤波器滤波,然后从射频下变频到中频

（IF）（图 5.3 所示为一个简化了频率设计的接收机前端的例子）。之后中频信号通过一个模数转换器（ADC），数字中频（DIF）从前端输出进入基带处理器。基带处理器完成信号捕获与跟踪。捕获与跟踪通过 DIF 波形的输入信号与接收机产生的复制信号的相关来完成。基带处理器输出原始的观测值，特别是码相位、载波相位、多普勒频移以及信噪比。基带处理器的作用将在下一章详细介绍。

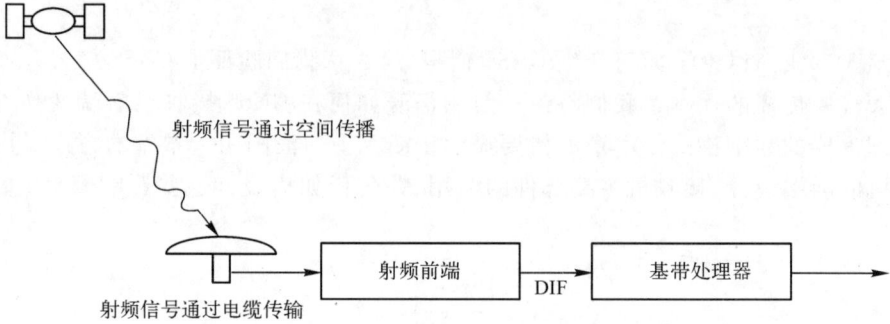

图 5.2　软件 GNSS 接收机设计概念

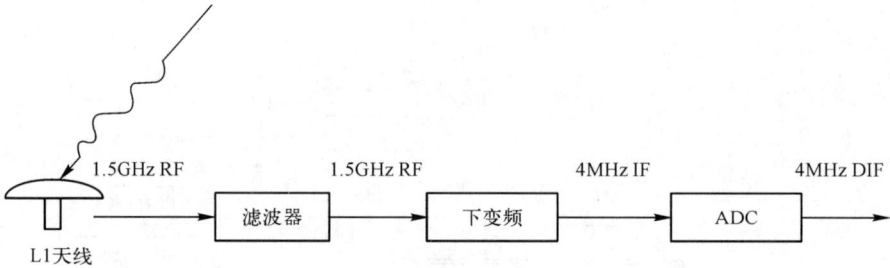

图 5.3　简化的前端频率设计

　　来自基带处理器的观测能记录之后的处理或通过接收机导航处理器与星历信息一起计算天线坐标。如果接收机立即输出坐标，那么星历信息可以来自于导航电文或外部来源，如来自移动通信网络，这种情况是辅助 GPS（AGPS）。如果原始观测记录用于事后处理，人们可以使用来自 IGS 或 CODE 的更为准确的星历信息，如第 2 章所述。在本章后面部分可以看到，我们不仅可以记录原始观测，而且可以记录前端输出的全部数字中频，之后进行处理。

5.1.2　软件 GNSS 接收机

　　软件接收机概念在近年来已得到很大发展[1-6]，如图 5.2 描述。在图中我们有意回避导航处理器，因为在许多应用中导航处理器或许在接收机外部。传统接收机与软件接收机的区别是基带处理器是如何实现的。传统 GNSS 接收机通常有用 FPGA 或 ASIC 实现的基带处理器。传统接收机的导航功能一般位于嵌入式处理器中。软件接收机一般以软件实现基带处理，这允许接收机与导航处理器组合，或者甚至将这些所有功能与使用原始观测完成特定任务的应用部分集成在通用处理器中。

前端是软件接收机的唯一硬件,其他所有部分位于一个通用处理器中。所以,软件接收机通常会成为许多必须降低价格的低端应用的解决方案。对于高端应用,软件接收机的优势是其灵活性。以 ASIC 实现的传统接收机的基带处理功能是硬编码,如果要修改一些东西,硬件必须重新设计。在 FPGA 处理器中,不改变设计也可以修改一些东西,尽管它们都使用 FPGA 资源,但是 FPGA 编程的灵活性很小,因为它依赖于硬件。在软件基带处理器中更容易实现一些变化。

软件接收机概念有不同的实现方法。对于科研和教育用途,我们更多关注在一般用途的计算机(PC)上、Windows 操作系统下实现软件接收机。一个可用的免费版本的实时 GNSS 接收机可以从本书的网址下载。这个免费软件接收机的射频前端也可正常使用。接收机可在真实卫星下实时工作。本书的网址也包括预先记录的数据,读者可以用接收机处理,对本书中的例子和习题设计同样有效。

软件接收机的另一个实现方法是优化运算和内存调用,这一方法已经用于很多应用中,一个例子是手机。在这些应用中采用软件接收机的一个优势是可以降低成本,软件接收机需要的唯一硬件是射频前端。基带处理器被搬移到通用处理器中,导航处理器已占据其中。

本章将集中讨论接收机的射频前端部件。前端核心的基本设计对软件接收机和硬件接收机在很大程度上是一样的。不同之处是如何将 DIF 信号提供给基带处理器。

能从特殊解决方案中获益的应用范围取决于测量的质量,在软件接收机中质量仅取决于前端。如果前端能够提供高质量的测量,那么结果显而易见可以应用于导航、大地测量和地球物理学等全部应用范围。

5.1.3　前端应用

前端流程图如图 5.4 所示,其中图(a)是硬件接收机,图(b)是软件接收机。下面来看一下前端。我们的讨论涉及两种信号的两种类型的电路:第一种类型是模拟射频信号;第二种类型是数字信号,它是由前端时钟决定的相应的低频。今天,GNSS 信号的射频电路已经开发得非常完善,可以提供现货产品的模块或芯片。当使用现货产品的模块或芯片时,人们需要开发前端与接收机基带处理器间的接口。这些接口也基本上是模拟电路,处理数字化下变频的 GNSS 信号。

当天线接收射频信号时,信号到达射频前端模块,并由低噪放(LNA)进行第一次放大。低噪放的实现也可与射频前端分离。经过低噪放后,信号将进行滤波并下变频到中频。下变频是通过输入信号和本振信号在混频器中混合来完成。之后中频信号被 ADC 数字化和量化。最后 DIF 信号提供给基带处理器。对于软件接收机,我们必须提供前端模块和主计算机之间的接口。这一接口包含将数据流转

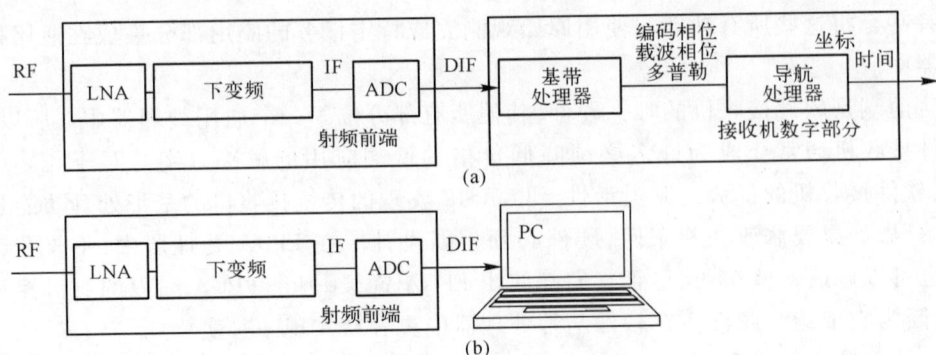

图 5.4 软件和硬件接收机前端框图

换为需求格式的逻辑电路。人们可以利用 USB、LAN、并行口或热拔插接口,将数据传输到主计算机。

5.1.4 前端带宽

GPS、"伽利略"和 GLONASS 的前端带宽需求由信号带宽决定。在第 3 章中可以看到 GPS L1 C/A 码的带宽是 2.046MHz,它由码速率决定。窄带前端限制信号,只允许其频谱主瓣通过,其他更高频率的成分将在信号通过前端时从信号中滤除。这一处理也去掉了带外干扰。但是,随着有用的采样频率的增加,也增加了基带处理器中信号处理算法的分辨率。宽带前端包括几个副瓣,这对一些应用很有用,如抗多径。

GPS L1C、L2C 以及 L5 前端的带宽由相关的信号决定,它们的带宽分别为 4.092MHz、2.046MHz 和 24MHz。这些值,如我们在第 3 章中看到的,都由码的设计和码速率决定。GLONASS L1 前端带宽不仅由其信号码速率决定,而且由包括所有 GLONASS 卫星信号在内的频率范围决定。所以,GLONASS L1 前端需要的最小带宽约为 8MHz。

前端可以大致分为窄带前端和宽带前端。大地测量双频接收机需要的是宽带 GPS 前端,能够处理 L1 P 码或 L5 信号。导航用途使用窄带 L1 前端,其带宽限制于 GPS 的 2.046MHz、"伽利略"的 4.092MHz 或者 GLONASS 的 8MHz。低端 GPS L1 接收机甚至使用带宽更窄的前端,例如 1.8MHz。这种窄带应用允许采用更低采样频率的基带处理器。

5.2 天　　线

天线将前端硬件与物理世界相连。简单的天线是 1/4 波长的偶极子,或者一段电线。令人吃惊的是,一段电线可以给一个标准现成的接收机提供足够强的信号并实现定位。如图 5.5 所示的 Garmin 接收机成功采用了这种简单的天线工作。

114

更精细的设计,仍然用电线制作(根据文献[17]制作),可以提供更大的信号功率。图 5.6 显示线天线与 iPRx 软件接收机一起工作。硬件单元之间的阻抗需要匹配,与主计算机接口、与物理世界都要匹配。阻抗失配的结果是损失信号功率,这取决于硬件单元,其结果是更多的功率消耗,达不到最佳性能,灵敏度降低,甚至是完全无法工作。与接收机相联系的物理世界由在自由空间传播的无线电波所表示。媒质对电磁波的阻抗用电场与磁场的比率计算:

$$Z \equiv \frac{E}{H} = \sqrt{\frac{\mu}{\varepsilon}} \tag{5.1}$$

在自由空间,无线电波阻抗 Z 大约为 377Ω。媒质的阻抗也是反射系数的函数:

$$Z = \frac{Z_0}{n} \tag{5.2}$$

所有射频硬件电路需求的阻抗值均为 50Ω,同轴电缆的阻抗通常也是 50Ω。50Ω 标准是 20 世纪 30 年代在 30Ω 同轴电缆(最佳功率)与 77Ω 同轴电缆(最低损耗)之间妥协的选择。天线必须将无线电波信号转换到 50Ω 阻抗,这样方便电缆与前端匹配。

图 5.5　与 Garmin 接收机一起工作的 1/4 波长偶极子天线　　图 5.6　与 iPRx 接收机一起使用的自制天线

5.2.1　天线增益方向图

全向天线在所有方向上有相等的信号辐射分布。在球面上信号功率分布是相等的,单位面积上的功率可以表达为

$$P_0 = \frac{W_T}{4\pi r^2} \tag{5.3}$$

式中:W_T 为发射天线上的功率;r 为发射天线相位中心与测试点的距离。因为是在球面上分布,所以距离对电磁波功率的决定性遵循平方反比规律。

电场在接收天线上感应出电流,电流通过同轴电缆到达前端。天线口径(或有效面积)定义为天线产生的功率与接收到的信号的功率的比:

$$S_A = \frac{P}{W_R} \qquad (5.4)$$

式中:P 为天线产生的功率;W_R 为接收的信号的功率。

天线增益用天线口径定义为

$$G_A = \frac{4\pi S_A}{\lambda^2} \qquad (5.5)$$

式中:G_A 为天线增益,以比率表示;λ 为无线电波波长。天线增益因此定义为天线有效面积上包容了多少平方波长。如果信号频率改变,那么要保持同样的增益必须改变天线口径。

天线口径(有效面积)可以根据经验法则估计,约为天线物理面积的 1/2:

$$S_A \approx 0.5 S_G \qquad (5.6)$$

式中:S_G 为天线的物理(或几何)面积。

天线的发射和接收是互易的,因为,天线方向图和口径对于一副天线是相同的,不管它是发射还是接收。普通 LED 用于测量大气中的水蒸气可以看作是接收—发射互易的例子[8]。电流通过 LED 会以特定波长发光,LED 是互易的,当它们暴露在光里就会产生电流,电流取决于光谱和 LED 颜色。LED 的响应谱一般与发射谱不同,所以它们需要校准。水蒸气吸收红外光波,所以人们可以从地面 2 个 LED 间的观测推算水蒸气的信息,其中一个尽可能接近频谱的红外部分而另一个尽量远离。

定向天线提供与天线方向图一致的增益。天线增益定义为天线辐射的信号功率的方向函数。GNSS 卫星的发射天线是定向的,方向图很窄。随着卫星天线发射角度的减小,天线方向增益增加。对于半球形方向图,能量集中于原始面积的 1/2,所以

$$P_0 = \frac{2 \cdot W_T}{4\pi r^2} \qquad (5.7)$$

这给出了额外的 3dB 增益。卫星天线也有旁瓣,这些旁瓣对于空间应用非常有用。

接收天线通常有半球形方向图,天线增益一般由天线方向图最大增益方向的值决定。接收天线产生的功率可以定义为

$$P = \frac{W_T S_A}{4\pi r^2} \qquad (5.8)$$

信号模拟器能够仿真接收天线的增益方向图。图 5.7 验证了 ReGen 模拟器中天线方向图编辑器的例子。对于空间应用,信号模拟器也能够仿真发射天线方向图,其中包括旁瓣。发射天线方向图的仿真对所有陆基和航空应用不是必需的。

116

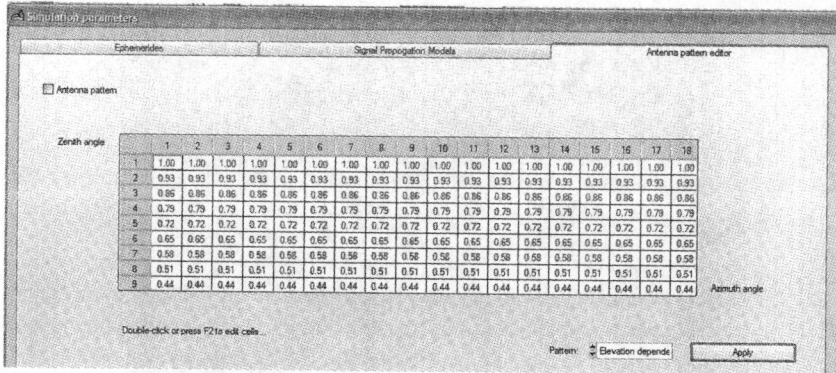

图 5.7　ReGen 信号模拟器天线参数编辑界面(海拔依赖的参数被夸大了)

5.2.2　极化

GPS 信号是右旋圆极化(RHCP),其电磁波的电场分量与波的路径垂直。信号的线极化意味着电场分量在同一平面内的相同方向持续振荡。在这种情况下,场的方向与天线成一条线排列。垂直天线产生垂直的、线极化电磁波。当信号是圆极化时,电场分量在与电波路径垂直的平面内旋转。与预期极化一致的接收天线具有最大的灵敏度,因为与天线极化一致的电磁场振荡会增加天线中的电流。

自然光源,如太阳和蜡烛,发射无极化的光。电场分量在与波的路径垂直的平面内是自由的。无极化的光经大气散射后变成有极化的光。这就是为什么我们看到的天空是蓝色的。当信号在大气中传播时,可能会因为散射而遇到极化的突然变化,这在视距传播中是可以忽略不计的。

GPS 发射天线是圆极化,因为它会消除接收天线与卫星天线极化匹配的必要性。GPS 信号的右旋圆极化(RHCP)意味着从辐射源看,旋转是顺时针。为提供最优接收,接收天线应具有与发射天线相同的极化。在第 3 章我们描述了多径误差,对于许多应用它是误差计算中第一位的误差。反射的 GNSS 信号改变了极化,所以被天线衰减了,所以这样的极化使 GNSS 信号受到较小的多径影响。二次反射恢复了信号极化,所以二次反射不会被天线衰减。

5.2.3　天线设计

GNSS 天线,从薄微带贴片天线到较大型的多径抑制螺旋线天线,在设计上是有所不同的。不同应用需要不同的天线。为特殊应用选择一副天线,人们需要看天线增益方向图与多径抑制性能。对于航空应用,还需要考虑天线飞行动态性能和安装面(图 5.8)。对于大地测量应用,稳定的天线相位中心非常重要。在导航应用中,我们需要大地测量级的天线作为参考站天线,它能给用户提供 GNSS 校正(图 5.9)。

117

图 5.8 机载天线

图 5.9 JAXA 研究设施的参考站天线(右侧带天线罩,左侧去掉了天线罩)

天线产生的功率可以用天线感应的电流和辐射阻抗表示如下:

$$P = \frac{1}{2} R_{\text{RAY}} I^2 \tag{5.9}$$

简单的偶极子天线辐射阻抗可以表示如下[9]:

$$R_{\text{RAY}} = \frac{2\pi}{3} \sqrt{\frac{\mu_0}{\varepsilon_0}} \left(\frac{l}{\lambda} \right)^2 \tag{5.10}$$

式中:λ 为偶极子长度。

从上面等式可以看到,小天线效率较低。大小为波长量级的天线性能更好。如果天线长度为 $\lambda/2$,固定的电流会在天线中建立。当天线长度为 $\lambda/4$,那么就是半波振子,它将在导体平面内产生对称的镜像。

简单的贴片天线如图 5.10 所示。贴片天线包含介质基上非常薄的金属片,介质在大的金属接地平面上。介质层的厚度一般选择为

$$h \leqslant 0.02\lambda_d \tag{5.11}$$

式中:λ_d 为介质中信号波长。

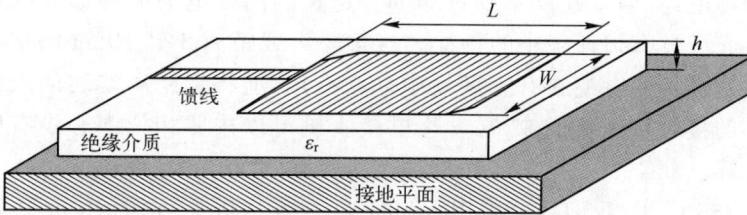

图 5.10　微带天线

如果我们移除接地平面,那么贴片天线则变为简单的偶极子天线。接地平面使我们可以获得加倍的天线增益,方法如上所述的定向天线一样。最优的贴片长度(L)等于波长的 1/2。宽度(W)不那么重要,它可以按照信号波长和介电常数选择如下[10]:

$$W = \frac{\lambda_0}{2}\left(\frac{\varepsilon_r + 1}{2}\right)^{-1/2} \tag{5.12}$$

式中:λ_0 为波长;ε_r 为介质层介电常数。

对于特定介质的贴片长度(L)可以用下式计算[10]:

$$L = \frac{\lambda_d}{2} - 2\Delta l = \frac{\lambda_0}{2\sqrt{\varepsilon_{eff}}} - 2\Delta l \tag{5.13}$$

式中:Δl 为边沿扩展校正因子;且 ε_{eff} 为有效介电常数,

$$\varepsilon_{eff} = \frac{\varepsilon_r + 1}{2} + \frac{\varepsilon_r - 1}{2}\left(1 + \frac{12h}{w}\right)^{-1/2} \tag{5.14}$$

并有

$$\Delta l = 0.412h\left(\frac{\varepsilon_{eff} + 0.3}{\varepsilon_{eff} - 0.258}\right)\frac{\dfrac{W}{h} + 0.264}{\dfrac{W}{h} + 0.8} \tag{5.15}$$

因为有介质,感应波的频率将比自由空间中的高。如果有很大介电常数的陶瓷作为天线基片,贴片天线将显著减小,如移动电话天线[11]。更加小型化的天线可以用 1/4 波长天线实现。与偶极子天线相比,1/4 波长天线拥有取代半波偶极子零电位的接地平面。为了产生和接收圆极化信号,天线要么拥有两个馈电,要么是长方形,而非正方形,并且有一个或两个剪切角。

天线工作于特定频率,所以也可以用通带滤波器模拟。GPS 天线通常具有信号中心频率 2% 的带宽。即对 L1、L2 和 L5 的天线相应带宽是 31.5MHz、24.6MHz 和 23.5MHz[12]。

5.2.4 电缆和电缆接头

有几种接头用于连接天线和接收机。电缆的性能用功率损耗来描述,功率损耗取决于电缆的设计和材质,并且是长度的函数。对 GNSS 应用有同轴电缆和光纤。对于同轴电缆,通常建议不超过 50m。超长的同轴电缆需要额外的放大器来补偿损耗。光纤具有损耗很小的特性。连接与天线距离 3 到 10km 的接收机可能需要光纤。这样长的电缆在有害环境中非常有用,能将远距离安装的天线与安装在控制中心的接收机连接起来[13]。这里接收机可以按照相位中心没有附加误差进行一致计算。

对于 GNSS 应用,我们主要采用下列接头:①N 型接头,它于 20 世纪 40 年代首次引入,之后不断改进,可用于频率达 18GHz 的信号(作为思博伦模拟器的前面板连接(图 3.11));②SMA 接头(见印制电路板(图 5.13))和 BNC 接头,可用于最大达 2GHz 的较小频率范围;③TNC 接头,允许工作频率到 12GHz。

5.3 前端设计

下一节将着重考虑前端的详细内容。我们讨论一个 GPS L1 前端,用 Rakon 公司的 GRM8652 模块举例说明。前端的框图如图 5.11 所示,主要部件包括滤波器、低噪放、下变频器(主要组成为混频器)、自动增益控制(AGC)、A/D 和高质量的 TCXO(温度补偿晶体振荡器)时钟。SSI 模块用于响应软件接收机的串行通信。图 5.12 给出了组件的 3D 图,图 5.13 给出了作为 iP 解决方案的前端组成部分的模块。

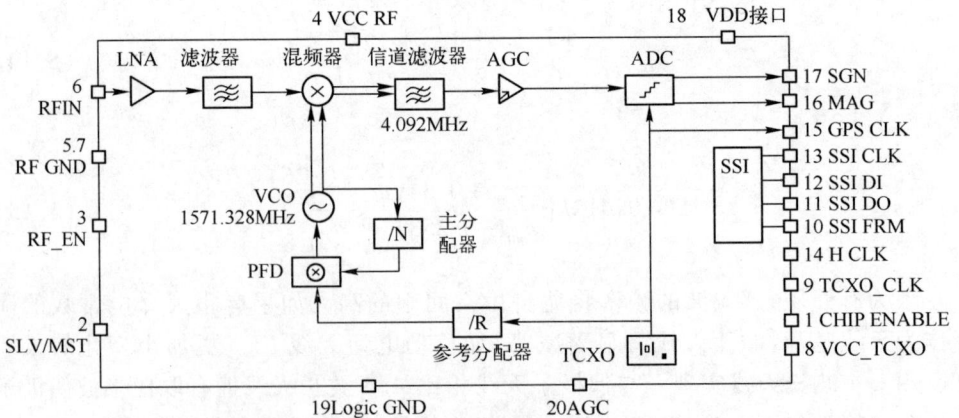

图 5.11 基于 GRM8652 的前端模块(Rakon 公司)

图 5.12　GRM8652 模块 3D 图（Rakon 公司）

图 5.13　TCXO 作为 FE 印制电路板上 GRM8652 模块的组成部分（Rakon 公司和 iP 解决方案）

5.4　前 端 时 钟

5.4.1　前端时钟和接收机时钟

前端时钟将射频信号转换为 DIF 信号。时钟参数通过 DIF 信号质量影响基带处理。但是，时钟参数不会直接影响导航处理。在接收机中产生复制信号，包括载波和扩频码，也都不受时钟漂移的影响。这一区别影响捕获和跟踪，它可能降低信号捕获能力和跟踪环精度。

第 1 章讨论过接收机时钟误差，它来源于接收机内部时钟。在软件接收机中，接收机时钟初始设置了导航处理器的时钟。为了在 PC 上运行接收机，这一参考时钟来源于主计算机。如果接收机工作于实时方式，那么接收机时钟由计算机时钟设置。如果接收机工作于事后处理方式，那么接收机时钟由录取数据的开始时间设置。但是，这种初始化设置不是必需的，仅在辅助捕获和定位中应用。

接收机捕获信号后（无论是实时模式还是事后处理模式），对时标的初始时间

121

设置在导航电文中提供。之后,时间基本由航位推测法提供的信号码序列保持捕获。所以前端时钟可能仅影响信号质量而不保持时间,因为时间保持本质上来自于 GNSS 卫星。

正如我们提到的,前端时钟的质量影响基带处理器的性能。前端时钟通常通过锁相环和振荡器实现。前端时钟电路采用锁相环有两个目的。首先是不同于振荡器的方式产生频率。其次是通过去除短期相位变化从噪声频率中去除噪声。定制 GNSS 模块提供锁相环控制,使通过调谐锁相环来满足用户需求成为可能,如振荡器频率和与其一致的采样频率。

最简单的振荡器是压控晶体振荡器(VCXO)。一个 VCXO 具有 ± 20ppm 的稳定度。解释 VCXO 的简单模型可以利用一个简单放大器的框图来建立[14]。开环放大器的 0 相位相应接近闭环时作为振荡器使用的振荡频率。采用能够改变电容的压控二极管允许通过放大器建立简单的 VCXO。GNSS 接收机中最常用的时钟是温度补偿晶体振荡器(TCXO)。在我们的示例中,Rakon 公司开发的质量极好的 TCXO 可以为用户提供 0.5×10^{-6} 的稳定度及低功耗。作为前端模块组成部分的 TCXO 时钟如图 5.12 所示,安装如图 5.13 所示,以字母 R 标记。

对于一些应用,需要恒温控制晶体振荡器(OCXO)。在 OCXO 中,内部温度控制附件支持振荡器,使晶体保持恒定的温度,以提供更高的稳定度。带有 OCXO 的顶盖打开的 iPRx 前端如图 5.14 所示。

5.4.2　OCXO 与 TCXO 比较

让我们看一下 OCXO 的参数,以 iPRx 前端嵌入的 OCXO 为例,如图 5.14 所示。这个 OCXO 具有 5×10^{-10} 的老化率,3×10^{-9} 的稳定度。图 5.15(a)、(b)所示为 TCXO 和 OCXO 的时钟频率变化和噪声比较,图 5.15(c)、(d)所示为 TCXO 和 OCXO 的功率谱密度。这些图是在静止方式处理 DIF 信号时得到的。

图 5.14　带 OCXO 时钟的 iPRx 前端

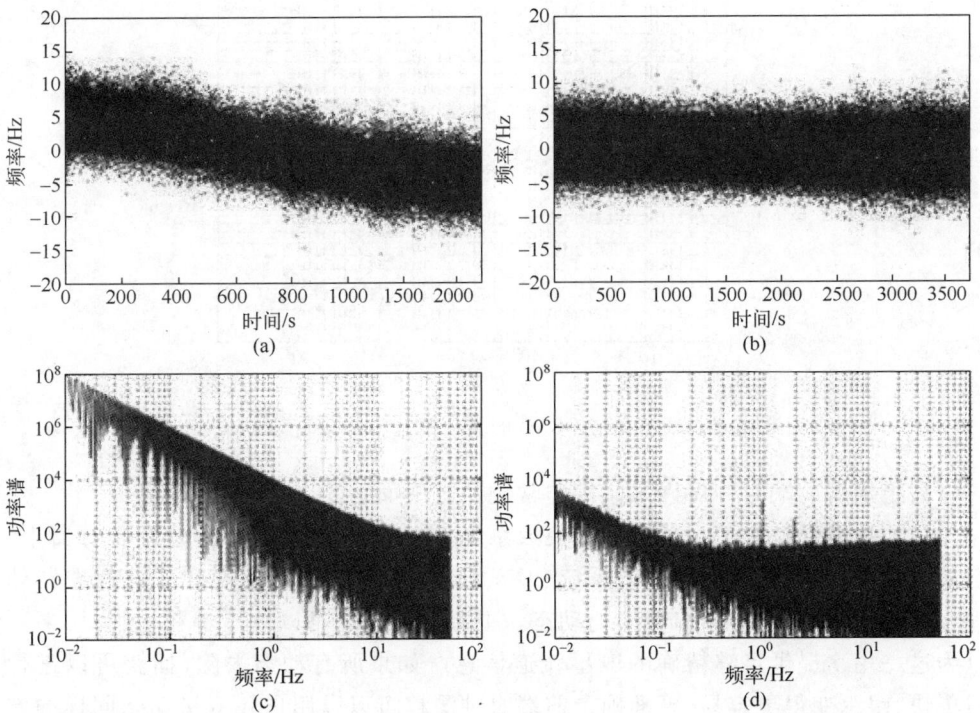

图 5.15 TCXO(a,c)与 OCXO(b,d)的频率变化与功率谱

当我们看到第 3 章 GNSS 信号频谱时,用到了一个均方功率谱估计。它是用韦尔奇(Welch)方法计算、以功率单位度量得到的。功率谱密度(PSD)显示了信号功率如何在傅里叶频率上分布。所以,它是以功率/频率为单位测量的。TCXO 的时钟噪声的 PSD 比 OCXO 的大许多。特别是,在 PSD 图上频率变平非常重要,因为它反映了锁相环需要的跟踪带宽(我们在下一章的跟踪环中可以看到)。很显然,对于 OCXO,锁相环的噪声带宽可以变窄,相位误差减小是其结果之一。从频率变化图中可以清楚地看到 TCXO 的频率漂移。

短期时钟准确度用艾伦(Allan)偏差表示。艾伦偏差 $\sigma_A(\tau)$ 定义为时段内频率读数的方差的 1/2,即

$$\sigma_A^2(\tau) = \frac{1}{2}E[(y_{n+1} - y_n)^2]$$

$$y_n = \frac{\delta f(n)}{f_0} \tag{5.16}$$

式中:f_0 为指定频率;δf 为有零均值的自由频率漂移;E 为数学期望算子。

图 5.16 显示了 iPRx 接收机前端实现的 OCXO 和 TCXO 的艾伦偏差。显而易见,OCXO 比 TCXO 具有更好的稳定度。但是,在许多应用中需要区分代价,OCXO 比 TCXO 需要消耗更多功率。所以,选择时钟必须基于应用需求。

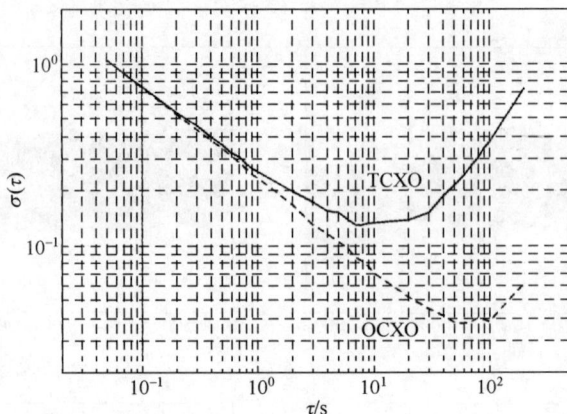

图 5.16　TCXO 与 OCXO 的艾伦偏差（Allan deviation）

高稳定度前端时钟对许多应用非常重要。下面看 3 个例子。

（1）惯性导航和卫星导航铰链集成系统。在此类载体中，特别是在飞行器中，有关运动的信息来自惯性导航系统（INS）。这一信息通过接收机基带处理器处理，从捕获和跟踪中分离出载体的动态。卫星的动态也可以给出解释，因为历书可以为这一用途提供足够精确的卫星轨道信息。如果所有动态去除，捕获可以进行得更快，跟踪变得更容易、更准确。前端时钟漂移可以以用户和卫星动态同样的方式影响捕获和跟踪。所以，为了从 INS 和 GNSS 接收机铰链集成系统获得全部的优势，我们必须实现一个高质量的时钟，详见第 6 章。

（2）大地测量应用。许多大地测量应用都基于对 GNSS 射频信号的分析。在许多情况下，这些应用关注微妙影响，如信号闪烁。在这种情况下，这些影响可能明显比来自接收机的背景噪声大。特别是，对于闪烁测量，接收机必须具有很低的相位噪声。这一参数受到前端时钟质量的限制，详见第 10 章。

（3）高灵敏度。正如下一章内容，GNSS 接收机的高灵敏度需要长时间的信号相关积分，接收机积分信号的时间越长，可以捕获到的信号就可以更微弱。如果天线是静止的，那么接收机相关积分时间仅受时钟漂移的限制。

5.4.3　时钟在模拟器及采集与回放系统中的作用

当接收机与模拟器一起工作时，模拟器时钟代替了卫星时钟。模拟器的时钟应比被试接收机的时钟指标要好。模拟器时钟漂移不会影响接收机的定位精度，就像卫星时钟漂移不会影响接收机的定位一样。虽然卫星时钟非常准确，漂移互相独立，但它们的漂移会直接导致接收机的定位误差。模拟的卫星时钟随相同的模拟器时钟的漂移而漂移，所以这些漂移几乎全部可以用公共接收机时钟漂移予以补偿。我们说"几乎全部"是因为接收机从每颗卫星接收的测量与一个码周期内的细微时间差异相关，例如对 GPS L1 C/A 码是 1ms。不同卫星的时钟误差根据

图 3.25 来模拟。

　　另一个对模拟器时钟漂移的限制与接收机捕获处理有关。模拟器时钟误差叠加在接收机时钟误差上。因此,它可能会以同样的方式影响接收机的捕获处理和跟踪,如我们前面看到的。同时,模拟器时钟质量直接传递到仿真信号的质量。一般现货模拟器都配备了高品质的 OCXO 时钟。

　　当我们讨论采集与回放系统(RPS)时,仿真时钟问题变得更加重要。采集与回放系统使用接收机前端记录 DIF 信号。之后,采集与回放系统能够通过模拟器前端存储回放已经记录的信号。模拟器前端通过一系列与接收机前端操作相对应的逆操作,将 DIF 信号变换为模拟射频信号。这一信号通过数模变换器(DAC),然后上变频。作为信号到测试接收机后的一个结果,至少一个以上的时钟受到影响(图 5.17)。如果 RPS 使用不同前端记录和回放信号,那么两个额外的时钟将影响信号质量。在这种情况下,为 RPS 时钟或者与被试接收机保持一致的时钟设置要求非常重要。对某些系统而言,安装 OCXO 是必要的。

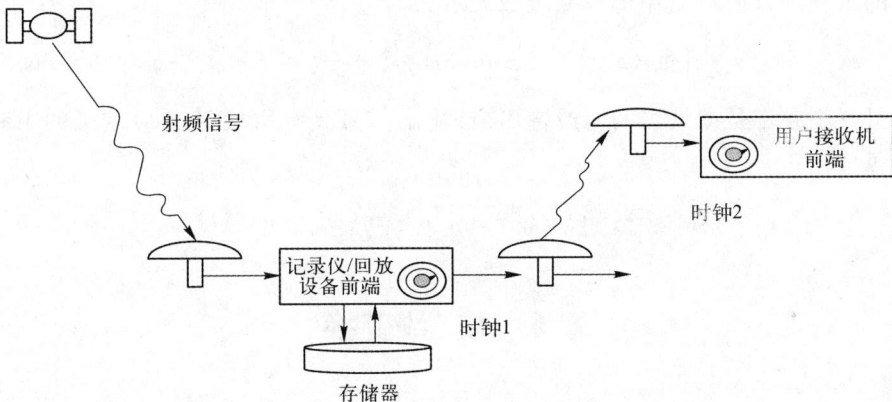

图 5.17　RPS 时钟的双重影响

5.5　下　变　频

　　下变频处理使信号频谱沿着频率轴移动。来自特定卫星的信号不是集中在信号中心频率上,如第 3 章讲述的,视距传播的卫星速度投影可以达到 800m/s,如果接收机和卫星相向运动,接收信号的频率因为运动引起的多普勒效应而增加,如果向相反方向运动则频率减小:

$$f_R = f_T - f_T \frac{v_{LOS}}{c} \tag{5.17}$$

式中:f_R 为接收到的信号频率;f_T 为发射的信号频率;c 为光速;v_{LOS} 为卫星和接收机之间沿视距的相对速度。对于低动态载体,多普勒频移小于 6kHz,多普勒频移在下变频处理中不会变化,这一点很重要。

混频器的输入端接收到射频信号和本振信号(LO)。混频器的输出信号是两个谐波,一个谐波的频率是输入信号频率之差,另一个谐波的频率是输入信号的频率之和。之后滤除频率高的信号,我们可以得到频率如下的唯一谐波:

$$f_{IF} = f_R - f_{LO} \tag{5.18}$$

相应地,接收信号的中频是发射频率的中频与多普勒频率的和,即

$$f_{IF} = f_{IFT} + f_D \tag{5.19}$$

这方面详细内容见文献[11]。在电路实现中,混频器输出产物可以用具有式(5.18)描述的频率为主的复杂波形表示,即

$$x_{IF} = x_{RF} \cdot x_{LO} = \sin(\omega_{RF} t) \cdot x_{LO} \tag{5.20}$$

混频器可以用二极管实现,二极管根据波的极性或通或断。低频信号要足够大,以控制二极管,使二极管根据本振波的符号开关。当二极管关断时,射频不能通过。混频器输出信号结果可以看作输入信号谐波与码速率等于本振频率2倍的方波的乘积。方波可以用傅里叶级数表示为

$$x_{LO} = \frac{4}{\pi} \left(\sin(\omega_{LO} t) - \frac{1}{3} \sin(3\omega_{LO} t) + \frac{1}{5} \sin(5\omega_{LO} t) - \cdots \right) \tag{5.21}$$

另一个频率是滤波器的滤波输出,且输出信号具有由式(5.18)定义的中频频率的包络:

$$x_{IF} = \frac{2}{\pi} \left(\sin(\omega_{RF} + \omega_{LO}) t + \sin(\omega_{RF} - \omega_{LO}) t \right) \tag{5.22}$$

5.6 模/数变换

5.6.1 确定采样频率

在最后一步,IF 信号必须数字化。数字化包括两个过程,即信号采样和量化。接收机中带限模拟信号的采样可以看作输入 IF 信号(在带通滤波后)与周期单位脉冲序列的乘积。信号的频谱表达可以表示为信号相乘的傅里叶变换。DIF 信号数字化的频谱可以通过 DIF 信号的傅里叶变换得到,即

$$X_{(d)}(f) = \sum_{n=-\infty}^{\infty} x_d(n) e^{-j2\pi f n} \tag{5.23}$$

最后信号是 IF 信号频谱与脉冲序列频谱的卷积,并可以表示为

$$X_{DIF}(f) = F\left[x(t) \sum_{n=-\infty}^{\infty} \delta(t - nT) \right] = X_{IF}(f) \otimes \left[\sum_{n=-\infty}^{\infty} \delta(f - mf_S) \right] \tag{5.24}$$

式中:X_{DIF} 为 A/D 输出 DIF 信号频谱;$x(t)$ 为 A/D 输入模拟中频信号频谱;T 为采样周期;f_S 为采样频率;δ 为 delta 函数。

DIF 信号频谱包含模拟 IF 信号频谱的重复图像,如果采样频率小于 IF 信号带

宽,则出现 DIF 频谱图主瓣混叠或出现虚假信号。只有当此混叠不发生时,中频信号的数字化才不会丢失信息。之后信号才能经过下面的反傅里叶变换从其频谱中恢复出来。

$$x(n) = \int_{-1/2}^{1/2} X_d(f) e^{j2\pi fn} df \qquad (5.25)$$

为防止信号混叠需要定义最小采样频率,称为奈奎斯特频率,即

$$f_N = 2 \cdot B \qquad (5.26)$$

式中:B 为模拟信号带宽。

如式(5.26),奈奎斯特频率可以由信号带宽确定,而不是中频信号的最高频率确定。这种定义从信号可以沿着频率轴自由移动而不产生失真的事实中清楚地表现出来,如在 5.4 节所见。所以,为了不失一般性地找到奈奎斯特频率,可以认为中频信号为 0 中心频率。奈奎斯特频率设置了从信号中不损失地恢复信息的条件。

读者曾使用采集的 DIF 信号集与 DIF 信号模拟器,为了在接收机的基带处理器中处理这些信号,需要指定两个值:

① 信号采样;

② 中频频率。

通过 TCXO 和 OCXO 前端采集的信号拥有不同的采样频率和中频。带有 OCXO 的前端使用的采样频率为 16.3676MS,且 IF = 4.1304MHz。对于教学版的模拟器,ReGen 采样频率固定为 16.368MS,中频为 4.1304MHz。

有必要搞清楚每秒采样和周期是不同的。图 5.18 给出了二者区别的说明。采样可以用傅里叶级数表达,在这种情况下,抽取的仿真数据的频率在 8.184MHz、24.552MHz、40.92MHz,是奇数倍的谐波。

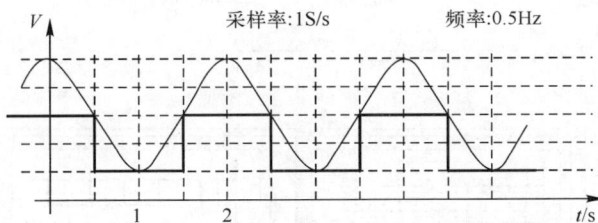

图 5.18　采样(每秒采样次数)和频率(Hz)的区别

5.6.2　量化

每个采样值可以由 N 比特的字表示。这个字有 2^N 种状态。所以,一个模拟中频信号可以用 2^N 个电平的 DIF 信号表达。多数商用接收机是 1bit 或 2bit 的量化。特别是 1bit 量化意味着信号只有两种电平表示(图 5.19)。在硬件实现中,这意味着一个有两个电压状态(高和低)的引脚对于前端输出就足够了。

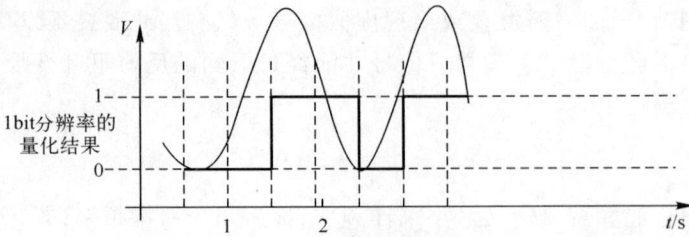

图 5.19　1bit 分辨率信号量化

多数高端模拟器至少是有 14bit 的 DAC,它允许人们仿真更复杂的波形、干扰以及更严重的多径。多数采集与回放系统的量化电平受到接收机前端的限制,前端用于数据记录。图 5.20 给出了对真实卫星信号、仿真信号和采集信号量化的区别。如果用低于用户接收机的 bit 分辨率的采集与回放系统记录卫星信号,那么这一测试中用户接收机比特分辨率将受到采集与回放系统的限制。DIF 信号模拟器通常允许我们用高 bit 分辨率仿真信号,但是必须特别注意量化噪声。读者可以看到采集与回放系统和模拟器按照量化和采样的更多比较,见文献[15,16]。

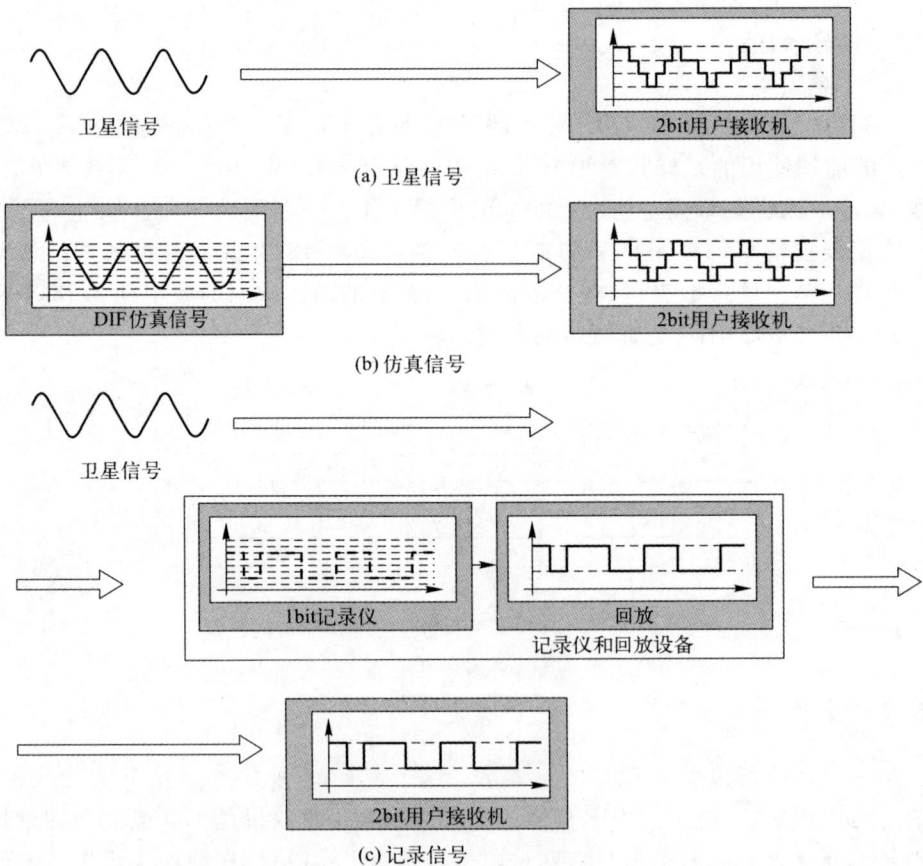

(a) 卫星信号

(b) 仿真信号

(c) 记录信号

图 5.20　卫星信号、仿真信号和记录信号的量化处理比较

虽然从量化电平看,模拟器通常比采集与回放系统更高级,但是采集与回放系统在回放仿真的 DIF 信号时明显好于模拟器。ReGen 模拟器可以以 32bit 量化进行仿真,虽然这是非常费时的过程。这样的系统是执行诸如仿真存在大量辐射源干扰的任务的唯一解决方案,因为此时通道数量不受限制。

5.7 课题设计:用 PC 实时记录 GNSS 信号

市场上有几种可用的 L1 频率的前端芯片,大多数这样的芯片都非常适合导航应用,除非对前端有特殊需要,最好使用现货芯片。通过下变频和滤波处理输入信号,提供适合于信号带宽的前端带宽,或者有可能将 L1 前端用于其他频率的 GNSS 信号。本书将讨论 GPS、"伽利略"和 GLONASS 信号。采用一个 Rakon[17] 模块和 MAXIM[18] 芯片作为核心前端,以提供 DIF 信号。

本节讨论 E 型 iP – solutions 公司以 Rakon 模块为核心的前端,以记录 GPS L1 信号。前端模块设计与本章前面讨论的一致。图 5.21 给出了模块面板与图 5.11 的框图一致。

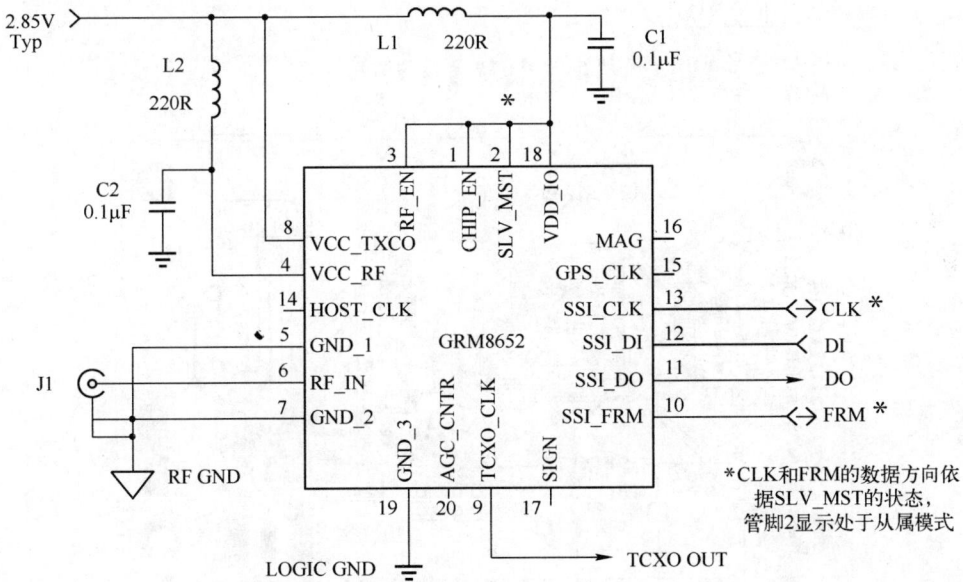

图 5.21 射频前端模块面板,GRM8652 软件应用(Rakon 公司)

前端内置了低噪放,可以与无源或有源天线一起工作。其特征是芯片上的 AGC,它允许改变飞行中前端的动态范围。它可以使基带处理器从增益调节的开销中解放出来。载体时钟用于提供采样频率和下变频器的本振频率。前端的一些参数可以通过 SPI 编程,它也可以通过编程提供流输出。E 型前端通过标志和大量引脚实现硬件设置。

　　本书我们采用的软件接收机是在 PC 上运行,所以其前端使用更多的器件[19]。需要这些元件从前端核心将信号通过 USB 传输给主计算机(图 5.22)。前端的概念也允许回放 DIF 信号,回放也许对测试或研究实时接收机非常重要。前端的印制电路板(PCB)如图 5.23 所示,前端的装配如图 5.24 所示。

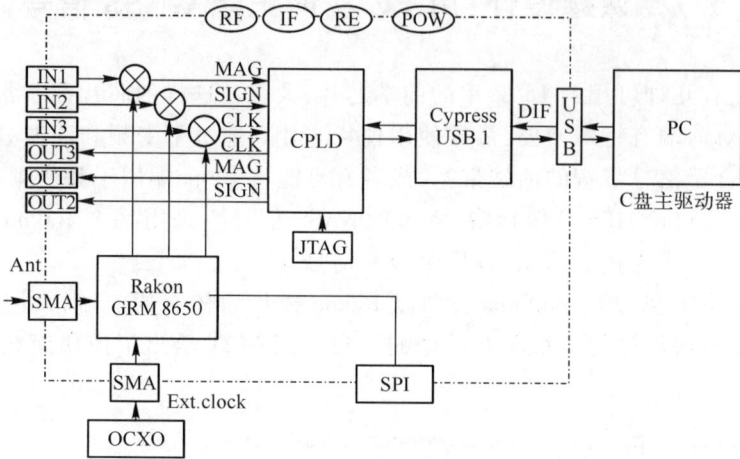

图 5.22　USB 接口的前端

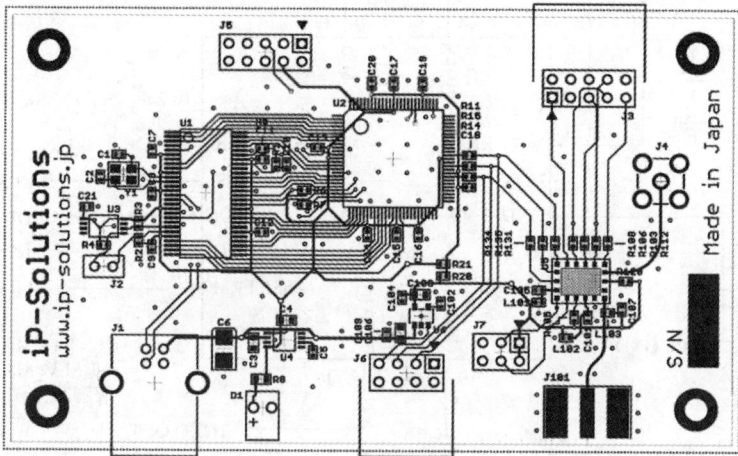

图 5.23　USB 接口前端的印制电路板

上述印制电路板拥有以下主要部件:

(1) USB 接口。

(2) 缓存器。

(3) 建立数据流的逻辑器件。

图 5.24 USB 接口前端的实现

逻辑设备可以是复杂可编程逻辑器件（CPLD）或者是现场可编程门阵列（FP-GA）。缓冲存储器可以用分立器件或者逻辑器件实现。

USB 接口功能在计算机一边由 CyPress 的 USB 驱动器处理。在印制电路板一边，USB 接口功能通过可编程的微控制器提供。EPROM 中包含微控制器程序。缓存由 CPLD 提供，它也能按照选定的格式将数据流打包。

记录射频信号一般服务于以下目的：

（1）一旦完成野外工作，所有后续工作或研究可以在后台进行。

（2）不重复昂贵的测试以降低成本，如涉及飞行的测试、租借昂贵的仪器等。

（3）记录包含特定地理信息的信号，如在确定地点、强闪烁时段记录信号。

USB 接口的 GNSS 前端可从 iP－solutions 公司获得。如果去掉盖板，则可以看到如图 5.24 一样的板子。它由免费的记录软件支持（图 5.25）。软件界面允许用户设置记录时间并通过时钟刻度显示记录进展情况。它还显示记录文件中是否有错误，这些错误可能来自于给计算机 CPU 加载其他任务的用户。特别是，防病毒软件或 LAN 软件可能会干扰在非实时操作系统（如 Windows）上记录射频信号。

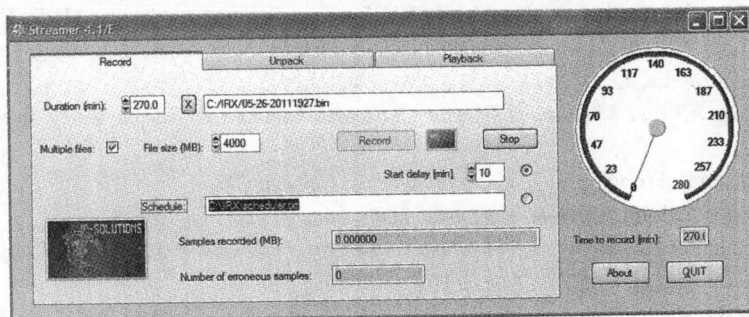

图 5.25 记录几小时 GPS 信号的 Streamer 软件

当记录完成时,便拥有了可以在应用中使用的完整的 GPS/"伽利略"L1 信号记录。同样,使用不同的前端模块(iP – Solutions 公司的 Maxim 核心芯片的 M 型前端),则可以记录 GLONASS 信号。

如果没有前端,可以使用本书附带的记录信号文件。信号也可以用 ReGen 软件进行仿真。ReGen 软件的教学版本随书赠送。

在任何情况下,记录和仿真信号都可以在接收机前端的输出中观察到,参数由记录仪前端指定或由模拟器指定。

相同的前端可用于将数据流传输到用户的应用软件而非将其记录到存储器。随书赠送的 iPRx 接收机的教学版本可以用于此类应用的示例。iPRx 接收机可以使用记录和数据流工作。使用前端应用程序接口(API),人们可以使 iPRx 前端在其任务中实时工作,如软件接收机。

参考文献

[1] J. Tsui, *Fundamentals of Global Positioning System Receivers: A Software Approach*, New York, NY, John Wiley & Sons, 2000.

[2] D. Akos, *A Software Radio Approach to Global Navigation Satellite System Receiver Design*, Athens, OH, Ohio University, 1997.

[3] A. Dempster and C. Rizos, *Implications of a "system of systems" receiver, Surveying & Spatial Sciences Institute Biennial International Conference*, Adelaide, Australia, 28 September–2 October 2009.

[4] P. Rinder and N. Bertelsen, *Design of a Single Frequency GPS Software Receiver*, Aalborg, Aalborg University, 2004.

[5] T. Pany, *Navigation Signal Processing for GNSS Software Receivers*, Norwood, MA, Artech House, 2010.

[6] K. Borre, *et al.*, *A Software-Defined GPS and Galileo Receiver: A Single Frequency Approach*, Boston, MA, Birkhäuser, 2007.

[7] M. Kesauer, *An Inexpensive External GPS Antenna*, QST, Newington, CT, The National Association for Amateur Radio, October 2002.

[8] D. R. Brooks, *Bringing the Sun Down to Earth. Designing Inexpensive Instruments for Monitoring the Atmosphere*, New York, NY, Springer Science + Business Media B.V., 2008.

[9] A. Moliton, *Basic Electromagnetism and Materials*, New York, NY, Springer Science +Business Media, LLC, 2007.

[10] K. Chang, *RF and Microwave Wireless Systems*, Hoboken, NJ, John Wiley & Sons, Inc., 2000.

[11] A. Scott and R. Frobenius, *RF Measurements for Cellular Phones and Wireless Data Systems*, Hoboken, NY, John Wiley & Sons, Inc., 2008.

[12] E. D Kaplan and C. J. Hegarty (editors), *Understanding GPS, Principles and Applications*, second edition, Boston, MA, Artech House, 2006.

[13] I. Petrovski, *et al.*, *LAMOS-BOHSAI^{TM}: LAndslide Monitoring System Based On High-speed Sequential Analysis for Inclination*, ION GPS'2000, USA, Salt Lake City, September 2000.

[14] R. Lacoste, *Robert Lacoste's the Darker Side. Practical Applications for Electronic Design Concepts*, Burlington, MA, Elsevier Inc., 2010.

[15] I. Petrovski and T. Ebinuma, GNSS simulators, Part 2: Everything you wanted to know . . . but were afraid to ask, *Inside GNSS*, September 2010, 48–58.

[16] I. Petrovski, T. Tsujii, J-M. Perre, B. Townsend, and T. Ebinuma, GNSS simulation: A user's guide to the galaxy, *Inside GNSS*, October, 2010, 36–45.

[17] Datasheet: *Rakon GRM8650 High Sensitivity RF Front-End Module for GNSS Systems*, Rakon Ltd., Auckland, New Zealand, 2008.

[18] Datasheet: *MAX2769 Universal GNSS Receiver*, Maxim Integrated Products, Sunnyvale, CA, 2007.

[19] R. G Lyons, *Understanding Digital Signal Processing*, 3rd edition, NJ, USA, Prentice Hall, 2011.

习题

【习题 5.1】卫星天线辐射区域可以覆盖地球表面,计算卫星发射天线辐射范围刚好仅覆盖地球表面时的增益。

【习题 5.2】计算同一副天线对 L1 和 L2 GPS 信号的增益差。

第6章 基于 PC 的实时基带处理器

本章我们将讨论 GNSS 接收机的基带处理器。本章在本书中所占据的位置如图 6.1 所示。基带处理器是 GNSS 接收机的两个重要部件之一。前一章我们讨论了接收机的另一个部件——射频前端。它从天线获取射频信号，然后放大、下变频、滤波并将其数字化。数字中频信号（DIF）（前一章也进行了讨论）由射频前端输出并输入到基带处理器。基带处理器处理数字中频信号并输出 GNSS 信号所载有的所有信息：伪距或码相位观测值、载波相位观测值、多普勒、信噪比、导航电文，等等。

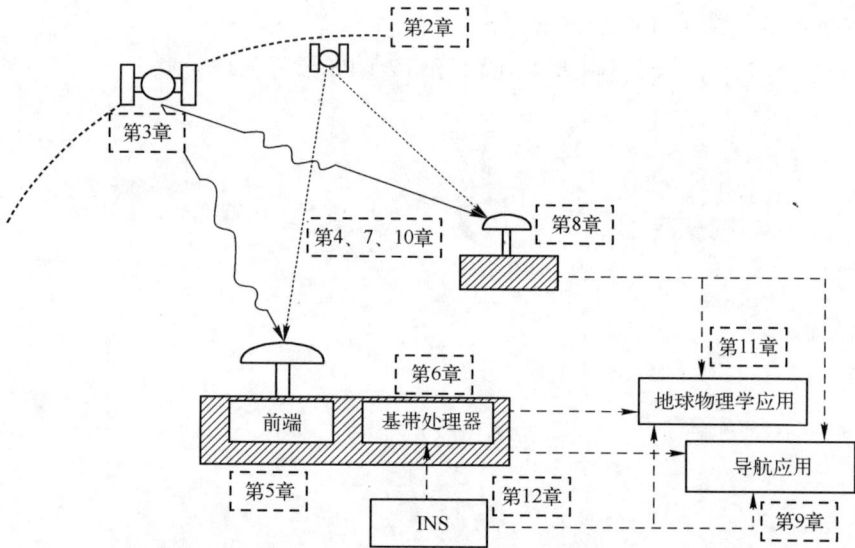

图 6.1　第 6 章内容

6.1　我们需要完整的接收机还是只需要基带处理器

如果将通常如图 6.2 所示的普通接收机的结构与图 6.1 给出的流程图进行比较，可以看到在接收机的设计中省略了导航处理器，这是有意而为的。在当今的大多数应用中，嵌入在接收机中的导航处理器并没有实际应用，尽管所有常规接收机都拥有一个导航处理器。

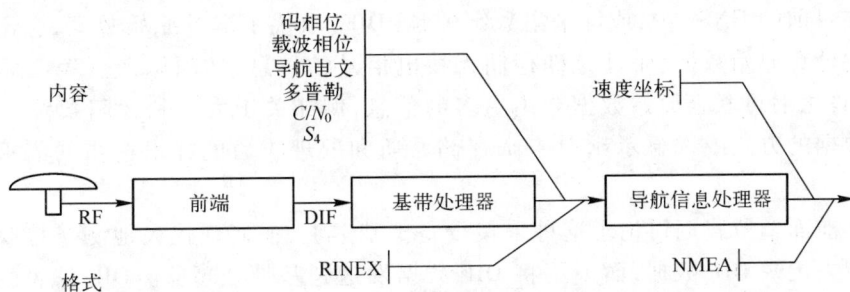

图 6.2　通用接收机结构

让我们看一些例子。大地测量接收机常用 RINEX 格式收集原始数据,只有这种 RINEX 格式应用于大地测量软件进行精密坐标估计,而且仅原始数据用于其他更高精度需求的应用,可以是实时或事后处理,诸如变形监测、勘测、卫星相位估计或者大气参数估计。

另一方面,我们看一看导航应用,会发现相同的趋势。现代航空导航应用 GNSS 和惯性导航系统(INS)复合导航,这些系统可以在不同水平上集成,我们在第 7 章将看到这种集成的不同类型。现在我们仅说明在定位领域集成这些系统代替原始数据是没有优势的,特别是通过接收机计算用户坐标。演示这一结论的最简单的办法是看一看当有一颗或两颗卫星可用时的情况,这种情况可能出现在飞机机动期间。在这种情况下,GNSS 接收机一般不能定位,所以来自 GNSS 的信息根本无法用。在原始数据的水平上,所有信息能与来自 INS 的信息一起使用。

在导航应用的另一端,我们可以看到移动设备,把它们设计成最小的功耗、尺寸和重量。所以,导航处理器的功能被移到了设备通用处理器中。结果设备制造商可能只需要没有导航处理器的 GNSS 接收机。这一趋势不断发展,传统上以 FP-GA 或 ASIC 实现的基带处理器,也可以用通用处理器中的软件来实现。这种趋势反映在制造商已经开始将一些设备称为 GNSS 接收机,尽管它们只是一个射频前端而没有导航和基带处理器。所以人们卖的这些设备显然不是接收机,而是前端,因为它们缺少接收机必备的部件。

与移动应用相比,在大地测量和高端导航接收机中有没有导航处理器,对于用户来说价格、重量、尺寸方面没有太大的区别。但是,将其嵌入可能会便利得多,并且对于其他应用也可能是需要的。本书的目的是,我们可以按照这种带有基带处理器的方式完成接收机的描述。与处理 GNSS 原始数据相关的所有功能被认为是与接收机任务分离的,它可以用接收机中嵌入的处理器来实现,也可以用设备通用处理器,或车载 CPU,或外置计算机,或其他方法来实现。

我们可以在类似高端照相机方面看到同样的趋势。这里取代用户的是照片,可以用许多冗余的数据记录一个快照的原始数据,这些数据对后续的处理非常有用。在目前的 GNSS 中,或许采集数字中频(DIF)取代了记录原始数据,它不仅允许我们计算原始数据,而且允许存储无线电信号的信息,如闪烁,它(第 7 章将讨论)或许之后可联合原始数据导出更多的信息,例如关于大气和太阳条件。GNSS 采集数据的方式或许显示出对未来存储介质和处理能力的技术进步的需求越来越多。

在前面章节我们讨论了这种采集设备。基本上,任何现代大地测量接收机都可以转去记录 DIF 数据,而不用将 DIF 数据发送到基带处理器。DIF 信号的质量取决于射频前端的质量。记录的 DIF 信号不仅允许分配给 GNSS 观测,也可以分配给信号本身。

6.2　一　般　操　作

本节我们讨论基带处理器在软件接收机中具体实现的一般操作。基带处理器的原理如图 6.3 所示。图中的方框给出了基带接收机的主要操作,其中许多工作是通过分配到多条线程实时实现的。方框输出展示了数据,这些数据在每个过程中计算出来。

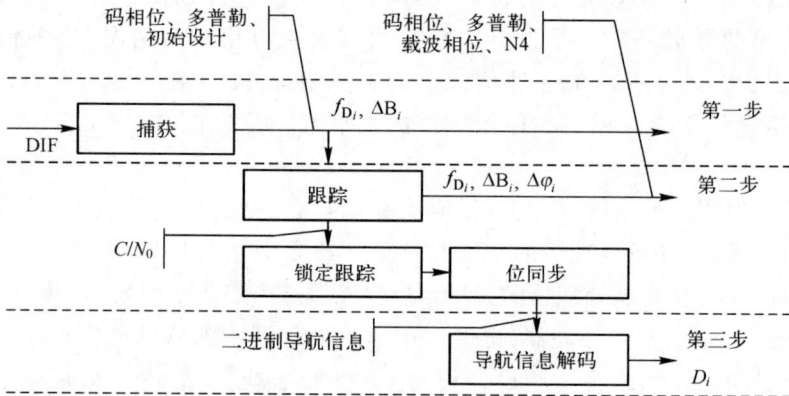

图 6.3　软件接收机基带处理器

提供给基带处理器输入的射频信号是数字格式,在式(3.21)中我们把来自卫星的 GNSS 信号描述为

$$A = A_0 \sin((\omega_0 + \omega_1)t + \varphi) \cdot D \cdot B \tag{6.1}$$

式中:ω_0 为信号中心角频率;ω_D 为多普勒角频率;D 为扩频码;B 为导航电文。这里将修改这一等式,使其能描述来自多颗卫星的信号。码观测和相位观测仅以相关观测存在,所以它们可以与接收机产生的复制信号相关。我们需要记住,虽然接收机时间刻度不固定,但这不能给出任何额外的信息。来自多颗卫星的信号如下式所示:

136

$$\sum_i^N A_i = \sum_i^N \{A_{0i}\sin((\omega_0 + \omega_{D_i})t + \varphi_i) \cdot D_i \cdot B_i\} \qquad (6.2)$$

式中：N 为卫星数。

基带处理器的目的之一是从名义频率 $f_0 = \omega_0/2\pi$ 找到信号的多普勒频移 $f_{D_i} = \omega_{D_i}/2\pi$，码相位 $\Delta B_i = B_i - B_R$，载波相位 $\Delta\varphi_i = \varphi_i - \varphi_R$，编码导航电文 D_i，并估计每颗卫星的信号幅度 A_{0i}。接收机产生的复制信号是以接收机的时标给出 B_R 和 φ_R，还有一些能从信号中推导出来的附加信息，例如载波和编码随时间波动的统计。

捕获的意图是通过找到式(6.2)中多普勒频移 f_{D_i} 和码相位 ΔB_i 的近似值启动处理。这些近似值随后转换为跟踪，在码跟踪环中 ΔB_i 和 f_{D_i} 的值将得到改善。跟踪也包括载波跟踪环，其载波相位得到改善。最后的操作是通过位同步操作记录导航电文 D_i。

基带处理器在一些只提供捕获功能的应用中可以简化。当仅有很短的可用快照 GNSS 信号时，这些应用可提供快照定位。在这种情况下，通常从导航电文上下文推出的星历信息由外部提供。定位算法也能解决码观测模糊问题，因为扩频码自身是重复的。例如，GPS L1 C/A 码大约每 300km 重复一次，对于长码这变成了次要问题。在通用和软件 GPS 接收机中，GPS 捕获与跟踪方法得到了很好的发展[1-6]。我们用本书附带的实时软件接收机 iPRx 进行讨论。

6.3　捕　　获

6.3.1　搜索捕获区

捕获的目的是在输入的 DIF 信号中寻找解码的扩频码信号。捕获从搜索一个特殊的卫星信号开始：

$$A_i = A_{0i}\sin((\omega_0 + \omega_{D_i})t + \varphi_i) \cdot B_i \qquad (6.3)$$

通常，捕获忽视导航电文 D_i 的存在，1bit 的 GPS L1 导航电文含有 20 个扩频码序列。

捕获过程如图 6.4 所示。捕获的第一步是通过将信号与复制载波相乘来移除信号中的载波相位。我们知道所有卫星发射的信号载波 f_0 的名义值，多普勒频移 f_{D_i} 主要由卫星运动决定，卫星运动速度大约为 4km/s，沿接收机视距可达 800m/s，对静止或低动态用户多普勒频移统计值为 ±6kHz，对高动态用户可达 ±10kHz。这一范围就是从输入信号搜索载波的范围。如第 4 章所讨论的，一些多普勒频移是在信号通过地球大气层传播时引入的。接收机时钟漂移也表现得和输入信号的多普勒频移一样。所以，我们需要在可能大的多普勒频移范围内搜索，以修正输入信号频率。

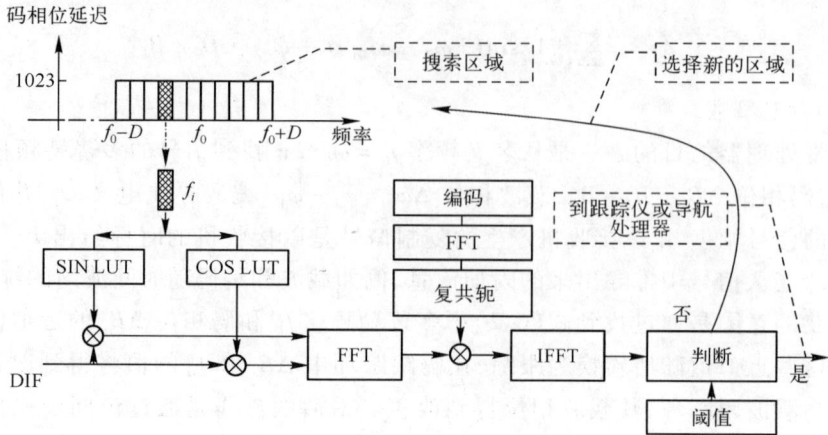

图 6.4 软件接收机捕获

之后我们检查其余信号是否含有卫星 PRN 码。为达到这一目的,我们在接收机中复制产生卫星扩频码,并检验复制码和输入信号是否相关。为了完成这些工作,我们看一下复制码和输入信号的卷积。

我们不知道卫星与接收机天线相距多远,所以我们需要通过所有输入信号和复制码之间的所有移动来进行搜索。因此,搜索在二维空间进行,名义频率的码时延和频率偏移取决于多普勒频移。这种搜索通过强制方法执行,对所有可能性顺序进行。这对软件接收机来说太长了,因而引出了一些优化搜索速度的方法。

软件接收机的捕获与硬件接收机略有不同,因为软件接收机更适合计算机上的顺序操作,而硬件接收机需要在 FPGA 或 ASIC 平台上并行实现这些搜索,这是软件接收机比硬件接收机更慢的一个原因。即使采用多核多处理器的计算机,软件接收机也不可能胜过具有多个相关器的硬件接收机,硬件接收机或许有超过十几万个相关器并行工作。然而,一个现代软件接收机,如本书附送的 iPRx,能够在 1s 内捕获定位所需的卫星数量。捕获时间取决于计算机性能和信号强度。如图 6.4 所示的算法流程显示了并行码相位搜索算法,它采用了循环修正,包括快速傅里叶变换(FFT),不再需要进后续迭代和算法优化[7,4]。

6.3.2 循环相关算法

FFT 在当今软件接收机捕获中扮演着重要角色。傅里叶最早提出他的方法时,因为拉格朗日认为这种方法对于方波函数无法操作,被大家拒绝了。具有讽刺意味的是,这一函数正是本节所要讨论的。

多普勒频移搜索范围可以划分为一定数量的频点。捕获搜索的思路是将输入信号与本地所产生的复制信号的所有可能的频率(由频点数量定义)和时延相乘。正确的频点和时延会获得最大的相乘结果。搜索通过顺序乘以 DIF 信号进

138

行。方法是将来自卫星的数字化、下变频射频信号的 DIF 信号与每个频点的频率相乘(图 6.4)。通过这种相乘,DIF 信号转换为基带(也就是载波从信号中分离)。然后,变换得到的基带信号与接收机产生的本地复制扩频码相比较。最大的相关峰值给出了一个候选码相位。搜索码时延可以通过各种码长度进行,对于 GPS L1 C/A 码是 1023 个码片,每个步进是 0.5 个码片。

另外一种方法是,我们最初可以将输入信号与扩频码相乘,然后是与频率相乘。在这种情况下,采用快速傅里叶变换算法可以显著提高速度。输入信号与具有不同延时的扩频码相乘的结果可以一步变换到频率域并进行频域分析。如果复制的扩频码具有和输入信号一致的时延,乘积将使输入信号解扩。乘积的信号频谱将以峰值显示多普勒频移。快速傅里叶变换可以以非常有效的运算方法实现时域到频域的变换。

但是,如果回到最初的方法,我们可以建立一个更快的算法。首先从输入信号中分离载波,然后在频域搜索时延。因为第一部分需要循序通过所有频率窗口,这需要在 iPRx 接收机中选择 18 到 72 种情况,以代替 1023 种可能的码延时。这样我们可以应用快速傅里叶变换将复制码和输入基带信号都变换到频域并在频域进行比较。这些信号都是扩频码,因此,正是这些信号导致傅里叶关于这些信号的变换在长达 15 年的时间都没有被接受。在找到频率相关后,反傅里叶变换(IFFT)在时域给出了相对应的时延。

全部算法可以表达如下:

$$\mathrm{IFFT}(\mathrm{FFT}(B_i) \times \mathrm{FFT}(R)) = B_i \otimes R \qquad (6.4)$$

式中:FFT(IFFT)为傅里叶(反傅里叶)变换运算;B_i 为输入的基带信号;R 为接收机生成的复制扩频码。

等式左面部分给出了如图 6.4 描述的准确循环相关算法,必须指出在等式里傅里叶变换操作只是为了便于相应的计算。请注意,FFT 只是傅里叶变换操作的算法之一。等式右面部分是两个信号的卷积,意味着采样变换的采样以及两个时域信号的乘积(图 6.5),结果矢量在将等式变换为码相位时存在可识别的峰值,这种类型算法称为循环,因为它通过输入基带信号与接收机复制码之间的所有可能的时延在循环的缓存器中变换。

扩频码特性决定了自相关函数的形态(见第 3 章)。复制的扩频码与输入基带信号之间的变换可以以半个码片的步进进行。图 6.6 和图 6.7 给出了 BPSK Gold 码(GPS L1 C/A 码信号)与 BOC(1,1)(L1C)码各自的自相关函数。图 6.8 给出了在 8 信道 iPRx 接收机中搜索 GPS C/A BPSK 码区域的典型相关输出。

为了应用 FFT,我们需要的信号采样数为 $2N$。所以,为获取 FFT 的优势,我们需要以 0 补足信号采样。然而这将降低相关的性能。否则,FFT 的性能与标准的数字傅里叶变换(DFT)相同。有几种捕获算法[4,6],但是基于 FFT 的循环相关算法是目前软件接收机的最佳选择。

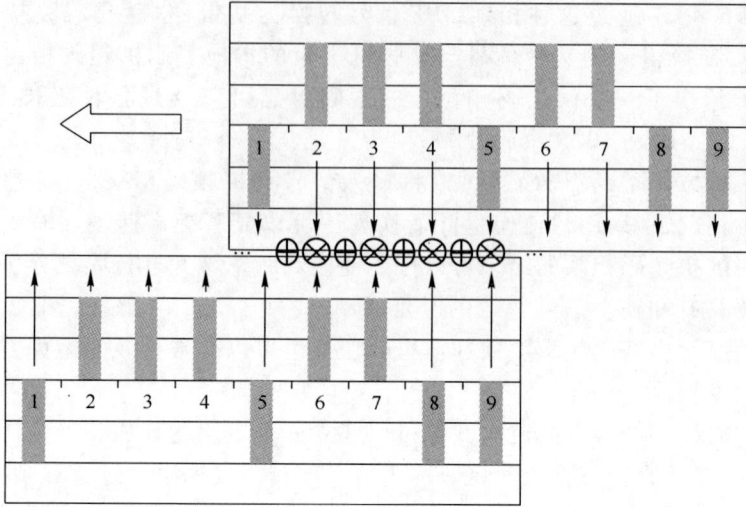

图 6.5　卷积过程示意图

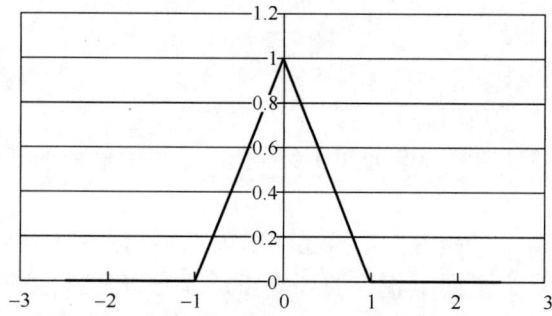

图 6.6　BPSK Gold 码的自相关函数

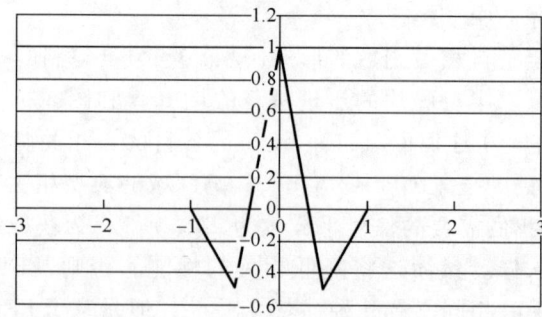

图 6.7　BOC(1,1)码的自相关函数

140

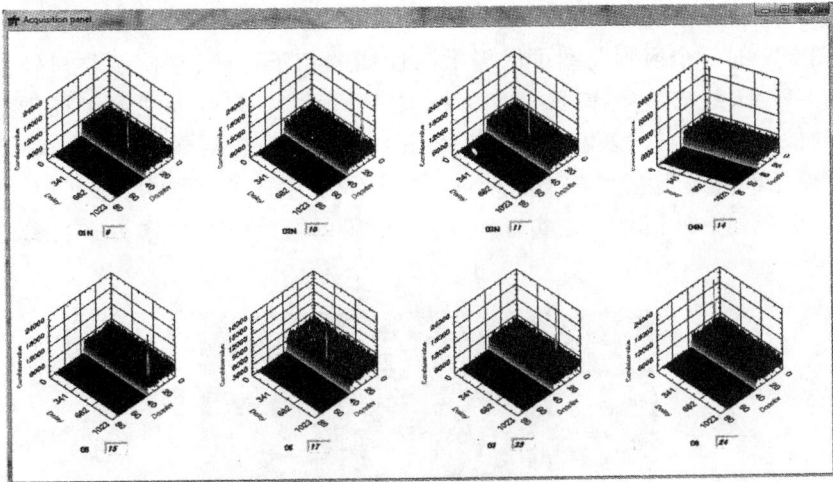

图 6.8　iPRx 捕获界面

当循环相关算法产生输出时,我们需要估计是否是卫星信号的贡献。做出决定通常基于 1 类误差和 2 类误差的门限和概率,即错误检测误差和未检测的误差。门限不能一次设置也不能永久不变,它首先依赖于信号强度,所以对于不同的天线和不同的环境是不一样的。为了使这种处理自动化,我们需要估计每个时段的底噪。这可以通过捕获卫星的结果实现,它表现在信号中。另一种选择是以并不存在的 PRN[4] 捕获信号实现,或者以更大的频率偏移捕获信号来实现。

6.3.3　相干与非相干积分

假定我们要在 nms 的 DIF 信号中发现 GPS 信号,我们可以用两种方法实现:一种方法是处理码长度序列内的信号块(对 GPS L1 C/A 码是 1ms),然后对 n 个捕获结果求和,这称为相关积分;另一种方法是从 n 个重复的 GPS C/A 码中构建 nms 的复制信号,然后运用前面小结中提供的对于总共 nms DIF 信号的捕获算法。在这种情况下,相关积分的信噪比将很高。

但是,还有一些问题,它限制了相关积分的应用。

(1) 在 GPS C/A 码信号上单个 bit 导航电文有长度为 20 的完整扩频码序列,相应的占用 20ms 信号长度。如果输入信号有一个导航 bit 传输,那么这一 bit 的码的极性将会改变,相关积分的全部结果将降低。处理时间的代价可以整合,例如,输入 20ms 信号与 20ms 复制码,将产生 1bit 传输,其余的则没有。

(2) 与理想复制码相比,接收机时钟不稳定性、来自卫星与接收机天线运动的多普勒频移将影响输入信号的扩频码的性能。也许构造复制码将补偿这些变化,但是处理的负担代价会妨碍任何准实时的实现。不同的比较算法在文献[8]中有详细的讨论。

传统的硬件接收机很少受到第一个问题的限制,因为它以硬件实现相关,所以

141

它能够以依赖自身准确的时钟优化组合相干和非相干积分。

如图 6.9 的一个射频前端可以提供高性能的相干积分,它使接收户外信号成为可能。一副天线安装于户外,一副天线安装于室内。户外天线可以提供解码导航电文的信号。室内天线提供较低信噪比的信号。只要射频前端时钟稳定度允许,通过使用额外的卫星多普勒和来自于室外天线生成的导航电文 bit 解码,人们几乎可模糊积分室外信号。在实际应用中,解码的导航电文可作为来自参考站的外部修正。

图 6.9　高灵敏度搜索的多天线前端

6.3.4　频率分辨率

低端的接收机特别是蜂窝电话接收机的基带处理器可能只有一种捕获。它们利用仅有的 GNSS 信号快照实现快照定位。在这种情况下,基带处理器只需要输出码时延。捕获码时延的精度基本上受 DIF 采样率的制约。我们不可能将带有接收机复制码的输入基带信号与精度更好的采样重合。例如,对于 16.367M/s 的采样,采样间距是 18.3m,这限制了距离测量。加上传播和接收机误差(表 3.3),可以给出用户误差范围的估计。距离误差乘以 DOP(第 1 章)所得到的乘积给出我们用户定位误差,当我们从 GNSS 接收机获取更好性能时,我们可以看到为什么 E911 服务说明书给定 50m 误差。这是因为,通常接收机实现跟踪环,可以提高精度,在这种情况下,它将受到码片速率限制。

如果基带处理器实现了跟踪环,它们通常使用码相位(或者码时延)和多普勒频率估计进行初始化,这些是在捕获中得到。为了使跟踪环锁定,捕获的频率由一定精度决定。频率分辨率可能适用于任何信号,具体取决于信号采样长度。可以引入一个数字角频率(定义为每个采样的弧度)如下:

$$\widetilde{\omega} = \frac{2\pi f}{f_s} \tag{6.5}$$

式中:f_s 为采样频率。

那么,从 K 个采样得到的频率分辨率可以定义为

$$\Delta\tilde{\omega} = \frac{2\pi}{K} \tag{6.6}$$

同样通过 $\Delta\omega$ 定义 Δf,可以通过经过处理的信号块的长度来表达:

$$\Delta f = \frac{f_s}{K} = \frac{1}{KT_s} = \frac{1}{\Delta T} \tag{6.7}$$

式中:T_s 为采样间隔;ΔT 是以秒为单位的处理信号的持续时间。这给出了信号长度需求。找到码相位一般需要几毫秒以上的时间。

6.4 软件基带处理器中的跟踪

在捕获阶段,接收机找到信号频率和码相位的近似值,变换为码时延,然后这些值传递给跟踪环。跟踪环改善这些值以达到更高精度并持续更新。有两种跟踪环,一种用于载波跟踪,另一种用于码跟踪。两种跟踪环均采用由爱德华·阿普尔顿爵士(Sir Edward Appleton)[10]开发的锁相环(我们在第 4 章已经提到过)。GPS 应用的载波跟踪和码跟踪的原理的详细内容在文献[1-6]中给出,码跟踪环和载波跟踪环上的一般信息的原理在文献[11,12]中可以找到。为了控制和弄懂本书附送的软件接收机,这里我们回顾一下这方面的详细技术实现途径是很有必要的。

为了从基带信号中恢复载波以及从载波中恢复扩频码,两种跟踪环可并行工作,并互相利用另一种的信息。这样的跟踪环结构如图 6.10 所示。码跟踪环估计码时延并应用它从 DIF 信号中删除码。无编码的 DIF 信号随后被载波跟踪环跟踪。载波跟踪环相应地估计载波相位并应用于最初的 DIF 信号,以便从中去掉载波。变换为基带的信号是由码跟踪环跟踪。

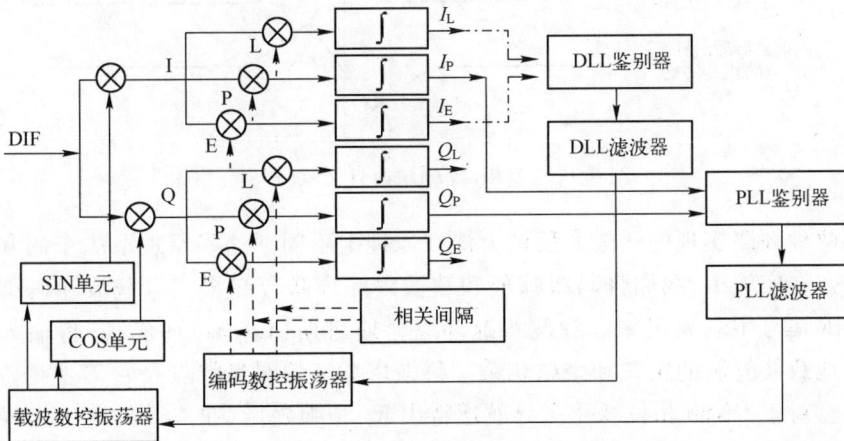

图 6.10　跟踪环(源自文献[13])

载波跟踪环设计为锁相环(PLL)。在锁相环中,鉴相器比较本地载波与输入信号的载波的相位并利用反馈调整相位,以保持相位差最小。码跟踪环,也称为时延锁定环(DLL),也设计成可以保持两个码的相位差最小。这样保持本地复制信号和输入基带信号的互相关最大。最简单的情况下,接收机移动半个码片产生3个本地复制信号。输入基带信号与复制信号的相关值由自相关函数决定。GPS C/A 码自相关函数以及3个复制码如图6.11所示。此图也给出了 Gold 码自相关函数的点,它应理想地与超前、同时和滞后复制信号一致。当输入信号与复制信号的相关值与图中所示一样时,同时复制信号与信号一致。图6.12所示是超前减滞后函数,它基本上是简单的超前减滞后 DLL 鉴相器,如图6.10所示。我们使用鉴相器是因为它允许我们仅保持超前减滞后观测值接近0,所以输入码在相位上与复制码一致。

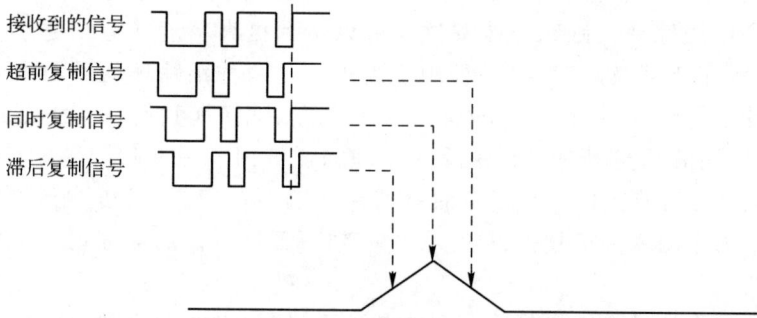

图6.11 超前、同时和滞后复制信号

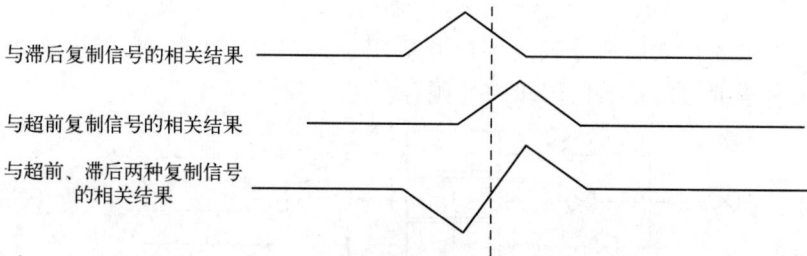

图6.12 鉴相器波形(源自文献[14])

这两种环路实现的比较和反馈方法在原理上不同。这些原理取决于码和相位鉴相器。在实施中,我们将码跟踪环和载波跟踪环联合起来[3]。载波和码都从输入的 DIF 信号中剥离出来。载波跟踪环以科斯塔斯(Costas)环实现,将输入的信号与本地载波复制的正弦和余弦相乘。科斯塔斯环的明显特点是它不受相位变化的影响。对于 GNSS 相位变化由导航比特引起,相乘之后,在 Costas 环中出现同相(I)分量和正交积分(Q)分量。I 支路输出调制信号,表现为导航电文比特序列。如果去除导航电文,那么载波跟踪环输出的 I 支路将是0。I 和 Q 输出合并,通常是与码长度相等的片段。

为了保持相位差最小,我们构造载波鉴相器并根据它们的值产生反馈。鉴相器的特征是其值为相位差的函数。相位差应当有一定限定,使鉴相器能够对信号保持锁定。载波跟踪环的最普通的鉴相器可以定义如下:

$$D_{PLL1} = Q_P \times I_P \tag{6.8}$$

$$D_{PLL2} = D_P \times \text{sign}(I_P) \tag{6.9}$$

$$D_{PLL3} = \arctan\left(\frac{Q_P}{I_P}\right) \tag{6.10}$$

这些鉴相器有以下性能[3]:式(6.8)定义的鉴相器 D_1 在较低信噪比(以 2 倍相位差的正弦($\sin(2 \cdot \Delta\varphi)$)表示输出相位误差)时的性能接近最优;式(6.9)定义的鉴相器 D_2 在较高信噪比,以相位差的正弦表示输出相位误差时的性能接近最优;式(6.10)定义的鉴相器 D_3 有最优性能,它需要更多的运算,通常由查表实现。其输出相位误差由相位差 $\Delta\varphi$ 决定。这些鉴相器性能如图 6.13 所示。

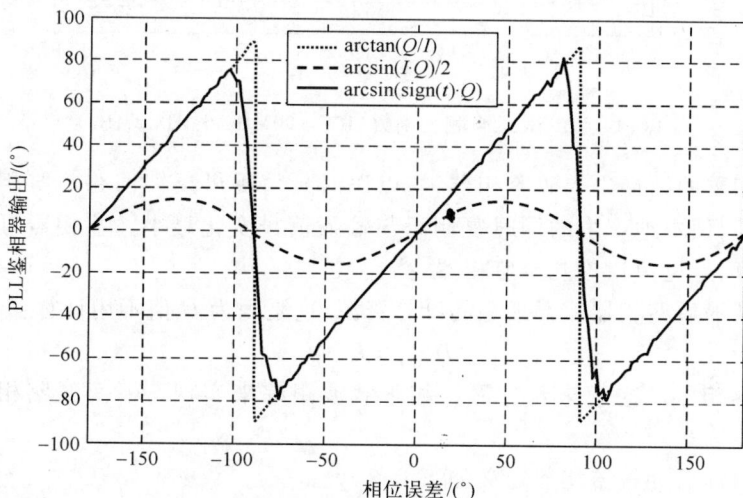

图 6.13　锁相环(PLL)鉴相器

为了提供码跟踪功能,I 支路与 Q 支路都与处理器建立的本地复制码相乘。这些复制码是同时、超前和滞后等版本。这些复制码直接实现的数量由一个码片长度采样数决定。输入基带信号与这些复制码相乘的结果取决于扩频码自相关函数的形态(图 6.11)。

同时复制码最初产生时与捕获步骤的码相位估计一致。超前或滞后的复制码通过一些码相位变化产生,称为相关间隔。这一移相可以设定在 1/2 码片长度到更小值范围内。复制码间相关间隔越小,跟踪环越准确,但是因为用户动态,更容易失锁。基本上,复制码相关间隔由采样速率限制。进一步减小相关间隔不能提高性能,这是因为真实的基带信号是梯形而不是矩形[1]。如果相关器间隔变小,当

145

它小于上升沿时间时环路性能会提高。

如在前面章节看到的,射频前端带宽会影响基带处理器的性能。一些高频分量在信号通过射频前端的路径上被滤掉。受减小采样频率的影响,基带处理器中信号处理算法的分辨率也下降。我们可以看到,窄带滤波器改变了相关峰值的角,前端带宽为 20MHz、6MHz、2MHz 时 GPS L1 C/A 码的自相关函数如图 6.14 所示。

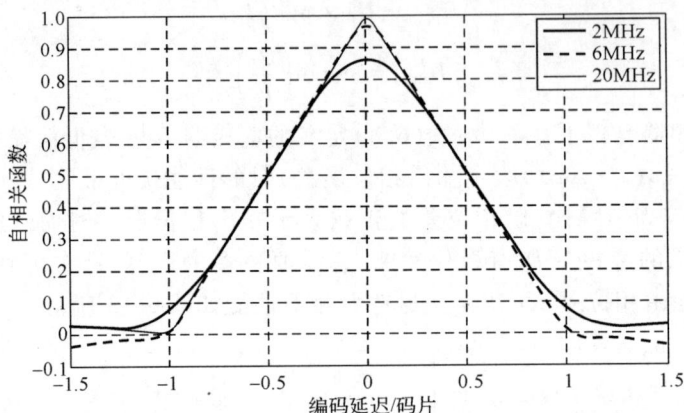

图 6.14　BPSK 的自相关函数(BW = 20MHz,6MHz,2MHz)

所有相乘的结果进入码鉴相器,它以码时延值提供反馈回路。鉴相器的目的是产生反馈,使本地产生的同时复制码与输入信号变化最小。鉴相器可以用不同的方法计算,这里只讨论几个鉴相器[3,6]。

超前减滞后鉴相器需要最小的计算资源,这是因为 Q_i 值不用计算:

$$D_{\mathrm{DLL1}} = I_{\mathrm{E}} - I_{\mathrm{L}} \tag{6.11}$$

这是相干鉴相器。这意味着它需要相干载波跟踪来实现。下面的鉴相器是非相干的。

超前减滞后加权鉴相器定义如下:

$$D_{\mathrm{DLL2}} = 1/2(I_{\mathrm{E}}^2 + Q_{\mathrm{E}}^2 - I_{\mathrm{L}}^2 - Q_{\mathrm{L}}^2) \tag{6.12}$$

点积使用所有输出:

$$D_{\mathrm{DLL3}} = I_{\mathrm{P}}(I_{\mathrm{E}} - I_{\mathrm{L}}) + Q_{\mathrm{P}}(Q_{\mathrm{E}} - Q_{\mathrm{L}}) \tag{6.13}$$

图 6.15 给出了 DLL 鉴相器。图 6.13 和图 6.15 给出基带信号 0 上升时间的理想的鉴相器性能。超前减滞后鉴相器对于软件接收机很重要,因为它们不需要同时支路输出。每个支路需要与采样数成一定比例的运算次数。I 和 Q 值的计算显示出了软件接收机的计算瓶颈。因此,去掉一个支路可以显著降低运算量。

如果我们有多于 3 个的复制码,则可以设计更复杂的鉴相器,计算诸如由多径引起的自相关函数的形态变化。

在接收机运行期间可以调整相关器的间隔(作为信号质量的函数)。

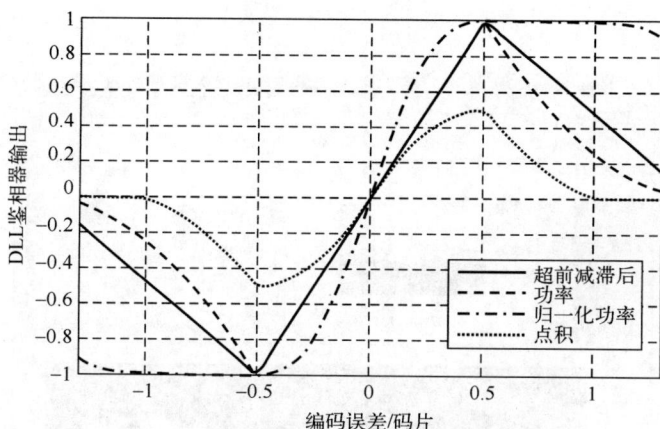

图 6.15　DLL 鉴相器

一个接收机可以使用多于 3 个的复制码。从 15 个相关器输出的 iPRx 接收机相关器图形如图 6.16 所示。直接实现的相关器数量受 DIF 采样率限制。

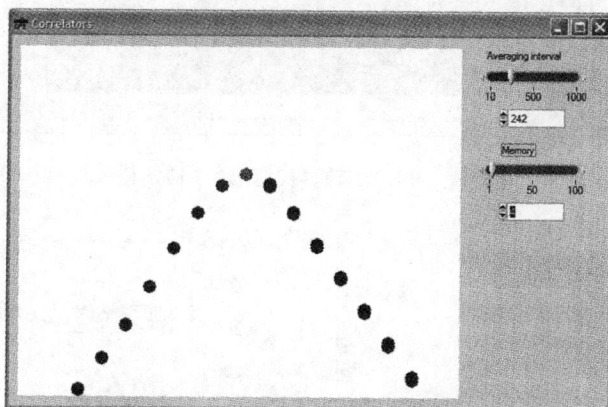

图 6.16　iPRx 相关器界面:15 个相关器输出

环路的阶数由环路传递函数分母的最大幂次决定。随着锁相环阶数的增加，它趋于补偿下一个更高的输入引起的瞬时变化。码跟踪环的阶数通常小于载波跟踪环,因为载波跟踪为码跟踪环提供内部辅助,且补偿大部分的动态。这样码跟踪环带宽小于载波跟踪环带宽。

我们可以在 iPRx 接收机跟踪界面上看到 I 和 Q 输出的例子。I 支路输出解调的数据符号(实际上是导航电文的数据序列)。在 $I - Q$ 图形上,我们可以看到码跟踪环影响了大部分 I 支路的性能,而 Q 支路给出载波跟踪误差。图 6.17 ~ 图 6.19 给出了在 iPRx 接收机界面上同时和超前通道的 I、Q 信号输出。iPRx 的 $I - Q$ 图显示了跟踪环进入过程的动态。如果 DLL 锁定而 PLL 失锁,那么 $I - Q$ 图上的点开始旋转(图 6.18)。相反,如果 PLL 锁定而 DLL 失锁,图上的点向一起靠拢但不旋

147

转(图 6.19)。

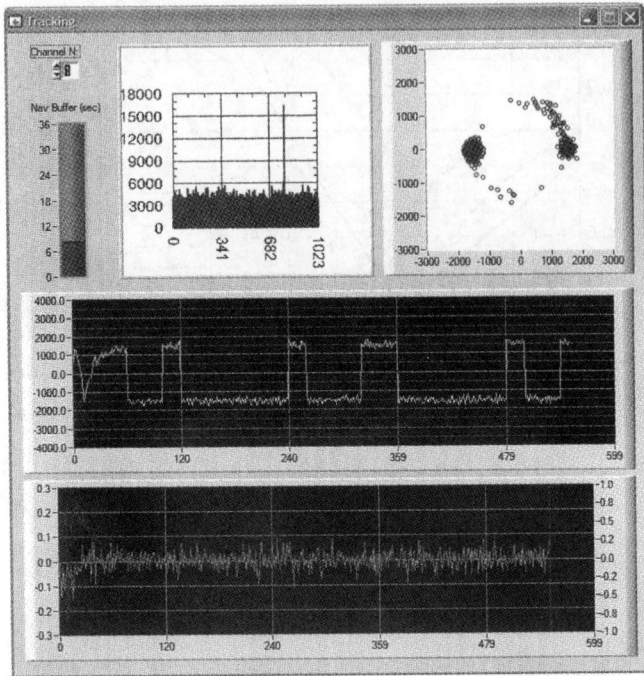

图 6.17 iPRx 跟踪界面:跟踪环锁定信号

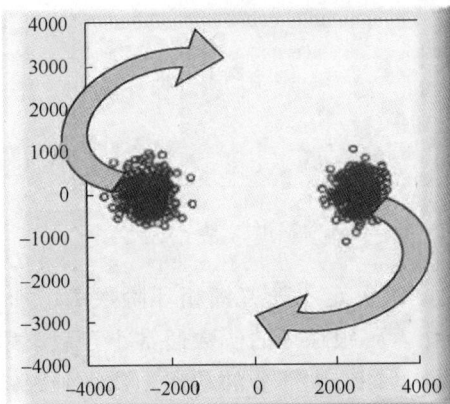

图 6.18 iPRx 跟踪界面:
PLL 未锁定时 I/Q 反应

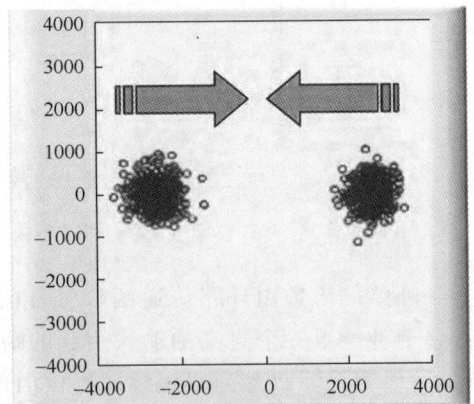

图 6.19 iPRx 跟踪界面面板:
DLL 未锁定时 I/Q 反应

为了降低鉴相器计算信号包络的运算量,开发了各种近似方法[3]。Robertson 近似为

$$\sqrt{I^2 + Q^2} \approx \max(|I| + 1/2|Q|, 1/2|I| + |Q|) \qquad (6.14)$$

接收机通常运用 3 个以上的相关器。相关器的价格非常便宜,以至于在硬件

接收机中基本上是随便使用。对于软件接收机,运算量的原因使得额外的相关器极其昂贵。但是,对诸如降低多径和干扰影响之类的特定应用,相关器的效用受到了限制[3]。

硬件接收机的相关器也用于捕获(软件接收机通常用 FFT 实现捕获)。在这种情况下,多个相关器对于快速捕获、高灵敏度和室内接收机极其有用,特别是相关器能大规模地实现的话。接收机可能要好几万个相关器才能胜任室内定位。为了实现室内定位,接收机一般使用快照定位,但并不提供跟踪。

基带处理器也能实现频率跟踪,这可看作差分载波相位跟踪。基本上所有的频率锁定环(FLL)鉴相器都会遭遇导航电文位符号的变化。决策引导叉乘鉴相器[1]由两个鉴相器构成,以检测和补偿符号变化:

$$D_{\mathrm{f}} = (I_{i-1}Q_i - I_iQ_{i-1})\,\mathrm{sign}(I_{i-1}I_i - Q_iQ_{i-1}) \tag{6.15}$$

频率跟踪很少用,更多是在跟踪开始或在特殊条件下应用,如存在干扰使相位跟踪较困难时。

每个环路的误差由鉴相器计算。鉴相器以接收信号与复制信号之间的变化的函数描述误差。环路滤波器负责如何操控这一误差。有 3 种类型的滤波器[3]。一般接收机采用二阶环路。在这种情况下,能够提供复制码和载波频率的数字振荡器(NCO)可以通过误差变化信息加以控制。一阶滤波器用误差值的信息控制数字振荡器(NCO)。除了二阶滤波器,iPRx 接收机也允许我们实现一阶 DLL 和三阶 PLL。一阶 DLL 可以用于惯性导航系统(INS)辅助模式。图 6.20 给出了 iPRx 一阶 DLL 跟踪界面。图下部显示码误差和载波误差。我们能看到码误差由时延补偿,因为环路不能使用误差率信息。

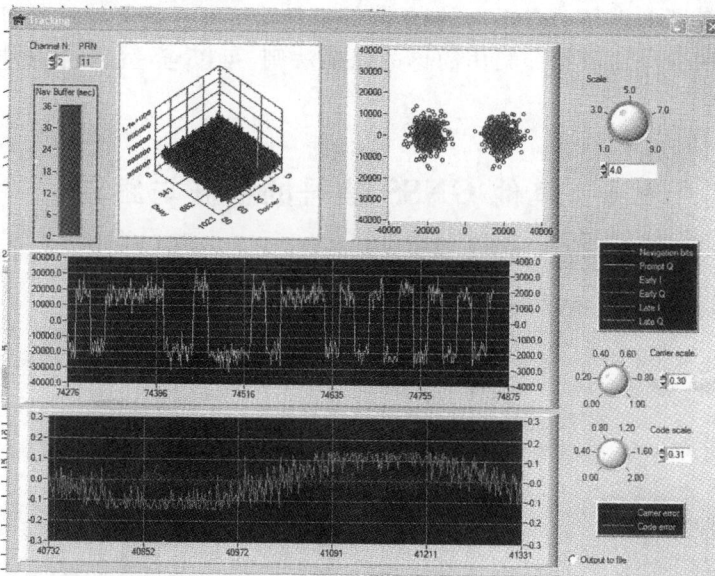

图 6.20　iPRx 跟踪界面:一阶 DLL、二阶 PLL

三阶滤波器使用误差率变化信息控制数字振荡器(NCO)。我们必须注意三阶环路的带宽被限制在18Hz以下[3]。因为有限的带宽,它也要求如惯性导航系统这样的外部辅助。在高动态情况下,因为抖动,这一环路对加速度不敏感。图6.21所示为一个iPRx的三阶PLL跟踪界面。我们可以看到有一个载波相位误差不能补偿的常数,也注意到$I-Q$图有一个斜角。FLL显示相同的特性。

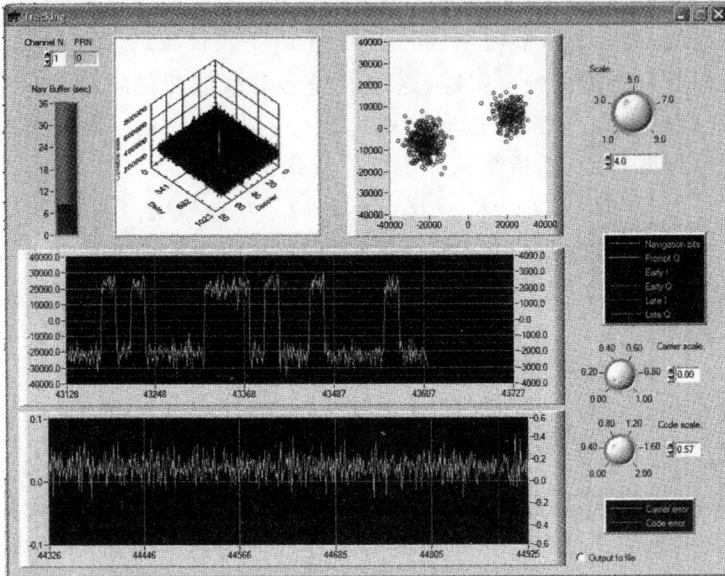

图6.21 iPRx跟踪界面:二阶DLL、三阶PLL

较宽的带宽允许高动态跟踪,但是降低了跟踪精度。在软件接收机中,可以在传输过程中改变环路带宽。利用简单的经验法则,可以通过信噪比测量来完成这一操作。

6.5 其他 GNSS 信号的捕获与跟踪

6.5.1 GLONASS 信号的捕获与跟踪

为了搜索 GPS L1 C/A 信号,我们需要由码长度和码片变化长度决定的一系列变化:

$$n = \frac{N}{d} \tag{6.16}$$

式中:d 为相关间隔。

为了捕获 BPSK,我们可以选择 d 等于最大值 0.5 进行搜索。GPS L1 C/A 的码片数是 1024,GLONASS 的码片数是 511。所以,初始搜索区间如下:

150

$$\begin{cases} n_{\mathrm{LIC/A}} = 2048 \\ n_{\mathrm{SP}} = 1022 \end{cases} \tag{6.17}$$

式中：$n_{\mathrm{LIC/A}}$ 为 GPS 搜索区间；n_{SP} 为 GLONASS 搜索区间，对 L1 和 L1 SP 信号是一样的。

6.5.2　BOC 信号的捕获与跟踪

为了捕获 BOC 信号，可以用同样的循环相关方法。区别在于 BOC 信号有多个峰值并且需要更多的多普勒窗口去搜索。

一个理想的 BOC(1,1) 的自相关函数如图 6.7 所示。我们可以看到 GPS L1BPSK 码需要的半个码片距离在这里是不需要的。图 6.22 显示射频前端带宽为 20MHz、6MHz 和 2MHz 的 BOC(1,1) 的自相关函数。带宽越宽，相关越尖锐。我们可以看到 2MHz 带宽对于 BOC(1,1) 是不够的，因为其主瓣是 4MHz。自相关函数的形态可提供更高精度和多径抑制（详见第 7 章）。

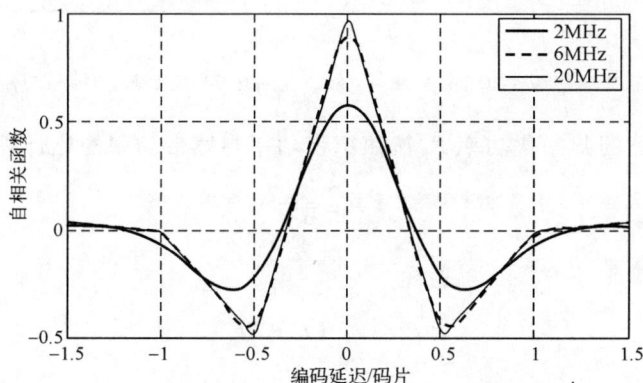

图 6.22　前端带宽为 20MHz、6MHz、2MHz 的 BOC(1,1) 自相关函数

6.6　锁定检测器

在接收机设计中，锁定检测器扮演着非常重要的角色。为了能够启动利用跟踪环的结果、启动采集测量值，我们需要确认跟踪环确实锁定了卫星信号。

通过观察接收机界面上的 I 和 Q 支路看信号是否锁定相对容易（图 6.17 ~ 图 6.19）。有多种自动进行这一过程的方法，我们将根据文献 [2] 实现这样的算法，基于对 $C/CN_0 - N_0$ 估计分析设计锁定检测器。这是因为码锁定是实现良好的 $C/CN_0 - N_0$ 的必要条件。锁定检测器可以定义如下：

$$\hat{\mu}_{\mathrm{P}} = \frac{1}{K} \sum_{i=1}^{k} P_i \tag{6.18}$$

式中:P_i 为第 i 个码片长度时隙的归一化功率;K 为间隔总数。

对于 C/A GPS 信号锁定检测器测量,$\hat{\mu}_P$ 是需要超过 50 个时隙,平均时隙总时长达 1s。

如果比较两个不同带宽的信号的功率,它能给我们一个总信噪比的指示。图 6.23 给出了跟踪环数字振荡器(NCO)的功率谱示意图。如果跟踪环锁定,那么功率谱上出现明显的峰值,并且窄带功率增加。如果环路没有锁定,峰值就会下滑,窄带功率下降(图 6.24)。

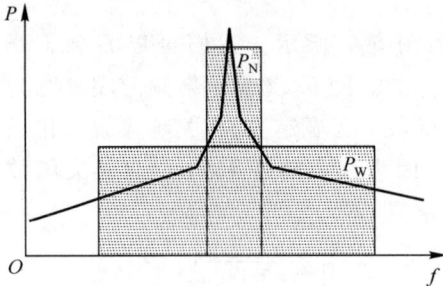

图 6.23 锁定时跟踪环 VCO 图谱   图 6.24 未锁定时跟踪环 VCO 图谱

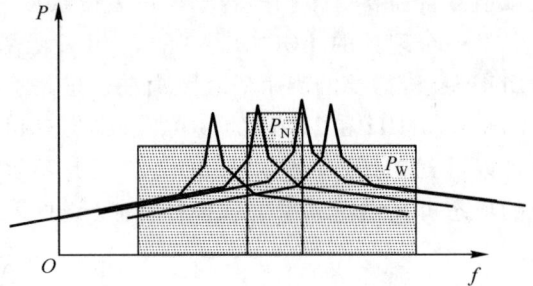

在每个时隙的归一化功率 P_i 按照窄带功率与宽带功率的比计算,即

$$P = \frac{P_N}{P_W} \tag{6.19}$$

其中的宽带功率定义为

$$P_W = \sum_{j=1}^{M} (I_j^2 + Q_j^2) \tag{6.20}$$

窄带功率定义为

$$P_N = \left(\sum_{j=1}^{M} I_j \right)^2 + \left(\sum_{j=1}^{M} Q_j \right)^2 \tag{6.21}$$

两者均在 M 个采样上计算。

信号锁定检测器测量值 $\hat{\mu}_P$ 是与门限进行比较并做出锁定判断的。

锁定检测器在跟踪环锁定后连续工作,以及时指示失锁。

同样的 $\hat{\mu}_P$ 测量值可用于 C/N_0 估计,即

$$\frac{\hat{C}}{N_0} = 10\log\left(\frac{1}{T} \frac{\hat{\mu}_P - 1}{TM - \hat{\mu}_P} \right) \tag{6.22}$$

6.7 位 同 步

在跟踪环锁定后,它开始输出测量数据。位同步的目的是对齐导航电文数据位,以便能够从信号中读出二进制导航电文。文献[2]描述了这一方法。

152

我们建立一个单元格计数器。单元格的数目等于1bit导航电文中的码片数。当跟踪环锁定时,单元格计数器在每一次同相支路改变符号时计数。我们可以将同相支路的输出看作导航电文的比特。单元格计数器在等于码长度的时隙关上单元格,这样改变同相支路的符号只能发生在单元格之间。每次改变同相支路的符号,计数器增加相应单元格里的数。位同步结果柱状图显示每个单元格发生变化的数。如果跟踪环完全锁定,那么可能发生所有变化并被计入同一单元格(图6.25)。有两个门限值。如果有一个单元格超过上限就认为位同步成功。如果有两个单元格超过下限,或者跟踪环检测器指示环路失锁,就认为位同步失败。如果位同步成功,那么位同步计数器不再有用。此后,只需要连续检查所有同相支路在同步计数时间指示位输出符号的变化。

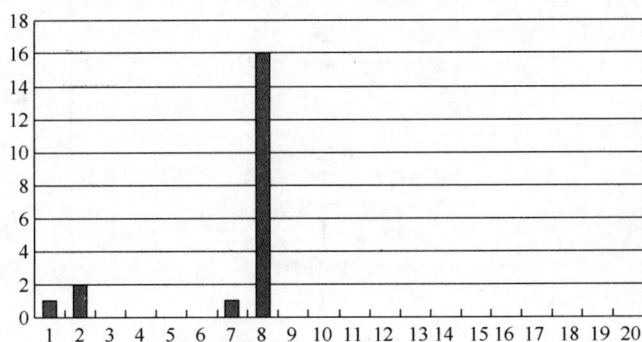

图6.25　位同步柱状图

6.8　测　　量

基带处理器能提供下面测量值:
(1) 码相位(伪距);
(2) 多普勒;
(3) 信噪比;
(4) 载波相位;
(5) 解码的导航电文。

我们已经在6.6节中讲述了如何用式(6.22)估计信噪比。

载波频率估计由载波跟踪环提供,多普勒是计算各个卫星的这些估计与中频信号中心频率的差,多普勒估计包含了前端时钟漂移。如果想去掉这些漂移,那么在定位算法估计伴随时钟误差的天线一致性之后进行进一步调整。载波相位测量也可以直接从载波跟踪环中得到。但是,码相位测量一般至少解码一帧导航电文后才能计算出来。

我们在位同步(6.7节)实现后开始接收导航数据。对GPS L1 C/A,6s后我们解调的电文部分长度等于 1 帧，从这些数据中，我们可以找到其中的时标。这一时标就是 Z – 计数，包含于每 6s 的 GPS 导航电文中。Z – 计数在 GPS 1.5s 的间隔给出时间。在解调 Z – 计数后，必须准确指出当前跟踪环指针在时间轴上的位置，特别是在接收到 Z – 计数之后和下一个 Z – 计数之前的时刻。这是使用 GPS 电文结构时必须进行的。跟踪环在时间轴上的位置指针给出了伪距观测，这一伪距观测包括前端时钟误差，所以它只有在从其他卫星得到一系列伪距后才有用。如图 6.26 显示了码相位在基带处理器中的计算过程。

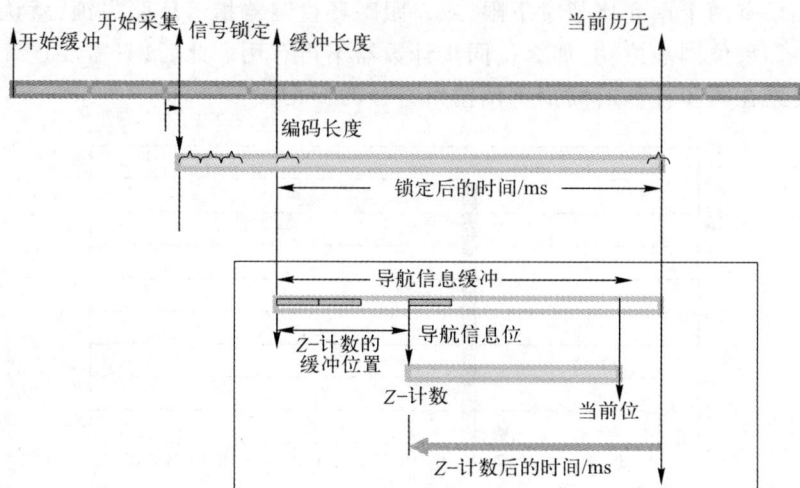

图 6.26　码相位测量计算

跟踪环在时间轴上的位置指针也允许我们准确指出发射时刻的卫星位置，这是定位计算步骤所要求的。

6.9　实　时　实　现

实时软件(RTS)接收机结构如图 6.27 所示。RTS 接收机必须在无限制时段上实时操作。所以，它在不同的线程植入了捕获、跟踪和导航(如果有导航)功能。前端和图形界面(GUI)也在不同线程植入。这导致实时软件接收机实现非常冗长，特别是在 Windows 操作系统的 PC 上。

前端将 DIF 信号置于缓存中。捕获和跟踪线程从缓存器中取得数据(图 6.28)。它们的操作以线程之间不相互冲突的方式组织起来。需要特别关注实时软件接收机，因为至少有 3 个线程试图分配相同的共享数据。

基带测量值定期从跟踪向导航线程传递发送。捕获线程以特定通道给跟踪线程提供初始码相位和频率数据。在跟踪线程，特定通道仅在从捕获线程获得这些数据后才启动，同时其他通道已经给导航线程提供跟踪测量。所有这些功能需要

154

引入线程安全变量和矢量,以及线程安全数据共享组件,如线程协调机制。

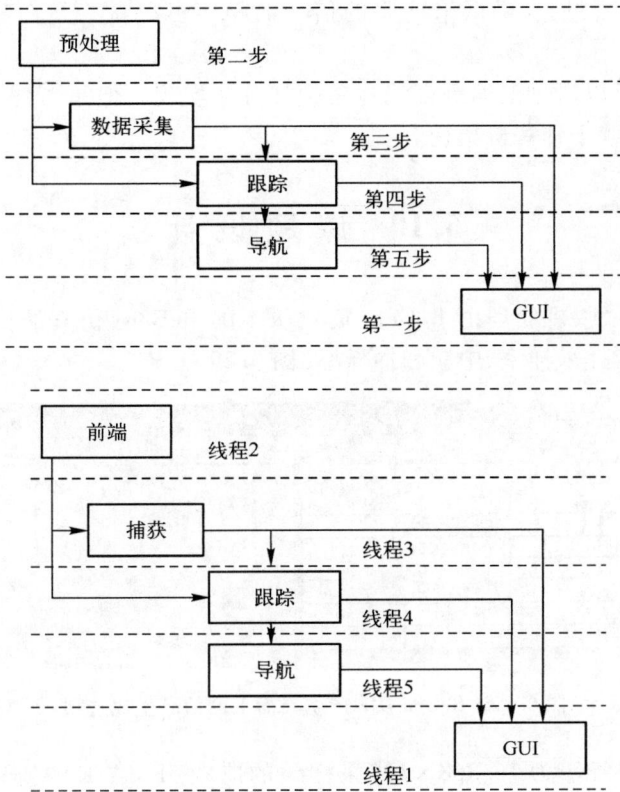

图 6.27　实时软件接收机实现

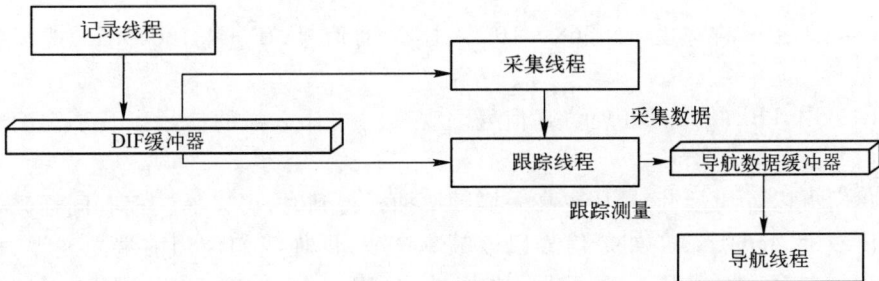

图 6.28　软件接收机缓存器的组织

　　实时应用也需要特别注意少数基带处理的地方,它消耗了大部分处理时间。有几种方法可以降低处理器运算量,本节进行简要介绍。

　　软件接收机实现最费时间的部分是超前、同时和滞后复制信号跟踪环的 I、Q 累加器。运行次数与采样和运算的次数成正比。降低运算量的方法之一是选择鉴相器,选择需要较少的运算次数。另一种方法是对数字信号抽样,我们只要记住为了使信号可用,信号带宽必须小于信号采样频率的 $1/2$。如果原始带宽由原

155

始采样率决定,那么抽样信号相应减小采样率后的带宽,所以必须滤波。带通滤波器将在抽样前使用。降低采样率的信号的噪声可以认为是白噪声(在设计抽样滤波器时)。

后续优化可以通过汇编语言编写瓶颈部分来实现。但是,这给支持代码带来困难,因为它依赖于计算机架构。

6.10　课 题 设 计

采用 iPRx 接收机处理由 ReGen(简化版本的 ReGen)仿真的信号。ReGen 模拟器允许我们选择采样率、中频和抽样率(图 6.29)。

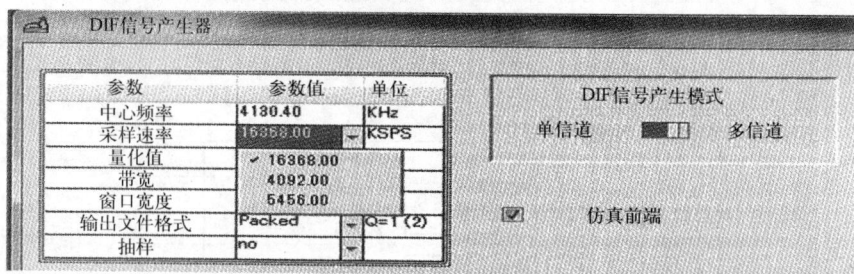

图 6.29　ReGen DIF 产生界面上的信号生成选项

(1)产生采样率为 16.368×10^6 采样/s 的信号,IF = 4.1304MHz。

(2)产生采样率为 5.456×10^6 采样/s 的信号,IF = − 1.3256MHz。提供前端滤波仿真。

(3)产生采样率为 16.368×10^6 采样/s 的信号,IF = 4.1304MHz,选择抽样率 3。

(4)用 iPRx 接收机处理仿真信号。观察需要什么样的信号以及不需要什么样的信号。

我们可以看到,当信号从更高采样频率抽样得到时,可以捕获拥有同样采样频率的信号(5.456M/s)。如果信号以该频率产生,即使我们使用前端滤波器,也不能捕获。在第一种情况下,滤波器(在抽样前)用于 16×10^6 采样信号。在第二种情况下,滤波器被用于 5×10^6 采样信号。

参考文献

[1] J. J. Spilker, *Fundamentals of Signal Tracking Theory*, in *Global Positioning System: Theory, and Applications*, Vol. I, B. W. Parkinson and J. J. Spilker (editors), Washington, DC, American Institute of Aeronautics and Astronautics Inc., 1996.

[2] A. J. Van Dierendonck, *GPS Receivers*, in *Global Positioning System: Theory, and Applications*, Vol. I, B. W. Parkinson and J. J. Spilker (editors), Washington, DC, American Institute of Aeronautics and Astronautics Inc., 1996.

[3] P. W. Ward and J. W. Betz, *Satellite Signal Acquisition, Tracking, and Data Demodulation*, in *Understanding GPS, Principles and Applications*, E. Kaplan, and C. Hegarty (editors), 2nd edition, Norwood, MA, Artech House, 2006.

[4] J. Tsui, *Fundamentals of Global Positioning System Receivers: A Software Approach*, 2nd edition, Hoboken, NJ, John Wiley and Sons, Inc., 2005.

[5] T. Pany, *Navigation Signal Processing for GNSS Software Receivers*, Norwood, MA, Artech House, 2010.

[6] P. Rinder and N. Bertelsen, *Design of a Single Frequency GPS Software Receiver*, Aalborg, Aalborg University, 2004.

[7] A. Oppenheim and R. Schäfer, *Discrete-Time Signal Processing*, NJ, USA, Prentice-Hall, 1999.

[8] N. I. Ziedan, *GNSS Receivers for Weak Signals*, Norwood, MA, Artech House, 2006.

[9] S. J. Orfanidis, *Optimum Signal Processing*, 2nd edition, New York, NY, McGraw-Hill Publishing Company, 1988.

[10] E. V. Appleton, The automatic synchronization of triode oscillators, *Proc. Camb. Phil. Soc.*, 21, 1922–1923, 231–248.

[11] R. E. Best, *Phase-Locked Loops: Design, Simulation, and Applications*, 5th edition, New York, NY, McGraw-Hill, 2003.

[12] F. M. Gardner, *Phaselock Techniques*, Second Edition, New York, NY, John Wiley and Sons, Inc., 1979.

[13] E. D Kaplan and C. J. Hegarty (editors), *Understanding GPS, Principles and Applications*, second edition, Boston, MA, Artech House, 2006.

[14] P. S. Jorgensen, *Ionospheric Measurements from NAVSTAR Satellites*, Report SAMSO-TR-79–29 (Space and Missile Systems Organization), Air Force Systems Command, December 1978.

习题

【习题 6.1】改变 iPRx 接收机的 PLL 和 DLL 带宽，观察 PLL 和 DLL 锁定在信号上时的 I/Q 特性（这一题目更多内容见第 12 章）。

第7章 多 径

本章讨论多径误差。这一误差与我们深入讨论的其他 GNSS 误差的区别是它会影响基带处理器。多径误差是信号通过不同的路径进入天线而产生的。这些附加的路径是不同表面反射信号的结果。当我们讨论如何在信号模拟器中模拟这些误差时,多径误差与其他误差的区别显而易见。除闪烁外的所有其他误差,在我们构建场景时就建立了。在这种状态下,可以生成的 RINEX 观察文件反映了所有这些误差,包括对流层和电离层延时、时钟误差及轨道误差。所有这些误差只是加到码相位和载波相位上计算卫星到天线的路径。当我们在 DIF 发生器中从场景生成信号时多径误差便产生了。实际上,我们对每一个附加信号路径生成一个附加信号。通过移相和幅度衰减复制模拟的卫星信号可以建立 DIF 发生器中最简单的多径误差。

7.1 多径误差及其仿真

GNSS 信号可以经过 1 条以上的路径到达接收机天线。它可能直接来自于卫星,或者经过其他表面反射后到达。可以将 GNSS 信号表述如下(见第 3 章):

$$A = A_0 \sin(\omega t + \varphi) \cdot D \tag{7.1}$$

式中:D 为 C/A 码。

这里可以省略导航电文,因为多径仅通过码元影响信号。多径信号可以用下式描述(见第 3 章):

$$A_M = k_M \cdot A_0 \cdot \sin(\omega t + \varphi + \varphi_M) \cdot D(\varphi_M) \tag{7.2}$$

式中:k_M 为信号衰减;φ_M 为延迟。

到达接收机的总的信号能够表示为多个信号的和,即

$$A = A_D + \sum_{i=1}^{n} A_{Mi} = A_0 \left(\sum_{i=0}^{n} (k_M \cdot \sin(\omega t + \varphi + \varphi_M) \cdot D(\varphi_M)) \right) \quad (k_{M_0} = 1) \tag{7.3}$$

式中:A_D 为直接到达信号。

通常,多径影响信号功率、码时延、载波相位、多普勒和信号闪烁参数。

多径效应大多可以用几何光学描述。除了反射,我们必须讨论衍射效应和信号散射[1]。

在仿真情况下,这些参数可以通过确定模型或者基于环境模型直接定义每颗卫星类似于式(7.3)的近似值。环境模型在信号模拟器中以两种不同的方式实现。

7.1.1　确定性模型

确定性模型是基于几何光学射线追踪,它可能也包括反射物描述,如材质和粗糙度的参数。材质是指物体的不同的电磁性能,例如,介电常数和电导率。时延的一个简单模型可以在反射来自垂直平面的条件下通过下式计算[2]:

$$\tau = \frac{2m}{c}\cos\alpha\cos E \tag{7.4}$$

式中:m 为天线与反射面之间的距离;c 为光速;α 为卫星方位角与表面方位角矢量之间的夹角;E 为仰角。

相位时延为

$$\varphi_{Mi} = 2\pi f\tau + \varphi_{R_i} \tag{7.5}$$

式中:f 为载波频率;φ_{R_i} 为反射物和天线相位图引起的相移。

式(7.4)和式(7.5)给出了相应的码相位和载波相位的多径模型。信号仿真通过式(7.3)计算每个反射面的情况来实现。

在飞行器上,多径时延为

$$\tau = \frac{2h}{c}\sin E \tag{7.6}$$

式中:h 为飞行器高度。

7.1.2　随机模型

随机模型可能基于典型环境,是典型统计参数和用户行为模型的特征化。统计衰落过程能够基于典型环境场景的多径反射来仿真。这里,模型为多个射线提供实时时延和相位相关。散射模型和统计衰落模型可以以运动函数形式产生。

在接收机基带处理器中,取代一个信号,相关器可以以同样的扩频码处理两个或更多的信号。两个或更多信号的相关图的形状是不同的,接收机试图跟踪信号包络而不是直接信号。图 7.1 和图 7.2 给出了 iPRx 单信道接收机在接收普通信号以及信号受到多径破坏的多相关器时的输出。

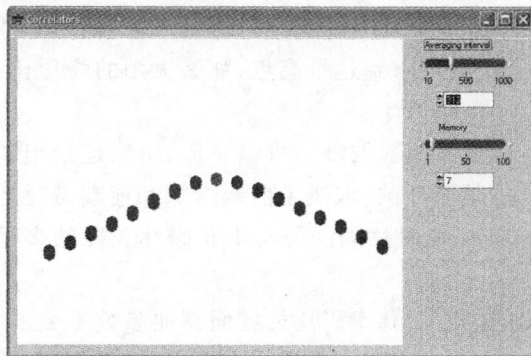

图 7.1　iPRx 单通道接收机相关输出界面(与未破坏的信号相关)

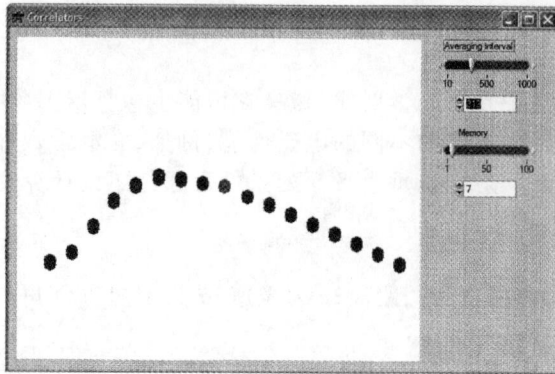

图 7.2　iPRx 单通道接收机相关输出界面(与受多径影响的信号相关)

反射信号不总是寄生信号。在室内定位中,反射信号有时是唯一可用的。所以,室内定位通常使用码的积累进行快照定位,有时反射来自不同的反射面。

也有可能接收机只能获得反射信号,多径的产生存在有趣的特例。例如,如果反射信号比直射信号强且 $k_M \gg 1$,现实中这种情况可能发生,例如在郊区峡谷。

7.2　案例研究:多径对 BPSK 和 BOC(1,1)信号的影响

本节我们讨论多径如何影响 BPSK 和 BOC 信号。第 3 章论述了引入 BOC 信号背后的一个原因是提高 GPS 抗多径能力。作为研究案例,我们看一下能够比较 BOC(1,1)和 BPSK 抗多径性能的试验。我们利用 QZS 信号进行试验。QZS 在 L1 频段发射与"伽利略"和现代 GPS 兼容的 BOC(1,1)信号。我们使用直升机载伪卫星发射 QZS 信号试验是为了能够控制试验环境。

首先,我们描述多径误差的理论范围,之后展示试验结果。在第 6 章中,我们讨论了 BPSK 和 BOC(1,1)的自相关函数。BOC(1,1)中间的峰值比 BPSK 自相关函数的陡,所以多径引起的误差范围较小。跟踪的目的是找到相关函数的峰值。想象一下,如果一个登山者寻求到达最高点,那么大山的峰顶比平缓的小山顶更容易找到。

BPSK 和 BOC 各自相关函数的峰值可以完美、明确地给出。但是,接收机中实际相关函数无展宽处理是循环的,取决于前端带宽和前端带通滤波器(见第 6 章)。图 7.3 显示 BPSK 和 BOC 在码片间隔等于 1.0 码片长度的多径包络,阻尼因子取 0.5,带宽为 6MHz。

图 7.4 显示码片间隔等于 0.5 码片长度而其他参数不变的多径包络。从这些图可以看到,BOC 的包络比 BPSK 小很多。不同阻尼因子(0.3、0.2、0.1 以及 0.05)时的多径包络如图 7.5(BPSK)和图 7.6(BOC)所示。

160

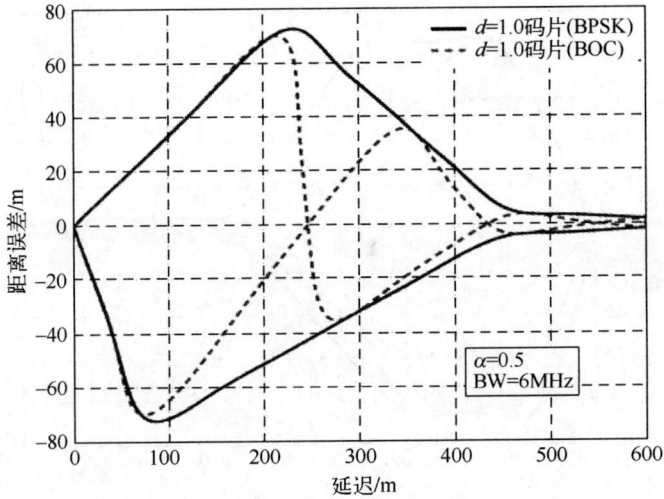

图 7.3　BPSK 和 BOC 的多径包络（$d = 1.0$ 码片）

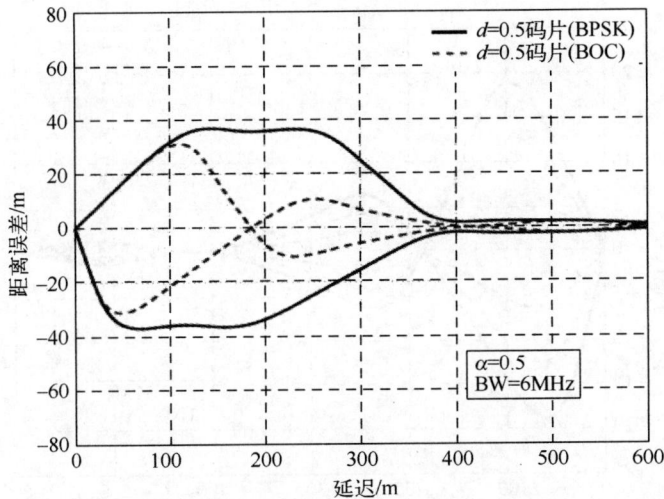

图 7.4　BPSK 和 BOC 的多径包络（$d = 0.5$ 码片）

　　为了证明 BOC 信号降低了多径影响,研发了一个 BOC/CA 双信道伪卫星（伪 QZE）[3]。基于同一铷钟的两个通道的 BPSK(1)和 BOC(1,1)信号产生出来,并在发射前组合(图 7.7)。两种信号只有调制方式和 PRN 数目不同。尽管实际的 QZS 采用特殊的扩频码设计,GPS C/A 码指定用于伪卫星的第二通道（BOC）,这是因为研究目的是验证多径环境对 BOC 的影响。由于 BOC 信号与 C/A 信号沿着同样的路径传播,可以期望得到不同的仅依赖于扩频码的多径误差。

　　为了评估多径对伪距的影响,要计算不同的伪距范围和载波相位或者码减

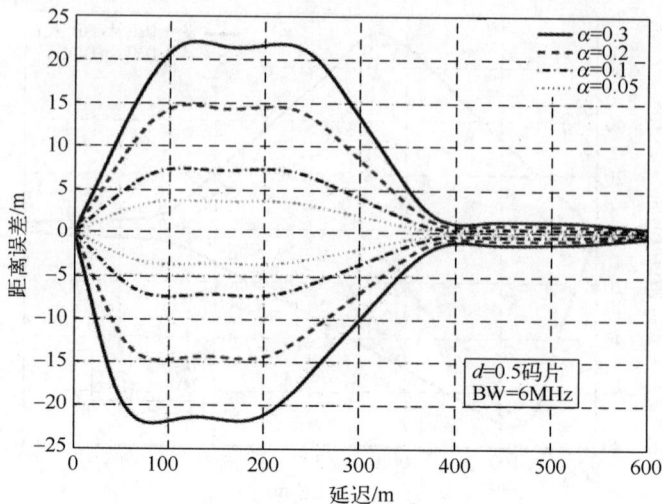

图 7.5　拥有不同阻尼因子的 BPSK 多径包络

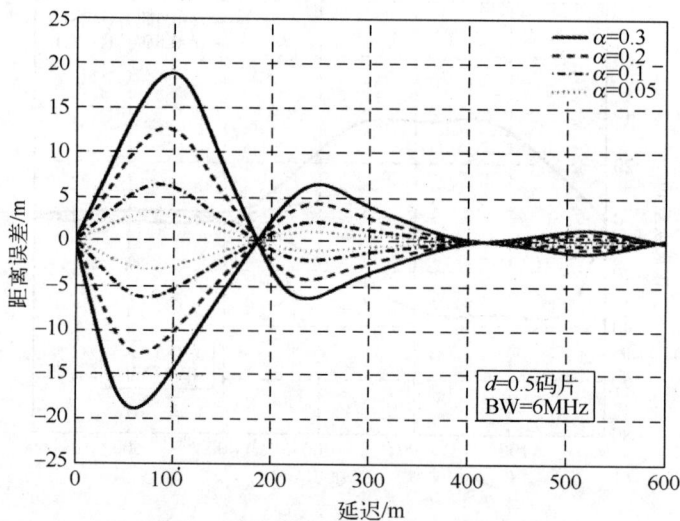

图 7.6　拥有不同阻尼因子的 BOC 多径包络

载波(CMC)。一般误差,如伪卫星或接收机时钟误差、大气层误差、多径误差以及测量噪声包含于 CMC 中。尽管 GPS 信号的 CMC 受到电离层时延影响,而伪卫星信号的 CMC 不受电离层时延的影响,所以伪卫星的多径误差能够得以评估并修正。

在评估多径效应前,必须核实 BPSK 和 BOC 伪距噪声水平。图 7.8 给出了 BPSK 和 BOC 的平均 CMC。同时,图中给出了 CMC 的标准差。因为没有记录很多建筑物环境下的数据,CMC 代表了多数伪距噪声。

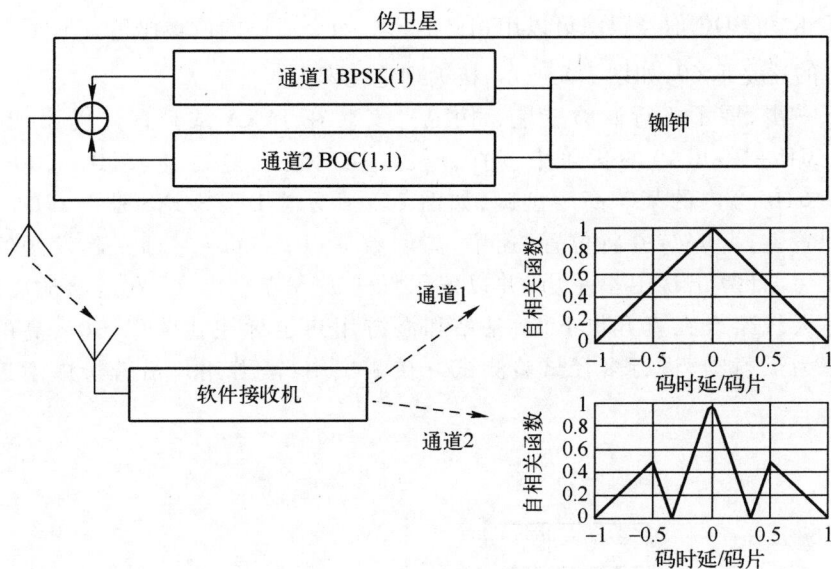

图 7.7　测试设置

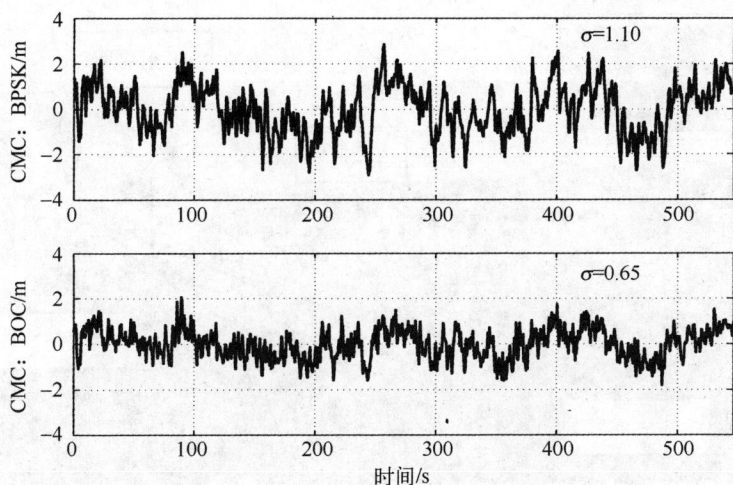

图 7.8　在较少多径环境中 BPSK 和 BOC 的码减载波（CMC）变化

伪距噪声电平的理论标准差为

$$\sigma_{BPSK} = cT_C \sqrt{\frac{d}{4(C/N_0)T}} \tag{7.7}$$

另一方面，BOC 伪距的标准差由为

$$\sigma_{BOC} = cT_C \sqrt{\frac{d}{4(C/N_0)T}} \cdot \frac{1}{\sqrt{3}} \tag{7.8}$$

BOC 和 BPSK 的码片宽度一致。因为积分时间（T）和相关区间（d）都可以改变，BPSK 和 BOC 信号跟踪可以用相同的值。两个通道的信噪比稍有不同。但是，标准差的比是 1.69，如图 7.8 所示，接近理论比 $\sqrt{3}$。

下一步，展示飞行试验结果。伪卫星安装在 JAXA 试验直升机 MuPLA-e（三菱 MH-2000A）的货舱中。直升机在控制建筑物之上 1500~2000 英尺（457~610m）内的某一高度盘旋，如图 7.9 所示。DGPS/INS 是 MuPLA-e 的标准配置，一起安装并将位置、速率、高度数据以及 1pps 时标一起发送给伪卫星。之后，计算出伪卫星星历，并以编码形式编入导航电文，发送给地面用户。伪卫星天线架设在直升机下面，基站和漫游用户也标注在图中，30m 高的大飞机库作为反射物，进行多径试验测试。在测试中，漫游用户沿着机库附近缓慢移动。

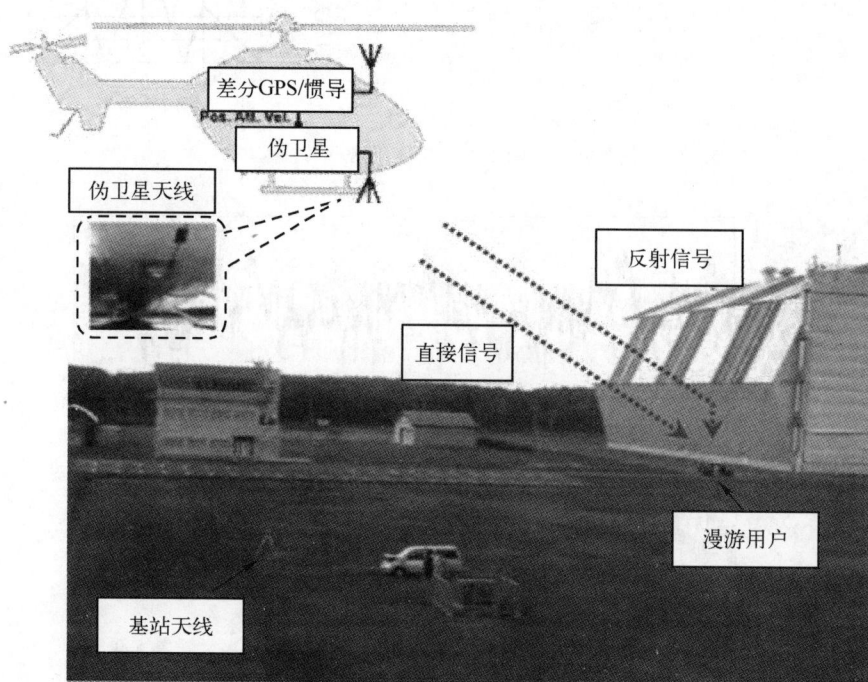

图 7.9　飞行测试配置

图 7.10 显示了 BOC 信号的载噪比。很明显，载噪比剧烈变化，也由此引起多径误差的相应变化。因为漫游用户接近机库移动，反射信号的幅度看起来很大。

BPSK 和 BOC 信道的伪距和载波相位的差异如图 7.11 所示，证明了 BOC 调制的多径抑制能力。也可以看到由接收机缓慢运动引起的较大的多径起伏。与图 7.10 比较，载噪比和多径误差之间的强相关是显而易见的。

164

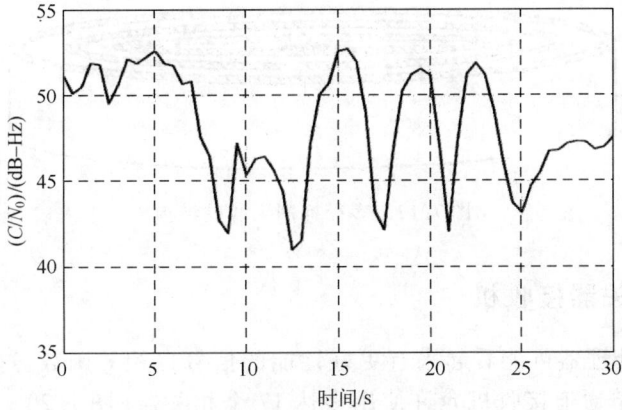

图 7.10　载噪比变化

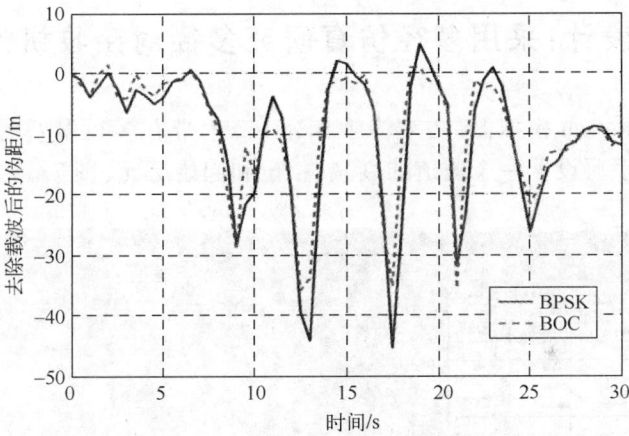

图 7.11　C/A(上)和 BOC(下)信道上伪距和载波相位的差别

7.3　多径抑制

7.3.1　天线

特殊设计的天线常用于抑制多径。图 7.12 显示了抑制多径的天线结构示意图，置于天线核心外的金属环作为接收和发射天线。来自于金属环的二次信号辐射由来自更低角度的信号抵消。输入信号和金属环生成的信号叠加可以给出接近于 0 的功率。同样的原理可以应用到波束形式的干扰抑制。可以采用天线阵列使来自并不遥远的点位的干扰信号无效，以这种方法构造信号可以使来自特定角度和方位的信号无效。天线阵列一般允许我们在使用天线过程中修正天线增益参数。

图 7.12　多径抑制天线的结构

7.3.2　多相关器接收机

内置基带处理器可能看起来有更好性能的信号自相关函数,这可以用多相关器实现。iPRx 单通道接收机允许使用多达 17 个相关器(图 7.2)。有若干种采用多相关器来抑制多径的技术[1]。

7.4　课题设计:采用多径仿真研究多径对接收机性能的影响

(1) 使用 ReGen 模拟器(需要专业版本)产生带有多径误差的卫星信号。按照 ReGen 使用手册设置一个通道的衰减、相位和起始历元(图 7.13)。

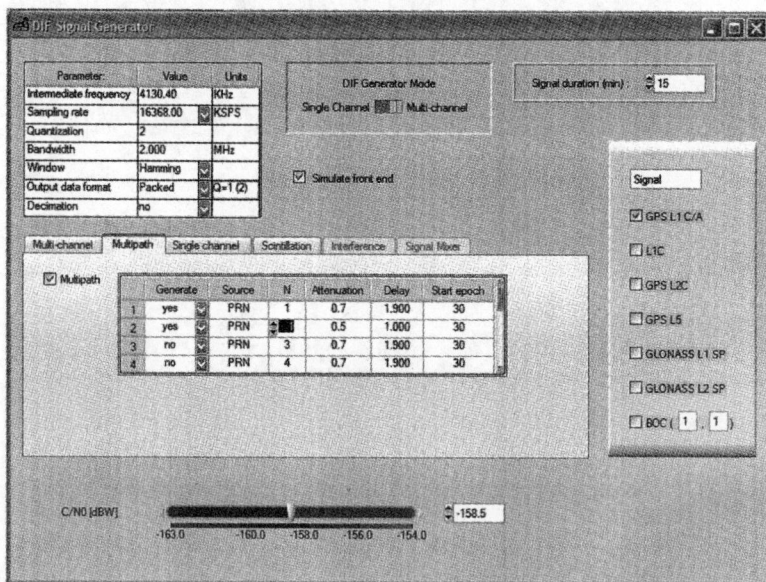

图 7.13　ReGen 多径仿真界面

设置具有不同起始时间、时延和衰减的附加多径信号。

(2) 研究有 3 个和 17 个相关器的单通道 iPRx 接收机的信号跟踪结果。观察跟踪结果及其 *S/N*。

参考文献

[1] G. J. Bishop and J. A. Klobuchar, Multipath effects on the determination of absolute iono-spheric time delay from GPS signals, *Radio Science*, 20, (3), 1985, 388–396.

[2] R. Van Nee, *Multipath and Multi-Transmitter Interference in Spread-Spectrum Communica-tion and Navigation Systems*, Delft, Delft University Press, 1995.

[3] T. Tsujii, H. Tomita, Y. Okuno, *et al.*, Development of a pseudo quasi zenith satellite and multipath analysis using an airborne platform, *Journal of Global Positioning Systems*, 6, (2), 2007, 126–132.

第8章 全球导航卫星系统观测的优化

在本章中,我们将详细讨论如何补偿全球导航卫星系统观测值中出现的误差问题。全球导航卫星系统的观测值由以各种方式在不同频率上所需的编码和载波测量值构成。这些观测值有些不会像其他观测值那样受到太大影响。我们还将讨论如何使用从位于已知位置的其他接收机的测量值来消除某些误差(图8.1)。

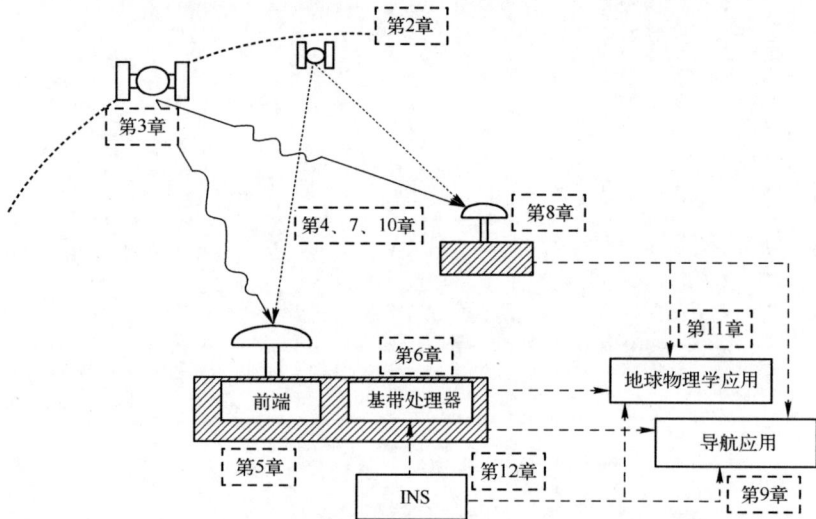

图8.1 第8章内容

8.1 全球导航卫星系统观测误差估算

正如在前面的章节中所阐述的那样,可以通过误差估算的形式来描述全球导航卫星系统中的误差。估算误差主要包括以下几个方面:

(1)卫星星座的几何特性所产生的精度因子(DOP)(参见第1章)。

(2)卫星相关误差,包括卫星时钟误差、卫星轨道误差、卫星发射机误差,其中包括偏差(参见第3章)。

(3)电离层引起的色散介质中的传播误差(参见第4章)。

(4)对流层引起的非色散介质中的传播误差(参见第4章)。

(5)与接收机相关的误差,包括噪声和硬件偏差(参见第5章)。

(6)多径(参见第7章)。

第 4 章中介绍了与信号在大气中传播有关的误差。某些研发任务可能需要更具体的模型来实现,特别是在涉及开发新的算法时。其中一个例子是与空间相关的电离层误差。与虚拟基准站、网络实时动态(RTK)测量或电离层研究相关的算法开发,可能需要有建立与电离层空间相关模型的能力。在这种情况下,信号的生成来自一部以上的接收机,且电离层误差有一定的相关性。TEC 分布异常波动可以加到标定的 TEC 分布之上,这些标定的 TEC 分布值来自真实的 Klobuchar 模型、NeQuick 模型或国际全球导航卫星系统服务组织(IGS)模型。另外一个例子是利用相关参数明确异常电离层梯度。例如,用 WAAS 超真实数据分析,模拟电离层梯度移动斜率等。有关异常电离层梯度的威胁模型的详细信息参见文献[1]。在这种情况下,某些特定的波动或斜率可以在常规 TEC 分布模型之上实现。

当用户希望对局域增强系统(LAAS)算法进行测试时,可能需要用到这些先进的具有空间相关性的电离层模型。通过对这些误差进行模拟,可以验证其正确的实现方法。采用 LAAS 地面设施(LGF)测试仿真软件来测试某些 LAAS 算法,该软件可以通过从距离较远的接收机获得的电离层误差分析得到空间相关性。我们已经对从实际接收机和 ReGen 模拟器模拟的接收机获得的空间相关电离层误差进行了测量。

本章将讨论对从一部或多部接收机中获得的观测值进行处理的不同处理方法。在此阶段,我们可以采用从实际卫星接收机或者如第 3 章所介绍的通过 ReGen 模拟软件模拟的接收机所获得的观测值,以及通过 ReGen 模拟软件对信号进行仿真所得到的软件接收机观测值。ReGen 仿真软件可以对多部接收机和多个频率上的多个观测值进行仿真(图 8.2)。通过模拟软件,看到了这些观测值是如何进行模拟的以及如何出现的,从而使我们能够更好地知道如何去使用它们。

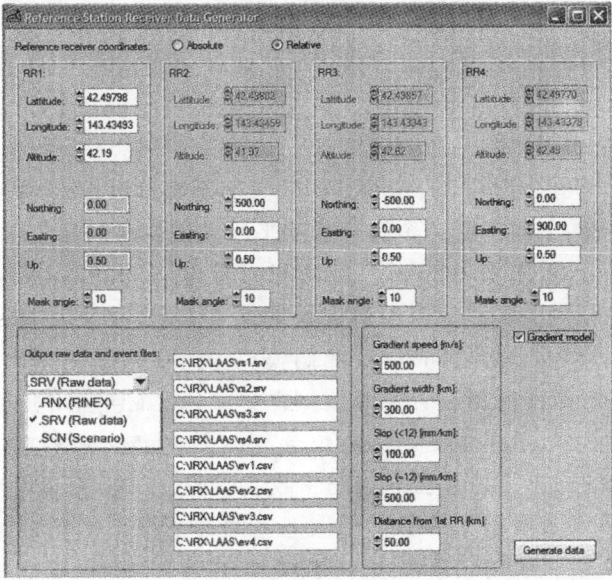

图 8.2　基准站接收机空间相关信号生成 ReGen 界面

8.2　形成观测值

8.2.1　载波平滑编码相位观测值

可以通过码相位观测实现定位(参见第 1 章),这些观测值存在大量未补偿的误差,这些观测值可以通过各种滤波器与载波相位观测结合。在这里来讨论一种简单地将编码和载波观测结合在一起的滤波器,这种滤波器是由 R. Hatch(参见文献[2])提出的。对第 i 颗卫星 $\hat{\rho}_{s_i}$ 的平滑码相位观测可以作为编码(ρ_{s_i})和载波相位(ϕ)增量的加权综合计算得出:

$$\hat{\rho}_{s_i}(t_k) = W_\rho \cdot \rho_{s_i}(t_k) + W_\phi \cdot [\hat{\rho}_{s_i}(t_{k-1}) + \phi(t_k) - \phi(t_{k-1})] \tag{8.1}$$

权重系数 W_ρ 和 W_ϕ 的定义如下:

$$\begin{cases} W_\rho = 1 - \dfrac{k-1}{N_s}, W_\phi = \dfrac{k-1}{N_s} & (k = 1,2,\cdots,N_s) \\ W_\rho = \dfrac{1}{N_s}, W_\phi = 1 - \dfrac{1}{N_s} & (k > N_s) \end{cases} \qquad (N_s = \tau_s/T_s) \tag{8.2}$$

式中:τ_s 为平滑时间;T_s 为采样间隔。例如,如果时间常数为 100s,采样率为 1 Hz,则 N_s 为 100。100s 后,码相位权重系数(W_ρ)为 0.01,载波相位的权重系数(W_f)为 0.99。

在具体的应用中,如果多径误差和电离层误差可以认为是较小的,那么可以有效地降低伪噪声,获得更精确的距离信息。然而,如果存在显著的多径误差,相应的距离误差会保持很长一段时间,因为伪距的多径误差远大于载波相位的多径误差,多径误差无法补偿。图 8.3 给出了 3 颗卫星平滑伪距误差的一个例子,其中,平滑处理开始于时间轴原点。很显然,平滑处理显著降低了伪距噪声。一阶高斯 – 马尔可夫(Gauss – Markov)方法模拟的一个相当小的多径误差包含在每个原始伪距中,因此距离误差不是趋近于零。

电离层的时延也会影响到平滑处理,因为伪距和载波时延符号相反。为了更好地理解其重要性,下面来看一个进行载波平滑测试的单频接收机的例子。

为了进行测试,采用了 iPRx 软件接收机。首先,用 ReGen 模拟器生成一个正确的信号。然后再利用 ReGen 模拟器有意生成一个不正确的信号,其中,电离层误差符号与码观测和载波观测值相同。我们模拟编码和载波的电离层误差时延,因为可能会产生的错误仅仅是会忽略载波误差是负值,并且会将其他误差模拟为延迟。可以看到,不正确地模拟编码和相位会直接影响定位算法方法设计。我们采用一种没有复位的简单平滑算法。编码 – 载波误差(发散)在过滤 30 ~ 60min 后变得明显,具体取决于接收机噪声和多径误差。两种情况下的测试结果如图 8.4 所示。可以看到,平滑算法的结果显著不同,具体取决于如何计算电离层误差。

可以采用相同的效应来检测电离层的异常,方法是采用具有不同时间常数的

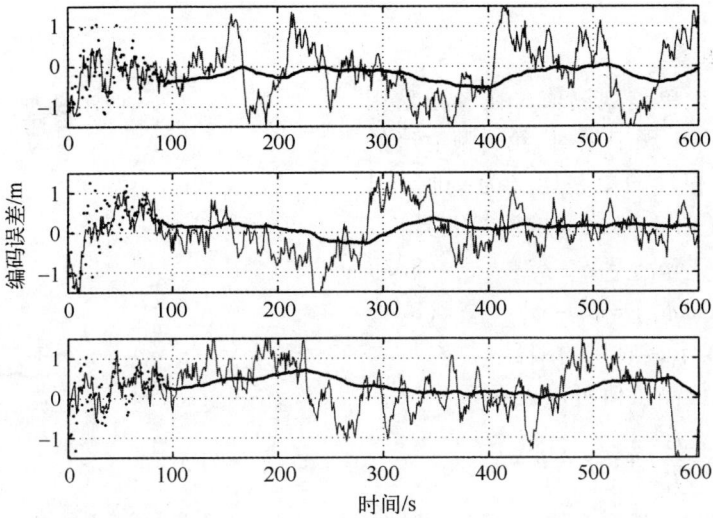

图 8.3　3 颗卫星平滑码相位误差(点)和多径误差(细线)

综合载波平滑编码相位测量。这种技术在陆基增强系统(GBAS)中应用[3]。

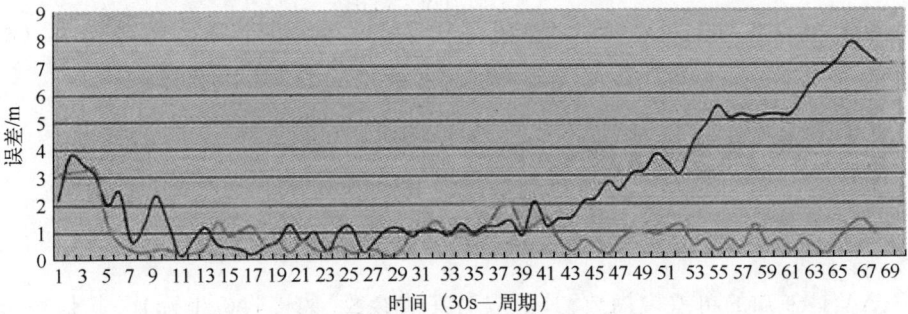

图 8.4　载波和编码发散对载波平滑算法的影响

(上面的线是正确模拟的电离层误差,下面的线是相同符号的载波和编码电离层误差)

8.2.2　差分解决方案

　　如果在流动接收机附近安装另一部接收机,那么可以假设两个接收机的一些误差相似。应事先测量基准接收机天线的坐标。然后,可以用基准接收机的测量值来补偿流动接收机的某些误差。随着与基准接收机距离的增加,基准接收机和流动接收机之间的误差估算的相关性降低。为了进行补偿,可以使用一些远距离基准接收机,而不仅仅只是一部接收机。一个极端的例子是使用全球基准网络,如国际全球导航卫星系统服务组织或其产品。下面将讨论如何通过基准接收机进行测量,我们将基于卫星的有卫星偏差的接收机的观测值结合

171

起来。

8.2.2.1 单差

首先讨论单差观测值。在考虑采用
2 部接收机和 1 颗卫星时,第 i 颗卫星的
编码和载波相位的单差定义为接收机 1
和接收机 2(图 8.5)之间的测量差异:

$$\Delta\rho_{1,2}^{i} = \rho_{1}^{i} - \rho_{2}^{i} \qquad (8.3)$$

$$\Delta\phi_{1,2}^{i} = \phi_{1}^{i} - \phi_{2}^{i} \qquad (8.4)$$

式中:下标表示接收机的编号。

载波相位测量值可以表示为

$$\phi = \rho - \frac{f_2}{f_1}I + d_{\text{trop}} + b - b_{\text{SV}} +$$

$$d_{\text{eph}} + d_{\text{m,phase}} + \lambda N + \varepsilon \qquad (8.5)$$

图 8.5 单差观测值

式中:d_{drop},b,b_{SV},d_{eph},$d_{\text{m,phase}}$,N,ε 分别为对流层延迟、接收机时钟偏差、卫星时钟
偏差、星历误差、多径误差、模糊数和噪声。右侧第二项代表 L1 频率电离层延迟,
参数 I 通过下式给出(参见式(4.45)和式(4.46)):

$$I = 40.3\frac{\int N_e(s)\,\mathrm{d}s}{f_1 f_2} \qquad (8.6)$$

式中:N_e 为电子密度;f_1,f_2 为 L1 和 L2 的频率。

电子密度沿信号传播路径求积分,更高的阶则可以忽略。

然后,第 i 颗卫星的单差观测值式(8.4)可以改写为

$$\Delta\phi = \Delta\rho - \frac{f_2}{f_1}\Delta I + \Delta d_{\text{trop}} + \Delta b + \Delta d_{\text{eph}} + \Delta d_{\text{m,phase}} + \lambda\Delta N + \Delta\varepsilon \qquad (8.7)$$

式中:ΔN 是未知的单差模糊数,其值应与其他参数(如接收机坐标)一起估算。

这里省略了上标和下标,以简化方程。卫星时钟偏差的单差可以表示为

$$b_{\text{SV}}(t_{r_2}) - b_{\text{SV}}(t_{r_1}) \approx b_{\text{SV}}(t_{r_2}) \cdot (t_{r_2} - t_{r_1}) \qquad (8.8)$$

式中:t_{r_j} 为第 j 部接收机接收信号的时间。由于卫星时钟漂移 b_{SV} 通常小于 10^{-3} m/s,
接收时间的差异通常小于几毫秒,卫星时钟偏差可以相互抵消。

如果 2 部接收机之间的基线长度相对较短,那么大多数与轨道相关的误差可
以抵消。如果 2 部接收机的信号传播路径相似,那么传播误差也会抵消。经验法
则是:如果基准接收机在距流动站 10km 范围之内,电离层误差可以获得较好的补
偿。接收机对流层延迟误差的相关性不强,特别是如果 2 部接收机之间存在高度
差的情况下。

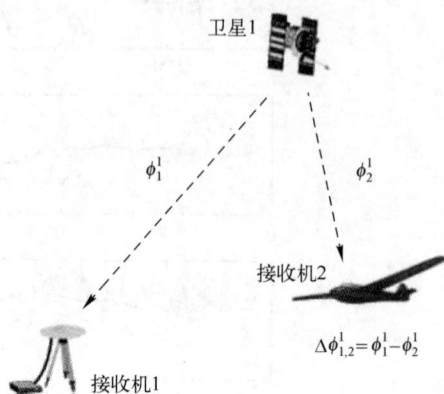

8.2.2.2　双差

下面讨论采用 2 部接收机(1 和 2)和 2 颗卫星(i 和 j)的情况。我们可以形成卫星 i 和卫星 j 的 2 个单差。双差被定义为这些单差(图 8.6)之间的差异。

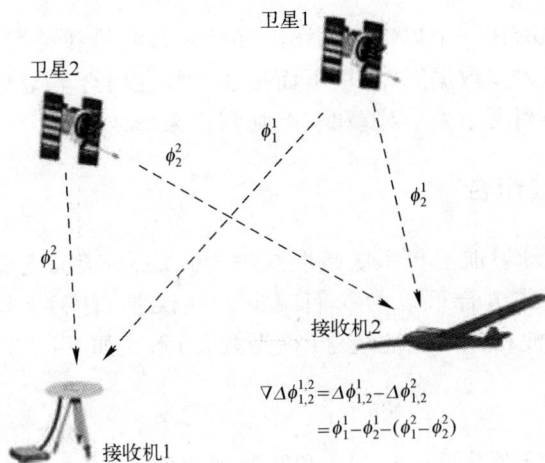

图 8.6　双差观测值

用 $\nabla\Delta$ 来表示双差算子,对于编码和载波相位测量,可以将其表示为

$$\nabla\Delta(\,\cdot\,) = (\,\cdot\,)_1^i - (\,\cdot\,)_1^j - (\,\cdot\,)_2^i + (\,\cdot\,)_2^j \tag{8.9}$$

载波相位双差为

$$\nabla\Delta\phi = \nabla\Delta\rho - \frac{f_2}{f_1}\nabla\Delta I + \nabla\Delta d_{\text{trop}} + \nabla\Delta d_{\text{eph}} + \nabla\Delta d_{\text{m,phase}} + \lambda\,\nabla\Delta N + \nabla\Delta\varepsilon \tag{8.10}$$

式中:$\nabla\Delta N$ 为未知双差模糊数。

接收机时钟偏差被抵消,因为卫星 i 和卫星 j 的信号接收时间相同,所以时钟偏差也相同。

8.2.2.3　三差

取连续双差测量之间的差异,可以从状态矢量中删除模糊数 $\nabla\Delta N$。双差的时间差称为三差:

$$\delta\,\nabla\Delta\phi = \delta\,\nabla\Delta\rho - \frac{f_2}{f_1}\delta\,\nabla\Delta I + \delta\,\nabla\Delta d_{\text{trop}} + \delta\,\nabla\Delta d_{\text{eph}} + \delta\,\nabla\Delta d_{\text{m,phase}} + \delta\,\nabla\Delta\varepsilon$$

$$\tag{8.11}$$

当观察率较高,电离层和对流层较为稳定时,传播时延可以忽略不计。如果卫星的初始位置已知,则很容易进行三差定位,因为不必去解模糊数,即可以省去初始模糊解析过程。然而,定位精度会逐渐降低,这是因为每个历元的估算位置取决于以前历元的位置,因此,定位误差在累积。此外,一旦发生周跳(载波相位测量模糊度的突跳),可见卫星的数量就少于 4 颗,则无法进行定位。

8.3   多频点观测值

在本节中将讨论在一个以上的频率上如何进行测量和补偿某些误差。当可以获得基准接收机的大多数据时,利用下面描述的线性组合类型是有意义的。因此,这些线性组合通常利用单差、双差和三差观测值来形成。

8.3.1   宽巷线性组合

当采用双频全球导航卫星系统接收机时,可以形成全球导航卫星系统测量的各种线性组合。这些组合可以为我们减少一些误差,有利于模糊度和周跳的监测[4]。L1 和 L2 载波相位的线性组合(称为宽巷)形式如下:

$$\phi_W = \left(\frac{\phi_1}{\lambda_1} - \frac{\phi_2}{\lambda_2} \right) \frac{c}{f_1 - f_2} \qquad (8.12)$$

式中:下标 1,2,W 分别说明是 L1、L2 和宽巷观测值。

相应的宽巷波长为

$$\lambda_W = \frac{c}{f_1 - f_2} \approx 86.2 \, \text{cm} \qquad (8.13)$$

当形成载波相位宽巷观测值时,模糊数通过 L1 和 L2 观测值的模糊数来表达,即

$$N_W = N_1 - N_2 \qquad (8.14)$$

如果基准接收机是可用的,那么就可以形成双差宽巷观测值:

$$\nabla \Delta \phi_W = \nabla \Delta \rho + \nabla \Delta I + \nabla \Delta d_{\text{trop}} + \nabla \Delta d_{\text{eph}} + \nabla \Delta d_{m,W} + \lambda_W \nabla \Delta N_W + \nabla \Delta \varepsilon_W \quad (8.15)$$

正如将在下一章看到的那样,由于宽巷的有效波长是 L1 波长的 4 倍左右,解析宽巷模糊度比解析 L1 模糊度更容易。然而,由于系数 $f_2 / f_1 = 60/77 \approx 0.78$,测量噪声比 L1 噪声高大约 3 倍,电离层延迟误差被放大约 1.3 倍。因此,宽巷观测值不适用于定位解决方案,它常常用于初始模糊度的解析。

8.3.2   窄巷线性组合

利用 L1 和 L2 测量,可以形成如下的窄巷观测值:

$$\phi_N = \left(\frac{\phi_1}{\lambda_1} + \frac{\phi_2}{\lambda_2} \right) \frac{c}{f_1 + f_2} \qquad (8.16)$$

式中:波长为

$$\lambda_N = \frac{c}{f_1 + f_2} \approx 10.7 \, \text{cm} \qquad (8.17)$$

窄巷模糊数通过 L1 和 L2 观测值模糊数表示为

$$N_N = N_1 + N_2 \qquad (8.18)$$

因此,双差窄巷为

$$\nabla\Delta\phi_N = \nabla\Delta\rho - \nabla\Delta I + \nabla\Delta d_{\mathrm{trop}} + \nabla\Delta d_{\mathrm{eph}} + \nabla\Delta d_{m,N} + \lambda_N\nabla\Delta N_N + \nabla\Delta\varepsilon_N \quad (8.19)$$

由于有效波长约为 L1 波长的 1/2,解模糊度更困难。然而,测量噪声是 L1 噪声的 1/2 左右,所以,当放大的电离层延迟误差足够小时,对于短基线应用来说,窄巷解决方案可能是最终的解决方案。需要注意的是,根据观测值式(8.12)和式(8.16)的定义,窄巷观测值电离层延迟的符号与宽巷观测值电离层延迟的符号相反。

8.3.3 无电离层观测值

创建无电离层观测值的目的是为了消除电离层的影响,方法是将不同频率上的信号加以相互结合。采用什么频率取决于具体卫星系统可以获得的频率。我们在这里将式(4.45)改写为

$$d_1 = \frac{K_x}{2} \cdot \mathrm{TEC} \cdot \left(\frac{1}{f}\right)^2 \quad (8.20)$$

式中:d_1为由于电离层导致的编码延迟或相位提前;f为信号的频率。然后使用

$$\frac{K_x}{2} \approx 40.3 \times 10^{16} \left(\frac{\mathrm{m}}{\mathrm{TECU} \cdot \mathrm{s}^2}\right) \quad (8.21)$$

式中:总电子容量(TEC)是总电子含量单位(TECU)中的总电子含量。

可以利用式(8.20)来创建无电离层观测值,这样,可以完全从新的线性组合中删除电离层延迟,具体如下:

$$L_3 = \kappa_{1,3}L_1 + \kappa_{2,3}L_2 \quad (8.22)$$

式中:系数 $\kappa_{1,3}$ 和 $\kappa_{2,3}$ 定义为

$$\begin{cases} \kappa_{1,3} = \dfrac{f_1^2}{f_1^2 - f_2^2} \\ \kappa_{2,3} = \dfrac{f_2^2}{f_1^2 - f_2^2} \end{cases} \quad (8.23)$$

对于 GPS L_1 和 L_2,系数为

$$\begin{cases} \kappa_{1,3} \approx 2.546 \\ \kappa_{2,3} \approx -1.546 \end{cases} \quad (8.24)$$

然而,电离层观测值不能删除高阶项。两个频率的射线弯曲不同(参见第 4 章),它也会带来误差。这些误差取决于卫星的仰角。

采用无电离层观测值的主要缺点是,虽然它们消除了大部分电离层误差,但这些观测值的噪声比 L1 或 L2 信号的噪声高出约 3 倍[5]。因此,$\sigma(L_1) \approx (L_2)$,且

$$\sigma(L_3) = \sqrt{\kappa_{1,3}^2\sigma^2(L_1) + \kappa_{2,3}^2\sigma^2(L_2)} = \sqrt{\kappa_{1,3}^2 + \kappa_{2,3}^2}\,\sigma(L_1) \approx 3\sigma(L_1) \quad (8.25)$$

无电离层观测值(L3)也可以由宽巷和窄巷观测值形成,具体如下:

$$\phi_3 = \frac{1}{2}(\phi_W + \phi_N) \tag{8.26}$$

双差无电离层观测值为

$$\nabla\Delta\phi_3 = \nabla\Delta\rho + \nabla\Delta d_{trop} + \nabla\Delta d_{eph} + \nabla\Delta d_{m,ton} + \frac{1}{2}(\lambda_W\nabla\Delta N_W + \lambda_N\nabla\Delta N_N) + \nabla\Delta\varepsilon_3$$

$$\tag{8.27}$$

虽然测量噪声被放大约 3 倍,但由于电离层延迟的消除,观测值适用于长基线应用。最终,引出的电离层信号如下:

$$\phi_I = \phi_N - \phi_W = -2I + \lambda_N N_N - \lambda_W N_W + (d_{m,N} - d_{m,W}) + (\varepsilon_N - \varepsilon_W) \tag{8.28}$$

当宽巷和窄巷度模糊度得以解析,多径误差足够小时,可以利用这种电离层信号对电离层延迟量进行评估。

另外,还有其他若干线性组合。在大地测量应用中,经常会用到无几何线性组合或 Melbourn – Wiibbenna 线性组合。用于数据处理的观测值类型还取决于网络,特别取决于其基线长度。在长基线情况下,建议使用无电离层线性组合。对于短基线,无几何线性组合更有利,因为它可以消除与卫星星座几何分布有关的误差。

8.4　利用增强系统改善观测值

在本章中,我们讨论了如何运用上一章所描述的误差补偿方法的几个例子。增强系统本质上为用户提供了校正数据,封装有从基准站采集的信息。这些数据可以用来提高用户利用全球导航卫星系统进行定位的精确度和可靠性。

上一节描述的局域差分 GPS(LADGPS)采用了可以提供测距校正的地面基准站。由于测距误差(如电离层/对流层的延迟),难以获得较高精度的用户和基准站之间的距离,具体取决于接收机的位置。然而,可以从单一的基准站或网络向用户提供信息。网络也可以有所不同,这取决于网络的大小和分布。来自网络的数据经过处理后通过各种通信链路提供给用户,以进行实时处理或后期处理。提供实时信息的网络要么是商业网络,要么是政府网络。来自全球化的信息网络(如国际全球导航卫星系统服务组织)的信息可以通过互联网免费获得,以进行事后处理。互联网也可以为实时系统提供数据链,虽然在利用载波相位观测值进行定位的情况下,互联网延迟导致的校正等待时间可能是一个问题。许多国家都拥有本地基准站网络,可以为用户提供校正数据。

飞机精确进场所使用的 LADGPS 称为陆基增强系统(GBAS)。GBAS 与其他基准系统解决方案不同,它可以提供整套的服务。多部基准接收机安装在机场附近,通过地面发射机广播校正数据和可靠性信息。

当基准站的距离加大时,LADGPS 的用户定位精度会降低。原因是,LADGPS 提供的是各种测距误差的和(卫星时钟、卫星星历、电离层/对流层延迟等)。虽然卫星时钟误差对所有用户是相同的,但其他误差取决于用户相对于基准站的位置。如果可以在更广的区域正确地模拟此类用户相关的误差,且该区域的用户可以获得必要的参数,则可以建立广域差分 GPS(WADGPS)。WADGPS 校正数据称为矢量校正。对于 LADGPS,则称为标量校正。WADGPS 可以利用多个基准站的信息,以便计算校正参数,并通过通信链路将它们发送给用户。

专为民航设计的 WADGPS 称为空基增强系统(SBAS),系统可以提供完整的信息以及校正参数。此类数据由地球静止轨道卫星提供。

美国开发的 GBAS 和 SBAS 称为局域增强系统(LAAS)和广域增强系统(WAAS)。LAAS / WAAS 现在有时被用作更广意义的通用术语,用于描述类似的增强系统。

8.4.1 星基增强系统(SBAS)

8.4.1.1 SBAS 目标

星基增强系统(SBAS)是 WADGPS,它将地球静止轨道卫星作为通信链路。SBAS 被定义为一种用于加强卫星导航核心系统(如 GPS 和 GLONASS)的系统,用于民航作业(从航线到进场)。国际民航组织(ICAO)颁布的《标准与推荐惯例》对 SBAS 提出了明确的要求[6]。SBAS 最重要的功能是提供完整的卫星导航。完整性是指在指定的时间(告警时间(TTA))内提醒用户出现问题,导航系统信号无法用于导航的一种能力。全球导航卫星系统信号的性能要求(包括其完整性)在国际民航组织《标准与推荐惯例》中针对飞机飞行的每一阶段都有明确的说明(参见表 8.1)。

连续性是指通过一个阶段的运行,系统可以继续使用,前提是假设系统在阶段一开始时就可以使用。如果失去连续性,必须进行复飞。然而,它并不会产生危险的误导信息(HMI),因为已经检测到了故障。另一方面,如果失去完整性,则可能不会检测到故障,并可能导致危险的误导性信息的产生。因此,对完整性必须提出严格的要求,尤其是在飞机进场阶段。可用性是系统可以用于支持作业的时间的百分数,它取决于时间、用户位置、卫星星座等。

表 8.1 GNSS 空间信号性能要求[6]

作业	精度(95%)/告警极限		完 整 性	告 警 时 间	连 续 性	可 用 性
	水平/m	垂直/m				
航线	3700/7400		$1 - 10^{-7}/hr$	5min	$1 \sim 10^{-4}/h$ 至 $1 \sim 10^{-8}/h$	0.99 ~ 0.99999
航线航站	740/1850 ~ 3700		$1 - 10^{-7}/h$	15s	$1 \sim 10^{-4}/h$ 至 $1 \sim 10^{-8}/h$	0.99 ~ 0.99999
非精确进场 (NPA)	220/556		$1 - 10^{-7}/h$	10s	$1 \sim 10^{-4}/h$ 至 $1 \sim 10^{-8}/h$	0.99 ~ 0.99999

作业	精度(95%)/告警极限		完 整 性	告警时间	连 续 性	可 用 性
	水平/m	垂直/m				
垂直引导进场 （APV－I）	220/556	20/50	$1-2\times10^{-7}$/ 进近	10s	$1\sim8\times10^{-6}$/ 15s	0.99～0.99999
垂直引导进场 （APV－II）	16/40	8/20	$1-2\times10^{-7}$/ 进近	6s	$1\sim8\times10^{-6}$/ 15s	0.99～0.99999
I 类引导进场	16/40	4～6/10～15	$1-2\times10^{-7}$/ 进近	6s	$1\sim8\times$ 10^{-6}/15s	0.99～0.99999

8.4.1.2 SBAS 报文

SBAS 可以提供信息，以确保信息的完整性以及距离修正参数，提高定位精度。表 8.2 总结了典型的广播报文类型[6]。所有报文类型的数据块格式如图 8.7 所示，其中包括 8bit 前同步码，6bit 报文类型识别符，212bit 数据段，24bit 循环冗余校验（CRC）。虽然数据速率为每秒数比特，但编码率为每秒 500 个符号，这是因为应用了 1/2 速率的前向纠错（FEC）。

表 8.2　SBAS 广播报文类型

类　　型	内　　容	更新间隔/s
0	SBAS 测试模式	6
1	PRN 掩码	120
2～5	快速校正	60
	用户差分距离误差指示（UDREI）	6
6	完整信息，用户差分距离误差指示（UDREI）	6
7	快速校正降解率参数	120
9	GEO 测距函数参数	120
10	降解率参数	120
12	SBAS 网络时间/ UTC 偏移参数	300
17	GEO 卫星历书	300
18	电离层网格点（IGP）掩码	300
24	快速校正	60
	用户差分距离误差指示（UDREI）	6
	长期卫星误差校正（LT） （卫星星历和时钟校正）	120
25	长期卫星误差校正（LT）	120
26	电离层延迟改正	300
27	SBAS 服务报文	300
28	时钟星历的协方差矩阵的报文	120

前同步码	类型（0~63）	数据段	CRC校验
8bit	6bit	212bit	24bit

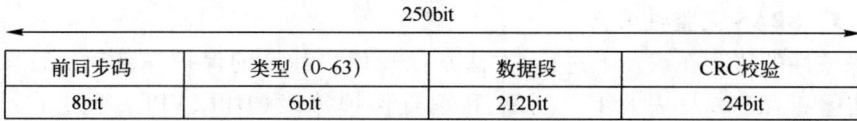

图 8.7　SBAS 数据块格式

快速修正（FC）大多数是修正时钟误差，用于修正伪距误差。报文类型 24 和 25 可以提供卫星星历以及时钟偏差修正，利用报文类型 26 进行电离层延迟修正，其中包括电离层网格点（IGP）的延迟估算和网格电离层垂直误差指示（GIVEI）。IGP 延迟估算是在网格点估算的垂直电离层延迟，通过报文类型 18 加以广播。特定用户的电离层延迟修正在电离层穿透点（IPP）进行计算，这里是信号路径和电子密度最大处的电离层的交叉点。通过利用 4 个周围的 IGP 延迟估算插值法，来计算 IPP 的电离层延迟，如图 8.8 所示。

IPP 处的垂直电离层延迟计算公式如下：

$$I_{IPP}^{V} = (1-x)(1-y)I_{GP1}^{V} + x(1-y)I_{IGP2}^{V} + xyI_{IGP3}^{V} + (1-x)yI_{IGP4}^{V} \qquad (8.29)$$

式中

$$\begin{cases} x = \dfrac{\lambda - \lambda_1}{\lambda_2 - \lambda_1} \\[2mm] y = \dfrac{\phi - \phi_1}{\phi_2 - \phi_1} \end{cases} \qquad (8.30)$$

可以类似地利用网格电离层垂直误差方差（σ_{UIVE}^{2}）来计算用户电离层垂直误差方差（σ_{UIVE}^{2}）。

用户倾斜电离层延迟误差和方差然后通过乘以倾斜因子（F_{PP}）来计算，具体如下（请参见图 8.9）：

$$I_{IPP} = F_{PP} \cdot I_{IPP}^{V} \qquad (8.31)$$

$$\sigma_{UIRE}^{2} = F_{PP}^{2} \cdot \sigma_{UIVE}^{2} \qquad (8.32)$$

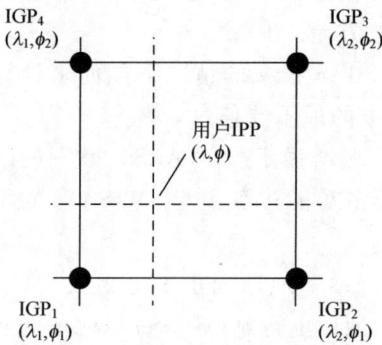

图 8.8　IPP 与周围 IGP 之间的关系

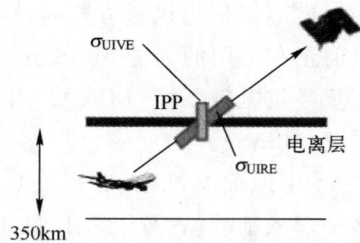

图 8.9　IPP、σ_{UIVE} 与 σ_{UIRE} 之间的关系

8.4.1.3 SBAS 完整性服务

完整性的监测在载体上进行,方法是比较用户计算的保护等级和执行操作定义的告警极限(参见表8.1)。水平和垂直保护等级(HPL、VPL)通过下列公式计算:

$$HPL = k_H \cdot d_{major} \tag{8.33}$$

$$VPL = k_V \cdot d_V \tag{8.34}$$

式中:非精确进场(NPA)常数 $k_H = 6.18$,垂直引导进场(APV-I/II)和I类进场常数 $k_H = 6.0$, $k_V = 5.33$。

d_{major}, d_V 由进行最小二乘法定位时的位置误差协方差矩阵推导得出,即

$$\begin{bmatrix} d_E^2 & d_{EN} & \cdot & \cdot \\ d_{EN} & d_N^2 & \cdot & \cdot \\ \cdot & \cdot & d_V^2 & \cdot \\ \cdot & \cdot & \cdot & d_1^2 \end{bmatrix} = SW^{-1}S^T \tag{8.35}$$

式中:矩阵 S 为

$$S = (G^TWG)^{-1}G^TW, W = \text{diag}[(\sigma_i^{-2})] \tag{8.36}$$

几何矩阵 G_i 的第 i 行为

$$G_i = [-\cos el^i \sin az^i \quad -\cos el^i \cos az^i \quad -\sin el^i \quad 1] \tag{8.37}$$

式中:el^i 和 az^i 分别为第 i 颗卫星的仰角和方位角。d_V 为垂直方向误差的不确定性,d_{major} 为沿误差椭圆半长轴的不确定性,有

$$d_{major} = \sqrt{\frac{d_E^2 + d_N^2}{2} + \sqrt{\left(\frac{d_E^2 - d_N^2}{2}\right)^2 + d_{EN}^2}} \tag{8.38}$$

第 i 颗卫星的距离误差的方差可以表示为

$$\sigma_i^2 = \sigma_{i,flt}^2 + \sigma_{i,UIRE}^2 + \sigma_{i,air}^2 + \sigma_{i,trop}^2 \tag{8.39}$$

式中:$\sigma_{i,flt}^2$, $\sigma_{i,UIRE}^2$, $\sigma_{i,air}^2$, $\sigma_{i,trop}^2$,分别为快速/长期校正残差方差、电离层延迟方差(式(8.32))、机载接收机误差方差和对流层误差方差。

DO-229D 附录J描述了在使用和不使用SBAS报文的情况下如何来计算这些项[7]。电离层延迟误差方差通常承载此报文中的最重要信息。

目前正在使用的3种SBAS分别是美国的广域增强系统(WAAS)、欧洲的欧洲地球同步导航覆盖系统(EGNOS)和日本的基于多功能运载卫星(MTSAT)的星基增强系统(MSAS)。

SBAS由地面基准站、中央处理站、卫星上行站和地球同步卫星组成。WAAS包括多个广域基准站(WRS)、广域主站(WMS)、地面上行站(GUSS)和地球同步卫星。EGNOS的体系结构与此类似,但是,地面设施的名称不同,例如,测距与完整性监测站(RIMS)、任务控制中心(MCC)、导航地面站(NLES)。MSAS地面设施包括4个地面监控站(GMS):位于日本的两个主控站(MCS),位于夏威夷和澳大利亚

的两个监控测距站（MRS）（图 8.10）。MSAS 的空间组成部分为 2 颗在轨 MTSAT 卫星。

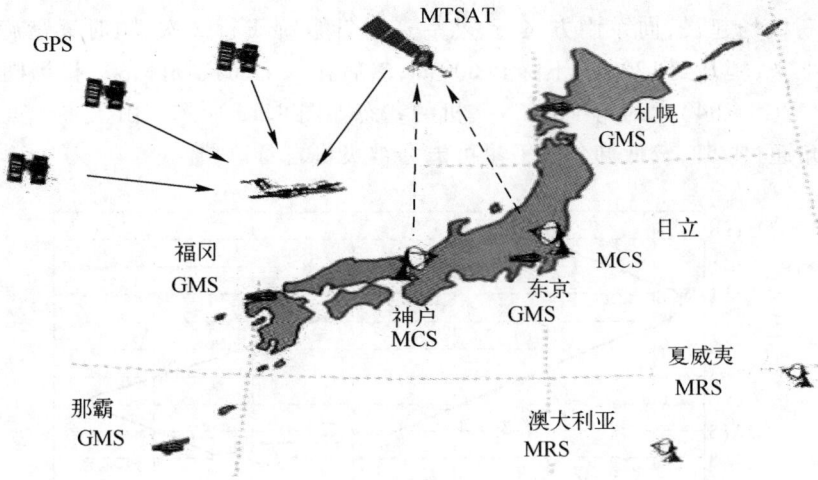

图 8.10 MSAS 配置

与 WAAS 和 EGNOS 覆盖范围不同，日本陆地的形状是细长的。因此，利用有限数量的地面基准站通过插值法来估算电离层校正可能会无法提供足够好的性能。如图 8.11 所示，是 2008 年 2 月日本 σ_{UIVE} 的例子。当位置与陆地分离时，σ_{UIVE} 值显著增加，对于低仰角卫星，σ_{UIRE} 可能会变得非常大，因为倾斜因子翻倍。

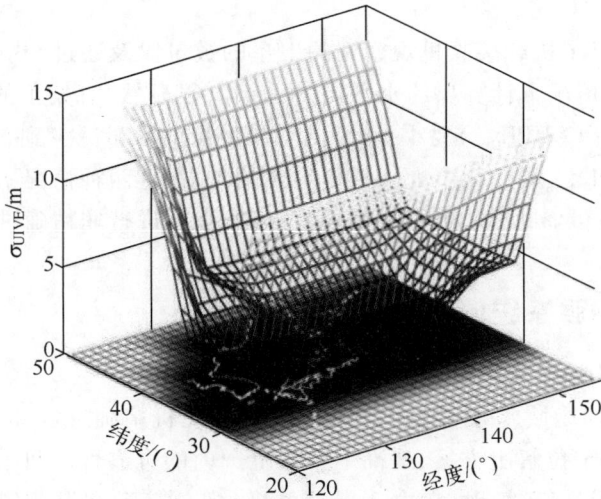

图 8.11 日本周围 σ_{UIVE} 的例子

181

8.4.1.4 案例研究:利用 MSAS 进行完整性监控

下面讨论利用 MSAS 进行定位和完整性监控的例子。在日本东京八丈岛(Hachijojima Island)进行了飞行试验,飞机的轨迹如图 8.12 所示。Beech 65 飞机从八丈岛机场起飞,向东南方飞行,然后逆时针盘旋飞行 2 次,顺时针盘旋飞行 2 次。接下来,爬升到 1200m,下降到 600 m,然后在八丈岛机场降落。机场椭球之上的高度(WGS - 84)大约为 130m。飞机的姿态如图 8.13 所示。由于 4 个盘旋阶段的滚动角超过 25°,较低仰角的卫星可能会被飞机自身遮挡。

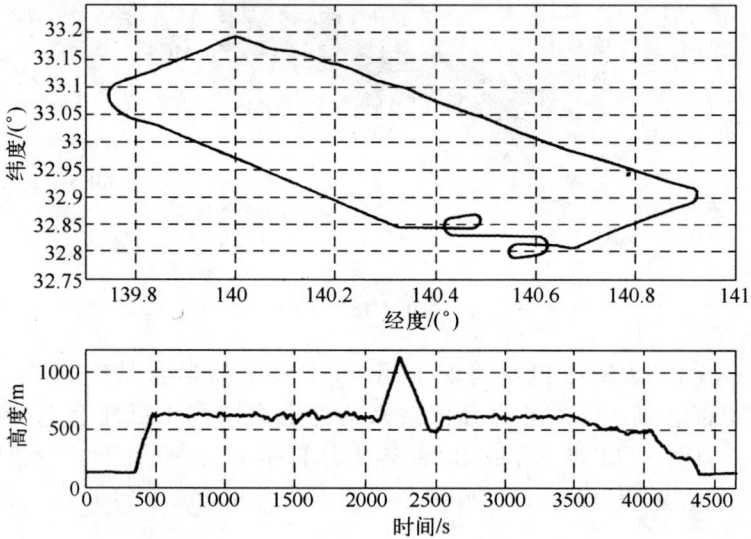

图 8.12 飞行航迹

图 8.14 给出了机载接收机观察到的卫星的数量以及通过 SBAS 方法在有和没有 MSAS 校正的情况下计算出的水平保护等级。很显然,有校正的 HPL(HPL_{SBAS})比没有校正的 HPL(HPL_{GPS})要小。此外,如果卫星的数量减少到 5 个,对 HPL_{GPS} 的影响显著,而 HPL_{SBAS} 则变化不大。值得注意的是,在这两种情况下,HPL 比非精确进场告警极限(556 m,见表 8.1)小很多,可以安全地进行非精确进场。

8.4.2 陆基增强系统(GBAS)

8.4.2.1 GBAS 的作用和设计

GBAS 是一种局域差分 GPS(LADGPS),用于飞机精确进场和着陆。它提供了一种非常精确的定位解决方案,提高了覆盖范围内的可靠性。目前,精确进场通过仪表着陆系统(ILS)来实现,它由 2 部发射机(定位信标和滑翔斜率)组成。定位信标提供用于引导飞机到跑道中心的信号,而滑翔路径则提供下降飞行路径(通常为 3°)。在飞机接收信号时,实际飞行路径与引导路径的水平偏差和垂直偏差会

182

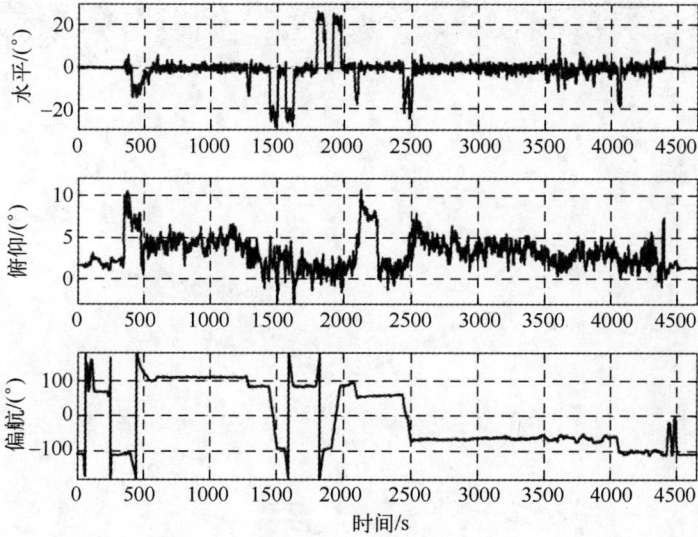

图 8.13　飞机姿态

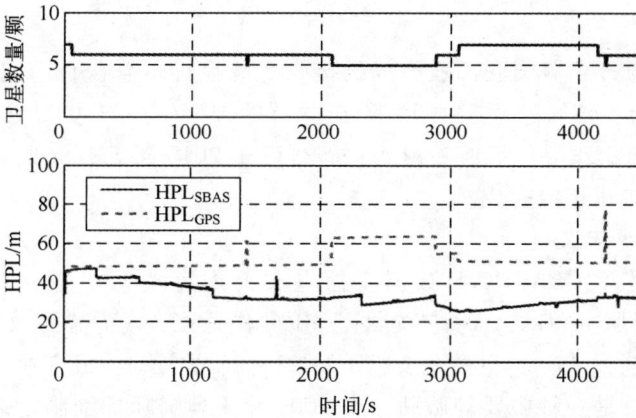

图 8.14　卫星数量和拥有和没有 MSAS 校正的水平保护等级（HPL）

显示在飞行指挥仪上。

　　然而,定位信标和滑翔斜率的波束可能会受到来自飞机机库、积雪覆盖的跑道等多径的影响,且由于地面条件因素,选址是有限的。陆基增强系统的优点在于单一系统可以为多个跑道以及从跑道两个方向提供进场服务。此外,还有潜力实现曲线进场,这样,飞行员就可以避免已知的噪声区域。GBAS 包括多部基准接收机（通常是 4 部）、中央处理设施和 VHF 数据广播（VDB）设施（图 8.15）。中央处理单元负责计算校正、完整性和飞行路径等信息。

　　Ⅰ类（CAT‒Ⅰ）原型 GBAS 已经在美国、澳大利亚、德国、巴西、西班牙和日本等国家进行了安装和测试。2009 年 9 月 3 日,霍尼韦尔（Honeywell）公司开发的 CAT‒Ⅰ

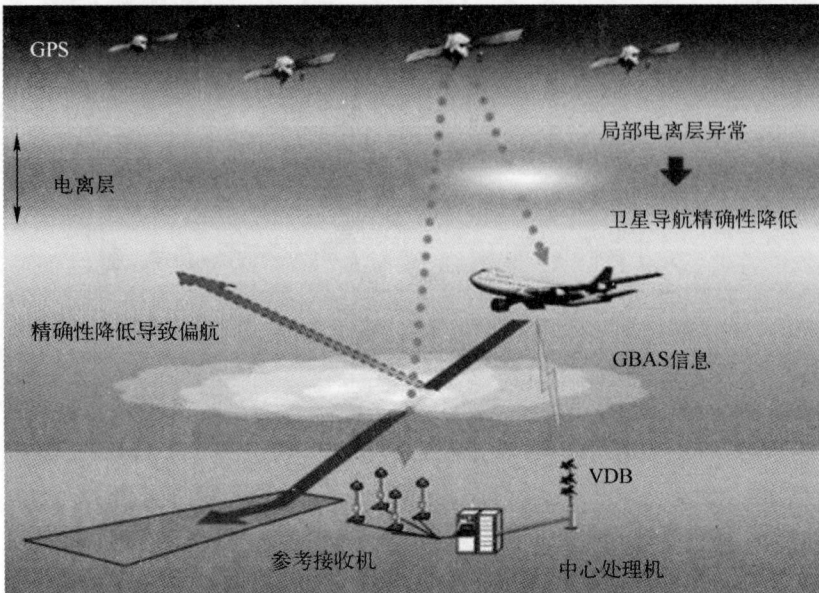

图 8.15　GBAS 地面设施和潜在电离层威胁

非联邦 GBAS 通过了美国联邦航空局的接收系统设计审查(SDA),设施审查(FA)和服务审查(SA)必须遵循美国联邦航空局的要求。至于更高级(II/III 类)的 GBAS,国际民航组织导航系统专家组(NSP)已于 2010 年 5 月完成了技术验证,操作验证工作将在几年内完成。

8.4.2.2　GBAS 电文

表 8.3 概述了 GBAS VHF 数据广播电文的内容。电文类型 2 和 11 包含了 GBAS D 型进场服务(GAST D,它提供了 III 类作业指南)所需的数据,这在 RTCA 的文件[8,9]中进行了定义,目的是支持 CAT II / III 类操作。几年来,电离层异常对于精确进场一直是一种主要的威胁。在 2001 年 I 类国际标准制定之后,观察到大量电离层异常现象。为了确保完整性,人们开发了一种技术,即几何筛查技术,以在 GBAS 地面设施没有检测到任何电离层异常[10]的情况下使用。此外,有必要采取一种机上检测电离层异常的措施,以支持 GAST D。电文类型 11 的伪距校正就是用于此目的,因为电离层延迟对平滑伪距的影响依赖于平滑化的时间常数(如 30s 和 100s)。

表 8.3　GBAS VHF 数据广播电文

电文类型	电　　文
1	伪距更正
2	GBAS 相关数据
3	零(NULL)

电 文 类 型	电 文
4	最终进场分段数据
5	预测的测距源可获得性(可选)
6~8	保留
11①	伪距更正(包括30s平滑伪距)
101	GRAS伪距更正
9,10,12~100,101~255	备用
① 不适用于 APV－I/II 类和 I 类进场	

第 i 颗卫星和第 j 部接收机的平滑伪距 $PR_s(i,j)$ 通过赫氏滤波器(Hatch)(8.2.1 节)来计算,时间常数为 100s。平滑伪距校正的计算方法为

$$\Delta PR_s(i,j) = \rho(i,j) - PR_s(i,j) - c \cdot \Delta t_{SV}(i) \tag{8.40}$$

式中: $\rho(i,j)$ 和 $\Delta t_{SV}(i)$ 分别为计算出的距离和卫星时钟校正。

接下来,接收机时钟调整后的伪距校正通过下式获得:

$$\Delta PR_{S,adj}(i,j) = \Delta PR_s(i,j) - \frac{1}{N_C}\sum_{k \in S_c} \Delta PR_s(k,j) \tag{8.41}$$

式中: S_c 为所有基准接收机跟踪到的一组卫星组; N_c 是 S_c 的单元数。

最终,广播校正以及其速率由下列式子获得:

$$\Delta PR(i) = \frac{1}{M_n}\sum_{k \in S_n} \Delta PR_{S,adj}(i,k) \tag{8.42}$$

$$\Delta \dot{PR}(i) = \frac{1}{T_S}(\Delta PR(i) - \Delta PR(i)_{pre}) \tag{8.43}$$

式中: S_n 为正确跟踪第 n 颗卫星的基准接收机组; M_n 为 S_n 的单元数;抽样之间的时间 T_S 为 0.5s。

在飞机上,测得的伪距首先进行平滑化处理,然后通过距离和距离速率校正来进行校正(式(8.42)和式(8.43)),对流层校正(ρ_{trop})和卫星时钟校正如下:

$$PR(i)_{corrected} = PR_s(i) + \Delta PR(i) + \Delta \dot{PR}(i) \cdot (t - t_{Zcount}) + \rho_{trop} + c \cdot \Delta t_{SV}(i) \tag{8.44}$$

式中: t 为当前时间; t_{Zcount} 为伪距校正适用时间。

通过比较保护等级和相应的告警极限,可以确保精确进场的完整性。如果水平保护等级(LPL)或垂直保护等级(VPL)超过水平或垂直的告警极限,则进场服务会在 0.4s 内无效。

LPL 和 VPL 作为 H_0 和 H_1 假定(LPL_{H0} , LPL_{H1} , VPL_{H0} , VPL_{H1})保护等级中的最高值计算[8]:

$$LPL = \max[LPL_{H0}, LPL_{H1}] \tag{8.45}$$

$$VPL = \max[VPL_{H0}, VPL_{H1}] \tag{8.46}$$

H_0 假定的保护等级为

$$LPL_{H0} = K_{ffmd} \sqrt{\sum_{i=1}^{N} s_{lat,i}^2 \sigma_i^2} + D_L \tag{8.47}$$

$$VPL_{H0} = K_{ffmd} \sqrt{\sum_{i=1}^{N} s_{vert,i}^2 \sigma_i^2} + D_V \tag{8.48}$$

式中:K_{ffmd}为确定无故障漏检概率系数。

除 GAST D 之外,参数 D_L 和 D_V 为零。第 i 颗卫星的 $s_{lat,i}$ 和 $s_{verl,i}$ 通过最小二乘法投影矩阵 S 的元来计算,用于 SBAS 定位(参见式(8.35))。虽然投影方向不同,对于 GBAS,坐标系是这样定义的,即 x 轴为沿航迹方向,y 轴为垂直航迹方向,z 轴为垂直向上方向。

$$s_{lat,i} = s_{y,i} \tag{8.49}$$

$$s_{vert,i} = s_{x,i} + s_{z,i} \cdot \tan\theta_{GPA} \tag{8.50}$$

式中:θ_{GPA}为滑行着陆角。

第 i 颗卫星的距离误差方差表示为

$$\sigma_i^2 = \sigma_{pr\_gnd,i}^2 + \sigma_{iono,i}^2 + \sigma_{pr\_air,i}^2 + \sigma_{trop,i}^2 \tag{8.51}$$

式中:$\sigma_{pr\_gnd,i}$为基于若干天(可达数周)的地面数据计算的,包含在 GAST C(I类)类型 1 报文和 GAST D 类型 11 报文中;$\sigma_{iono,i}$为通过使用类型 2 报文中的数据计算的,且与 GAST C 和 D 不同;$\sigma_{trop,i}$为采用类型 2 报文中的数据计算的,且对于这两种进场服务类型是通用的;$\sigma_{pr\_air,i}$为无故障机载误差标准偏差,它依赖于机载设备的性能。

另一方面,H_1 假说保护等级是基于保护等级的每部基准接收机的最大值计算的,用字母 j 表示:

$$LPL_{H_1} = \max[LPL_{H1}(j)] + D_L \tag{8.52}$$

$$VPL_{H_1} = \max[VPL_{H1}(j)] + D_V \tag{8.53}$$

$$LPL_{H_1}(j) = |B_{lat,j}| + K_{MD}\sigma_{lat\_H_1} \tag{8.54}$$

$$VPL_{H_1}(j) = |B_{vert,j}| + K_{MD*}\sigma_{vert\_H_1} \tag{8.55}$$

式中:K_{MD}为确定漏检概率的系数,假设基准接收机存在故障。

注:式(8.54)和式(8.55)中的 K_{MD} 类似于式(8.33)和式(8.39)。

$B_{lat,j}$,$B_{vert,j}$是通过使用"B 值"(包含在类型 1 电文中)来计算的:

$$B_{lat,j} = \sum_{i=1}^{N} s_{lat,i}B(i,j) \tag{8.56}$$

$$B_{vert,j} = \sum_{i=1}^{N} s_{vert,i}B(i,j) \tag{8.57}$$

B 值利用式(8.41)和式(8.42)来计算,有

$$B(i,j) = \Delta PR(i) - \frac{1}{M_n - 1}\sum_{\substack{k \in S_n \\ k \neq j}} \Delta PR_{S,adj}(i,k) \tag{8.58}$$

式(8.54)和式(8.55)中的 $\sigma_{lat\_H_1}$ 和 $\sigma_{vert\_H_1}$ 通过下列式子获得:

$$\sigma_{\text{lat\_}H_1} = \sqrt{\sum_{i=1}^{N} s_{\text{lat},i}^2 \sigma_{i\_H_1}^2} \qquad (8.59)$$

$$\sigma_{\text{vert\_}H1} = \sqrt{\sum_{i=1}^{N} s_{\text{vert},i}^2 \sigma_{i\_H_1}^2} \qquad (8.60)$$

式中

$$\sigma_{i\_H_1}^2 = \frac{M(i)}{U(i)} \sigma_{\text{pr\_gnd},i}^2 + \sigma_{\text{iono},i}^2 + \sigma_{\text{pr\_air},i}^2 + \sigma_{\text{trop},i}^2 \qquad (8.61)$$

式中:$M(i)$为基准接收机的数量,它们的伪距用于计算第 i 颗卫星的修正,而 $U(i)$ 与 $M(i)$ 相同,但没有考虑第 j 部基准接收机。

8.4.2.3 案例研究:利用 GBAS 导航

这里给出一个利用 GBAS 进行导航的例子。2010 年 10 月在日本能登(NO-TO)机场(北纬 37.29°,东经 136.96°)进行了飞行试验。带有扼流圈天线的 4 部 GPS 接收机分别安装在机场,形成一个边长为 200m 的正方形,所记录的数据被用来生成修正数据。来自机载接收机的数据以及生成的 GBAS 电文数据被用于在离线模式下计算水平和垂直的保护等级。进行了包括曲线进场等在内的数十次进场,有选择的 3 个轨迹如图 8.16 所示。曲线进场可以避开地面上的障碍物,或降低机场附近区域的噪声,可以通过包含在 GBAS 电文中终端区域路径(TAP)数据来实现[9]。由于无法获得采用了 TAP 程序的商用引导系统,故采用综合显示器为飞行员指示类似隧道的飞行路径来进行曲线进场。图 8.17 所示为计算出的 I 类水平/垂直保护等级以及在顺时针曲线进场期间的导航误差,其中,"真实"的轨迹是由基于载波相位的差分 GPS 计算的。水平/纵向保护等级远低于告警极限,因此,很明显,可以实现 I 类精确进场。

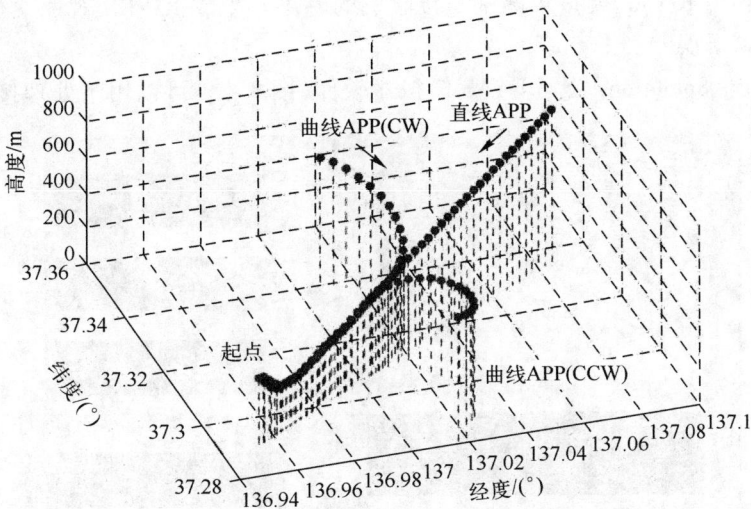

图 8.16 采用直线/曲线进场的飞机航迹

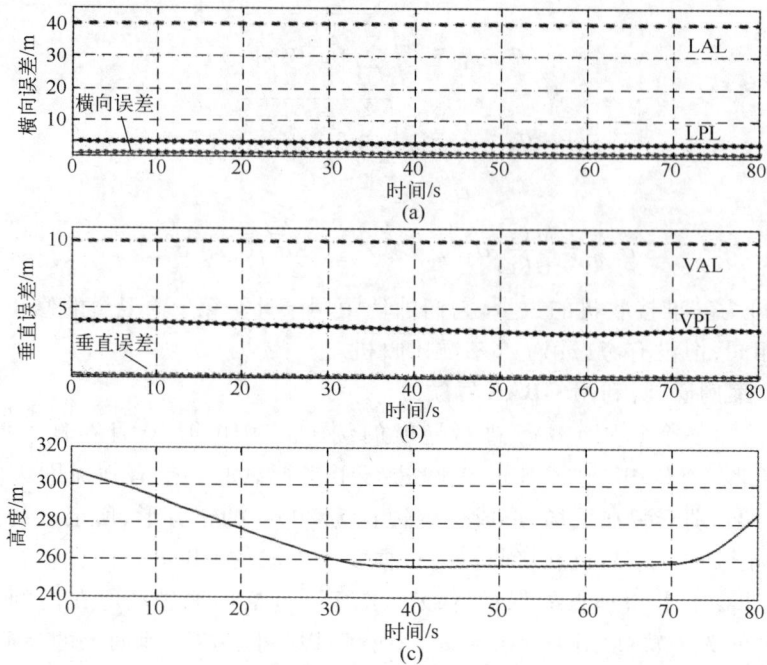

图 8.17　采用顺时针曲线方法的水平/垂直导航误差和保护等级
（图（a）、（b））以及高度剖面（图（c））

8.5　课题设计:LAAS 仿真数据

（1）利用 ReGen 模拟 4 部基准接收机的输出。生成 RINEX 观测文件,包括空间相关电离层误差。

（2）iP - Soloutions 公司 LAAS 模拟器软件（图 8.18）可以用于处理接收机输出

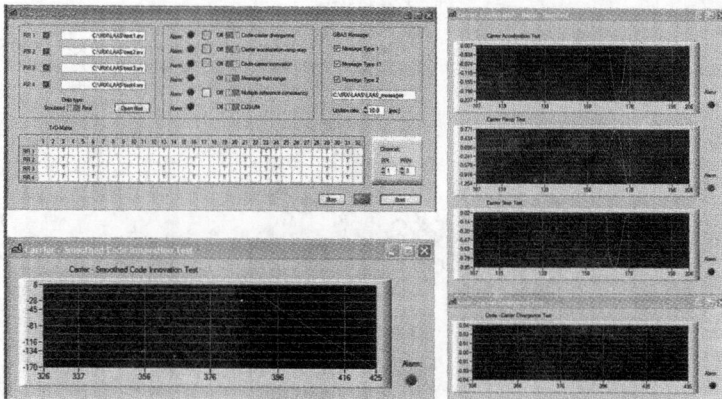

图 8.18　LAAS 控制中心模拟器屏幕截图

文件(通过 ReGen 模拟的或从与卫星一起工作的接收机获得的)。LAAS 模拟器可以实现 6 种不同的测试,可以输出 GBAS 电文。通过 ReGen 中的各种故障场景生成数据,可以看到哪些误差可以触发告警。根据文献[1,9],ReGen 可以模拟各种编码和载波误差以及故障场景。

参考文献

[1] FAA Non-Fed Specification, FAA-E-AJW44-2937A, Category I Local Area Augmentation System Ground Facility, 2005.

[2] R. Hatch, Instantaneous ambiguity resolution, Proceedings of *IAG International Symposium No.107 on Kinematic Systems in Geodesy, Surveying and Remote Sensing*, New York, Springer Verlag, 1991, pp 299–308.

[3] D. V. Simili and B. Pervan, Code-carrier divergence monitoring for the GPS local area augmentation system, Proceedings of IEEE/ION PLANS 2006, San Diego, CA, 25–27 April 2006, pp. 483–493.

[4] G. Blewitt, An automatic editing algorithm for GPS data, *Geophysical Research Letters*, 17, (3), 1990, 199–202.

[5] S. Schaer, *Mapping and Predicting the Earth's Ionosphere Using the Global Positioning System*, Volume 59 of Geodätisch-geophysikalische Arbeiten in der Schweiz, Schweizerische Geodätische Kommission, Institut für Geodäsie und Photogrammetrie, Eidg. Technische Hochschule Zürich, Zürich, Switzerland, 1999.

[6] ICAO, *International Standards and Recommended Practices, Aeronautical Telecommunications, Annex 10 to the Convention on International Civil Aviation*, Vol.I, Montreal, Canada, 2008. (http://www.icao.int)

[7] RTCA, *Minimum Operational Performance Standards for Global Positioning System/Wide Area Augmentation System Airborne Equipment, DO-229D*, Washington, DC, 2006. (http://www.rtca.org)

[8] RTCA, *Minimum Operational Performance Standards for GPS Local Area Augmentation System Airborne Equipment, DO-253C*, Washington, DC, 2008. (http://www.rtca.org)

[9] RTCA, *GNSS Based Precision Approach Local Area Augmentation System (LAAS)· Signal-in-Space Interface Control Document (ICD), DO-246D*, Washington, DC, 2008. (http://www.rtca.org)

[10] S. Ramakrishnan, J. Lee, S. Pullen, and P. Enge, Targeted ephemeris decorrelation parameter inflation for improved LAAS availability during severe ionosphere anomalies, Proceedings of ION 2008 National Technical Meeting, San Diego, CA, 28–30 Jan., 2008, pp. 354–366.

习题

【习题 8.1】请思考 8.2.1 节中给出的载波平滑算法的两种极端情况:一种是编码相位权重系数 $W_P = 0$;另一种是载波相位权重系数 $W_\varphi = 0$。每种情况下进行计算的不足是什么?

第9章 观测值在导航任务中的应用

在本章中,我们将讨论全球导航卫星系统在导航应用中的几个例子,看一看全球导航卫星系统观测值是如何在与定位和导航相关的任务中应用的。

9.1 利用载波相位观测值精确定位

我们在第 1 章中描述了如何用编码相位观测值(伪距)来进行定位。在上一章中,我们看到,载波相位观测值的误差较小。但是,当利用载波相位测量值时,有必要在全球导航卫星系统的方程中引入额外的未知量,接收机只能测量输入信号和本地产生信号之间的相位差。这些测量限定在一个波长范围内,例如,对于 GPS L1 信号约 19cm。我们需要在整个载波(卫星和接收机天线相位中心)之间为这些测量值添加一个未知的模糊数,所以我们可以测量的总距离约为 20000km。这些测量与到卫星的实际距离不同。差异是由于卫星和接收机时钟的误差造成的,如在第 1 章中所描述的码相位观测值。

在这里,我们引入载波相位观测值的测量方程。由全球导航卫星系统接收机测得的载波相位是传输时间($\theta_{sv}(t_{sv})$)输入的卫星信号相位与接收机在接收时间($\theta(t)$)生成的相位差。这些相位可以由下列公式定义[1,2]:

$$\theta_{sv}(t_{sv}) = f \cdot t_{sv} \tag{9.1}$$

$$\theta(t) = f \cdot t \tag{9.2}$$

式中:f 为载波频率。

在上述方程中,当卫星时间历元和接收机的时钟等于零时,这些相位被定义为零。因此,载波相位 Φ_m 可以由下式描述:

$$\Phi(t) = f(t - t_{sv}) + \varepsilon \tag{9.3}$$

式中:ε 为测量噪声。

然而,在测量开始时刻(t_0)所观测到的载波相位只是全部波的一小部分。因此,所观测到的载波相位 Φ_m 在初始时可以写为

$$\Phi_m(t_0) = \mathrm{fr}(\Phi(t_0)) \tag{9.4}$$

式中:$\mathrm{fr}(\cdot)$ 表示只提取了波的一小部分。

因此,实际载波相位,其中包括不可测量的整数周期数(模糊数)N,可以写为

$$\Phi(t_0) = \Phi_m(t_0) - N \tag{9.5}$$

由于载波相位在持续集成(除非发生跳周),在时间 t 所测得的载波相位由下

式给出：

$$\varPhi_m(t) = \varPhi(t) - \varPhi(t_0) + \varPhi_m(t_0) \tag{9.6}$$

用式(9.6)替换式(9.5)，则测量的载波相位为

$$\varPhi_m(t) = \varPhi(t) + N \tag{9.7}$$

由于 $\varPhi(t)$ 可视作伪距，载波相位测量方程则可以通过式(9.7)乘以波长 λ 来给出，重写 $\lambda\varPhi_m(t)$ 至 ϕ 如下：

$$\phi = \rho - \frac{f_2}{f_1}I + d_{trop} + b - b_{SV} + d_{eph} + d_{m,phase} + \lambda N + \varepsilon \tag{9.8}$$

式中：N 为未知的整数模糊数；$d_{m,phase}$ 为载波相位的多径误差(小于几厘米)。

注意：电离层延迟符号为负，而对于伪距，符号为正(参见第3章)。

9.1.1 解模糊度

为了利用载波相位观测值，需要解模糊度，即给出未知的每个载波观测值的整数模糊数。适合特定任务的模糊度解析算法有许多[3-5]。在本节中，将描述一种简单的解模糊度算法，即基于最小二乘搜索法，目的是根据文献[6,7]引入这一概念。在下一节中，将介绍一种更有效的 LAMBDA 方法[5]。

在该搜索算法中，首先基于明确的码测量确定用户和基准接收机之间的初始矢量。之后，从若干候选对象中选择最适合的测量值来确定载波相位模糊度。图9.1所示为模糊度空间的一个搜索立方图。搜索立方图展示了可能的候选坐标，从而会选择一个或另一个模糊数。如果接收机天线是静态的，那么通过卫星星座随时间的变化来解模糊度。图9.2所示为对应于每个候选模糊度(卫星星座的变化)的位置变化。由于对应于正确的模糊度的位置解并不随时间而改变，模糊度将在卫星星座发生较大的变化之后再求解。因此，有必要接收全球导航卫星系统信号，直到星座发生较大的变化。

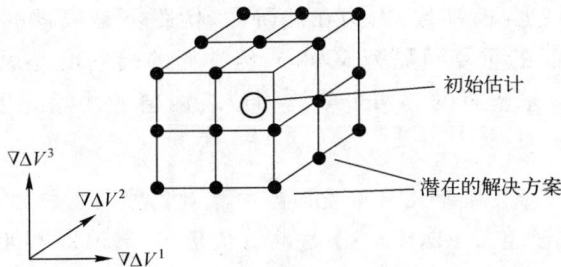

图9.1　模糊空间搜索立方图

解模糊的时间依赖于基线长度或其他环境条件，如电离层误差和多径等。通常情况下，10km 或更短的基线需要 15~30min，而数百千米的基线需要若干小时[8]。

除了大地测量外，精确载波相位定位(厘米级精度)在航空航天方面具有广泛的应用，如精确进场、滑行引导、交会对接等。利用一部或多部基准 GPS 接收机进

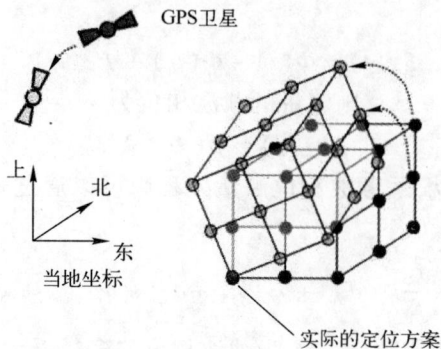

图 9.2　利用搜索立方图中的模糊候选值计算出的位置变化

行移动平台的载波相位定位称为动态 GPS（KGPS）定位。早期的解模糊度技术，通过在移动之前的静止状态下批处理过程来解模糊，这种方法称为"静态初始化"。只要接收机能持续跟踪 4 颗或更多的卫星就可以进行 KGPS 定位[9]。但是，如果发生某些失锁（跳周），或某些卫星离开视线，就不能继续进行 KGPS 定位。所以，飞行中的解模糊（OTF），即不经过静态初始化，对于 KGPS 来说是必要的。

解模糊度的一个典型目标就是确定 L1 模糊度。然而，若 L2 的测量值可用，则宽巷观测值可以用于减小 L1 模糊度的搜索空间。这里给出模糊度解析算法的双差观测方程（请参见第 8 章）：

$$\nabla\Delta PR_1 = \nabla\Delta\rho + \nabla\Delta\frac{f_2}{f_1}I + \nabla\Delta d_{trop} + \nabla\Delta d_{eph} + \nabla\Delta d_{m1} + \nabla\Delta\varepsilon_{PR_1} \tag{9.9}$$

$$\nabla\Delta\phi_W = \nabla\Delta\rho + \nabla\Delta I + \nabla\Delta d_{trop} + \nabla\Delta d_{eph} + \nabla\Delta d_{m,W} + \lambda_W\nabla\Delta N_W + \nabla\Delta\varepsilon_W \tag{9.10}$$

$$\nabla\Delta\phi_1 = \nabla\Delta\rho - \nabla\Delta\frac{f_2}{f_1}I + \nabla\Delta d_{trop} + \nabla\Delta d_{eph} + \nabla\Delta d_{m1,phase} + \lambda_1\nabla\Delta N_1 + \nabla\Delta\varepsilon_1 \tag{9.11}$$

按顺序利用这些观测值，最终可以解析出 L1 模糊度，获得定位解。码相位测量的第一个方程不包含模糊数，因为在此阶段，伪距不是模糊的。码相位也是模糊的，因为它们之间的重复间隔为 300km，但它们的模糊度是通过导航电文的时标（请参见第 6 章）来解析的。两个载波相位观测值的测量误差是不同的（请参见表 9.1）。

表 9.1　星座几何测量误差和相对位置误差的例子
（相关精度因子 RDOP = 3。这些数值用于 Trimble 4000SSE 型
接收机，包括多径误差）

观　测　值	测量误差/cm	定位误差/cm
载波平滑伪距双差	65	195
宽巷载波相位双差	4	12
L1 载波相位双差	1	3

利用飞行试验中的累积数据来计算这些值。在飞行试验中,使用了两个 Trimble 4000SSE 型接收机。由于测试环境和飞机的机动,数据也含有多径误差。例如,在某些大角度的机动中,飞机机翼可能会反射卫星信号,从而导致多径误差。

解模糊度算法可以描述如下(参见图9.3所示的流程图):

（1）初始位置通过使用载波平滑伪距来估计。

利用载波平滑伪距估算初始位置

宽巷解模糊度
(a) 围绕初始位置估计搜索空间;
(b) 利用每个模糊度候选值定位;
(c) 在测量和位置域进行统计测试;
(d) 模糊度修正

L1解模糊度
类似于宽巷模糊度解析

图9.3　模糊分辨率算法流程图

（2）宽巷模糊度的初始估计由下面的公式来确定,其中接收机到卫星的双差 $\nabla\Delta\rho$,利用第一步中的初始位置估计来计算:

$$\nabla\Delta N_{w0} = \text{idnint}\left(\frac{\nabla\Delta\phi_w - \nabla\Delta\rho - \nabla\Delta d_{trop}}{\lambda_w}\right) \tag{9.12}$$

式中:符号"idnint"为距离最近的整数。

我们选择相对精度因子(RDOP)最低的4颗卫星作为所有观测到的卫星中的主要卫星。RDOP 是一个因子,由观测到的卫星在空中的分布来定义,由下列公式给出:

$$\text{RDOP} = \sqrt{\text{trace}\left(\boldsymbol{H}_r^T \boldsymbol{H}_r\right)^{-1}} \tag{9.13}$$

$$\boldsymbol{H}_r = \left[\frac{\partial \text{DD}_1}{\partial \boldsymbol{r}} \cdots \frac{\partial \text{DD}_{nsv-1}}{\partial \boldsymbol{r}}\right]^T = \begin{bmatrix} \dfrac{\boldsymbol{r}^T - \boldsymbol{r}_{SV1}^T}{\rho_u^1} - \dfrac{\boldsymbol{r}^T - \boldsymbol{r}_{SV2}^T}{\rho_u^2} \\ \vdots \\ \dfrac{\boldsymbol{r}^T - \boldsymbol{r}_{SV1}^T}{\rho_u^1} - \dfrac{\boldsymbol{r}^T - \boldsymbol{r}_{SVnsv}^T}{\rho_u^{nsv}} \end{bmatrix} \tag{9.14}$$

式中:$\boldsymbol{H}_r$ 为测量矩阵;ρ_u^i 为从用户接收机到第 i 颗卫星的距离;DD_i 为第1颗和第 $i+1$ 颗卫星之间的双差观测值,其中应插入平滑伪距、宽巷或 L1 载波相位。

应用 RDOP,双差测量误差标准偏差 σ_m 和定位误差 σ_p 满足下列关系式:

$$\sigma_p = \text{RDOP} \cdot \sigma_m \tag{9.15}$$

这4颗卫星的模糊度搜索立方图(3个双差构成的集合)以式(9.12)所定义的中心构成。通过3个模糊候选值来进行位置计算时,可以计算出其他卫星的双差模糊度。

（3）利用每个模糊候选值来计算接收机的位置,并在测量域和定位域进行统计测试。

① 在测量域进行统计测试。利用测量残差总和进行 χ^2 测试。满足以下条件的候选值将被否决:

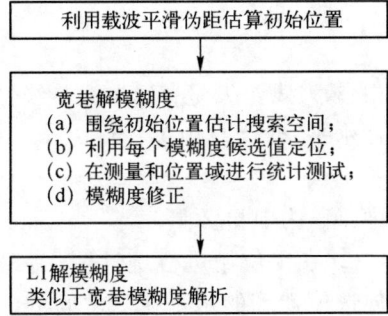

$$\frac{\boldsymbol{v}^{\mathrm{T}} \boldsymbol{C}_{\mathrm{W}}^{-1} \boldsymbol{v}}{\mathrm{df}} > \frac{\chi_{\mathrm{df},1-\alpha}^2}{\mathrm{df}} \tag{9.16}$$

式中:$\boldsymbol{v}$ 为残差矢量;$\boldsymbol{C}_{\mathrm{W}}$ 为宽巷线性组合双差测量误差协方差矩阵;$\boldsymbol{\alpha}$ 为 χ^2 测试显著性水平;df 为自由度,有

$$\mathrm{df} = N_{\mathrm{SV}} - 1 \tag{9.17}$$

其中:N_{SV} 为卫星数量。

② 在定位域进行统计测试。采用平滑伪距计算的水平位置以及采用每个模糊候选值计算的水平位置之间的差异,满足以下条件的候选值将被舍弃:

$$|\boldsymbol{r}^{\mathrm{PR}} - \boldsymbol{r}^{\mathrm{W}}|_{\mathrm{H}} > k^{\mathrm{W}} \sigma_{\mathrm{H}}^{\mathrm{PR-W}} \tag{9.18}$$

式中:$\boldsymbol{r}^{\mathrm{PR}}$,$\boldsymbol{r}^{\mathrm{W}}$ 为采用平滑伪距和宽巷计算得出的天线位置矢量;$|\cdot|_{\mathrm{H}}$ 为水平基准;$\sigma_{\mathrm{H}}^{\mathrm{PR-W}}$ 为水平方向基于伪距位置和基于宽巷位置差异的标准偏差;k^{W} 为公差的经验参数,取值为 2 或 3,具体取决于测量条件。从理论上讲,$k^{\mathrm{W}}=1,2,3$ 对应的显著性水平为 68%、95% 和 99%。虽然可以选择 3D 或垂直位置进行位置域测试,但水平位置差异的评估通常能够提供更好的性能,因为水平定位受残余测量误差的影响较小。

(4) 如果只保留了一个模糊候选集,那么它就是解。如果保留两个或更多的候选值,应在下一个历元进行类似的统计测试。

(5) 重复步骤(3)和步骤(4),直到只有一个候选值被保留。如果总历元的数量超过预先确定的阈值,算法则回到步骤(2)。

(6) L1 模糊度初始值由宽巷位置计算。

(7) 反复进行类似(3)和(4)的步骤,直到有一个候选值被保留。如果总历元的数量超过预先确定的阈值,则回到步骤(6)。

下面来看一个观察到 5 颗卫星的情况下的 L1 模糊度搜索的例子。针对 ±1 周期搜索区域进行模糊搜索,从初始模糊度估计,所以总候选对象为 27 个。图 9.4 所示为平方残差和(SOS)的测量值残差除以所有候选值的自由度(式(9.16)的左侧部分)。由于自由度等于 1,方程中 $\chi_{\mathrm{df},1-\alpha}^2/\mathrm{df}$ 的值变成 6.63,显著性水平为 99%。图 9.4 中的虚线给出了此测试的阈值。因此,7 个候选值将被保留。虽然正确的模糊值是第 14 号候选值,但第 25 号候选值的平方和最小。

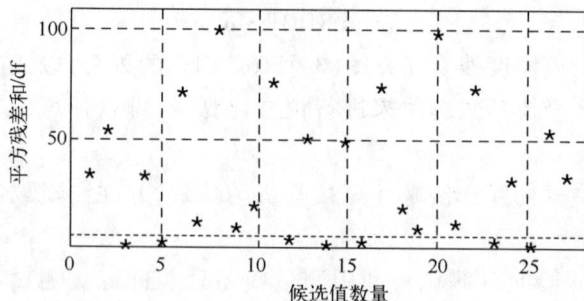

图 9.4 平方残差和/自由度

现在来看一下在 L1 模糊度解析定位域中的测试结果。图 9.5 描述了利用平滑伪距、宽巷、L1 模糊候选值计算的位置分布。使用正确的 L1 模糊度计算起始位置。在这种情况下,在所有的宽巷位置中,相对于正确宽巷模糊度的位置距起始点最近。如果正确宽巷模糊度的位置和 L1 候选(○)的位置之间的差异大于阈值,根据定位域中的测试,候选值将被拒绝。图 9.6 给出了利用正确宽巷模糊度计算出位置和利用每个 L1 候选值计算出的位置之间的水平、垂直和 3D 差异。这里,虚线给出了定位域中的测试阈值(99% 的显著性水平)。结果,10、22 和 18 候选值通过

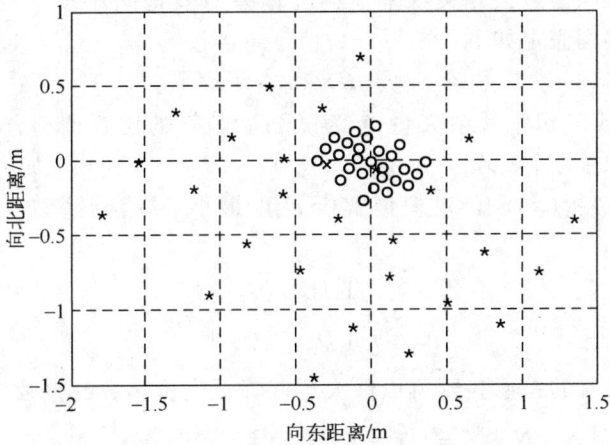

图 9.5　接收机水平位置

x—平滑伪距;∗—宽巷模糊度;○—L1 相位模糊度候选值。

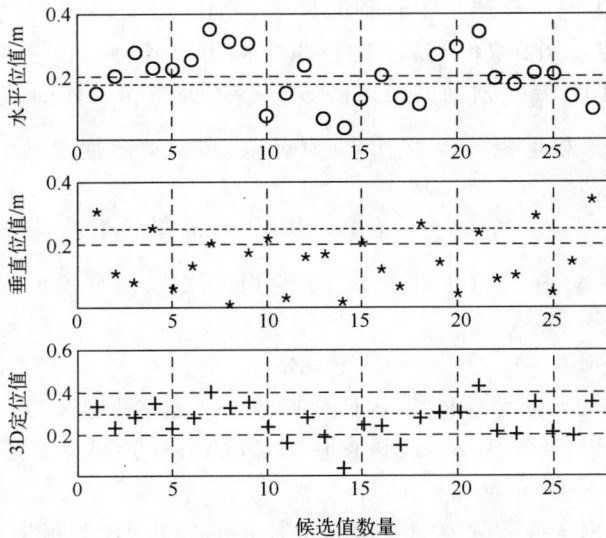

图 9.6　利用正确的宽巷模糊度计算出的位置和利用 L1 相位模糊度
的每个候选值计算出的位置之间的差异

水平、垂直和3D定位域测试。如果比较垂直位置或3D位置(图9.6的中图和下图),所有通过测量域测试的7个候选值也全部通过位置域的测试。另一方面,如果对水平位置进行评估,则只有一个候选值被保留。这个例子表明,通过在定位域测试中评估水平位置,可以快速得出模糊度。

9.1.2 LAMBDA 方法

最小二乘法模糊度去相关调整法(LAMBDA)是最广泛使用的模糊解析方法之一。这种方法可以通过去相关双差模糊度偏差有效地缩小搜索空间[10]。用于定位的广义测量方程假定如下:

$$y = Hx + AN + \varepsilon \tag{9.19}$$

式中:y 为双差载波相位残余矢量;x 为从初始估算的位置调整;N 为双差模糊矢量;H,A 为相应的设计矩阵。

首先,位置解析($\hat{x}$)和浮动模糊解析 N 由最小二乘法计算。协方差矩阵由下式表示:

$$Q = \begin{bmatrix} Q_{\hat{x}} & Q_{\hat{x}\hat{N}} \\ Q_{\hat{N}\hat{x}} & Q_{\hat{N}} \end{bmatrix} \tag{9.20}$$

模糊解析的目的是要找到可以最大程度降低代价函数的整数矢量 n。

$$\chi^2 = \| \hat{N} - N \|_{Q_{\hat{N}}}^2 = (\hat{N} - N)^T [Q_{\hat{N}}]^{-1} (\hat{N} - N), (N \in Z^{N_{SV}-1}) \tag{9.21}$$

式中:N_{SV} 为卫星的数量。

模糊搜索空间位于超椭球内,超椭球由上述公式来定义。在二维空间的情况下,超椭球变为一个椭球。半长轴的尺寸、形状、方向由 χ^2 和 $[Q_{\hat{N}}]^{-1}$ 的特征值(特征矢量)确定。图9.7(a)所示的搜索空间可以延伸。由于传统解模糊的搜索空间通常为矩形,要搜索的网格点的数量会大大减少。然而,选择网格点的方法非常复杂。如果权重矩阵($[Q_{\hat{N}}]^{-1}$)为对角,则成本函数变为矢量元素 $\left(\chi^2 = \sum_{i=1}^{N_{SV}-1} [Q_{\hat{N}}]_{ii}^{-1} (\hat{N}_i - N_i)^2\right)$ 的加权平方和。因此,该解最接近浮动解整数。因此,下一步就是模糊矢量的变换(去相关)。变换矩阵 Z 以及变换的模糊矢量 z 假定如下:

$$z = ZN \tag{9.22}$$

由于 z 和 N 的元素都是整数,因此变换矩阵的元素也是整数。由于 N 已经通过反变换计算得出,逆矩阵 Z^{-1} 应该存在,矩阵的所有元素应该是整数。另外,从上述条件得出,$|\det(Z)| = 1$。

现在可以利用变换后的模糊矢量将成本函数式(9.21)表示为

$$\chi^2 = (Z^{-1}\hat{z} - Z^{-1}z)^T [Q_{\hat{N}}]^{-1} (Z^{-1}\hat{z} - Z^{-1}z)$$

$$= (\hat{z} - z)^T [Q_{\hat{N}}]^{-1} Z^{-1} (\hat{z} - z) \tag{9.23}$$

196

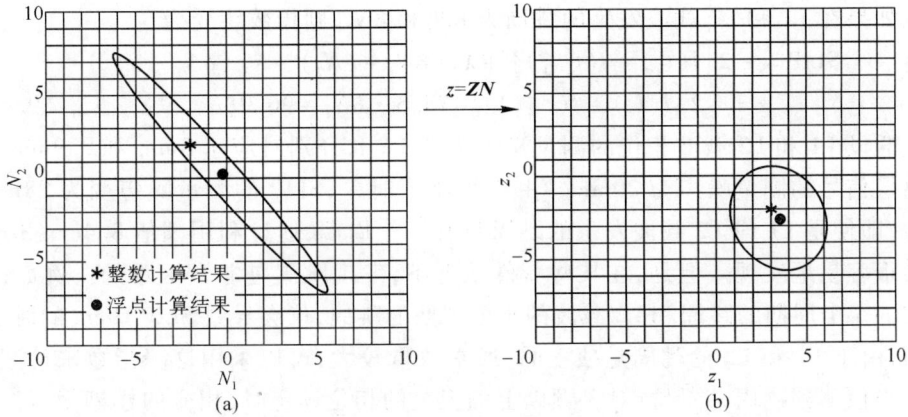

图 9.7　模糊度域搜索原始的椭圆形空间(a)和静转换后的圆形空间(b)

如果矩阵 $\boldsymbol{Z}^{-T}[\boldsymbol{Q}_{\hat{N}}]^{-1}\boldsymbol{Z}^{-1}$ 为对角矩阵,则其解(z)最接近 z 元素的整数。通常情况下,矩阵不能严格为对角矩阵,而是接近对角矩阵。图 9.7 显示了转化后的椭球(图(b))。椭球面积与原始面积一样,因为 $|\det(\boldsymbol{Z})| = 1$。然而,其形状近乎圆形,搜索过程可以比搜索细长区域更容易。有人提出了一种基于 $\mathbf{LDL}^T$ 和 $\mathbf{UDU}^T$ 分解来获得转换矩阵并减少搜索空间的方法[11]。

最后,原始空间中的模糊矢量通过反转换式(9.24)来获得,并用于定位:

$$N = Z^{-1}z \tag{9.24}$$

LAMBDA 方法在可以观察多颗卫星的情况下特别有用。如果使用 GPS 和 GLONASS,大部分时间可以观察到的卫星数量在 12 颗以上。在这种情况下,针对实时应用通过常规的方法进行全面的网格搜索是非常困难的,因为,搜索数量呈指数增加。然而,采用 LAMBDA 方法可以大大减少搜索量,瞬间找到正确的模糊度[12]。

9.1.3　跳周检测

如果接收机丢失对卫星信号的相位锁定,则会发生跳周。最常见的原因是树木、建筑物或飞行器本身对信号的遮蔽。另一个原因是电离层条件较差、多径、接收机高动态或较低的卫星仰角造成的信噪比较低。当发生跳周时,载波相位呈整数周期跳跃,而相位的小数部分保持不变。跳周可能会很小,仅仅几个周期,但也可能会超过数百万个周期。必须对跳周进行检测,因为在解析出新的模糊度之前没有可用于定位的相应的测量值。然而,通过监测式(8.28)所定义的电离层信号,可以容易地检测出双频跳周。采用电离层信号的时间差,并将其表示为 SLIP,则没有跳周情况下的结果是:

$$\mathrm{SLIP} \equiv \phi_I(t_n) - \phi_I(t_{n-1}) = -2\{I(t_n) - I(t_{n-1})\} \tag{9.25}$$

其中省略了多径和测量噪声。

如果在 L1 和 L2 载波发生的跳周为 δN_1 和 δN_2，则指数跳变为

$$\begin{aligned} \text{SLIP} &= -2\{I(t_n) - I(t_{n-1})\} + \lambda_N(\delta N_1 + \delta N_2) - \lambda_W(\delta N_1 - \delta N_2) \\ &= -2\{I(t_n) - I(t_{n-1})\} - 75.5 \cdot \delta N_1 + 96.9 \delta N_2 \end{aligned} \tag{9.26}$$

假设 L1 和 L2 载波相位的测量噪声为 0.1rad，分别对应于 3min 和 3.9mm，则电离层信号的测量噪声为 20mm。由于采用了时差，SLIP 的测量噪声变为 28mm。因此，即使是 L1 或 L2 载波发生的跳周只有一个周期，通过利用阈值 8.4cm（3σ），也会很容易地发现。但是，在某些特殊情况下，发现跳周是非常困难的。例如，L1 载波的 5 个周期的跳周和 L2 载波的 4 个周期的跳周，仅会导致 SLIP 10cm 的跳变。然而，由于 L1 和 L2 的跳周是独立的，通常数量较大，可以采用这一指数来检测跳周。当检测到跳周，并保持对 3 颗以上的卫星的相位锁定时，相应的模糊度可以利用从其余卫星的载波相位获得的接收机位置来计算。如果保持相位锁定的卫星数少于 4 颗，则作为初始化，进行飞行中的模糊度解析。如果不进行初始化，则建议利用简单的线性回归分析[2]或卡尔曼滤波[13]等方法对跳周进行修复。

如果采用 L1 单频接收机，利用载波平滑伪距 $\overline{\text{PR}}_1$ 可能会检测出跳周[6]：

$$\begin{aligned} \text{SLIP}_S &= \{\phi_1(t_n) - \overline{\text{PR}}_1(t_n)\} - \{\phi_1(t_{n-1}) - \overline{\text{PR}}_1(t_{n-1})\} \\ &= -2\frac{f_2}{f_1}\{I(t_n) - I(t_{n-1})\} \end{aligned} \tag{9.27}$$

或利用载波多普勒 $\dot{\phi}_1$ 检测出跳周：

$$\text{SLIP}_D \equiv \{\phi_1(t_n) - \phi_1(t_{n-1})\} - \dot{\phi}_1(t_n) \cdot (t_n - t_{n-1}) \tag{9.28}$$

然而，几个跳周的检测是困难的，因为平滑伪距的精度通常不足 50cm，在观测间隔多普勒变化显著。如果平滑伪距或载波多普勒足够精确，这些指标可用于跳周的修复。

9.2　案例研究：飞机姿态的确定

9.2.1　算法

除了飞行器的精确位置外，如果飞行器拥有一个以上的机载天线的话，GPS 干涉技术可以给出飞行器的姿态信息。飞行器的姿态由固定在载体上的坐标系与固定在北—东—地（NED）坐标系本地帧之间的旋转变换来确定。在这里，作为例子，推导出利用 4 个 GPS 天线来确定飞机姿态的算法。假设 $r_j^B = (x_j^B, y_j^B, z_j^B)^T, j=1,2,3$，是载体坐标系上第 j 个天线的天线矢量，$r_j^L = (N_j, E_j, D_j)^T$ 为本地水平坐标系上的天线矢量。则 3×3 矩阵 $r^B = (r_1^B, r_2^B, r_3^B)$ 和 $r^L = (r_1^L, r_2^L, r_3^L)$ 满足下面的关系：

$$r^B = R_L^B(\varphi, \theta, \psi) r^L \tag{9.29}$$

式中:$\pmb{R}_L^B(\varphi,\theta,\psi)$,$\varphi$,$\theta$,$\psi$ 分别为旋转矩阵、横滚（Roll）、俯仰（Pitch）、偏航角（Raw）。

因此,有

$$\pmb{R}_L^B(\varphi,\theta,\psi)$$

$$=\begin{bmatrix} \cos\theta\cos\psi & \cos\theta\sin\psi & -\sin\theta \\ \sin\varphi\sin\theta\cos\psi-\cos\varphi\sin\psi & \sin\varphi\sin\theta\sin\psi+\cos\varphi\cos\psi & \sin\varphi\cos\theta \\ \cos\varphi\sin\theta\cos\psi+\sin\varphi\sin\psi & \cos\varphi\sin\theta\sin\psi-\sin\varphi\cos\psi & \cos\varphi\cos\theta \end{bmatrix} \quad (9.30)$$

如果没有结构弯曲,旋转矩阵利用最小平方法来计算,以尽量减少下列代价函数:

$$J=\sum_{i,j}\{\pmb{r}^{B0}-\pmb{R}_L^B(\varphi,\theta,\psi)\pmb{r}^L\}_{i,j}^2 \quad (9.31)$$

对于飞机姿态的确定,为获得精确的飞机姿态,机翼弯曲建模非常重要,有几位作者均对此重要性进行了研究[14,15]。

另外,可以对飞机机身横向弯曲建模,这是因为在偏航角快速变化时,机身有可能会弯曲[16]。判断机身垂直弯曲非常困难,因为垂直机身的方向与机翼弯曲的方向相同。假设 $\pmb{r}^{B0}$ 和 $\pmb{r}^B$ 分别是飞机静止和运动的天线矢量矩阵,结构弯曲矩阵 $\pmb{B}$ 如下:

$$\pmb{r}^B=\pmb{r}^{B0}-\pmb{B} \quad (9.32)$$

$$\pmb{B}=\pmb{b}_1\pmb{b}_2\pmb{b}_3=\begin{bmatrix} 0 & 0 & 0 \\ -fl & -fl & -fl \\ 0 & fw & fw \end{bmatrix} \quad (9.33)$$

式中:fw 为机翼弯曲;fl 为机身的横向弯曲,如图9.8所示。

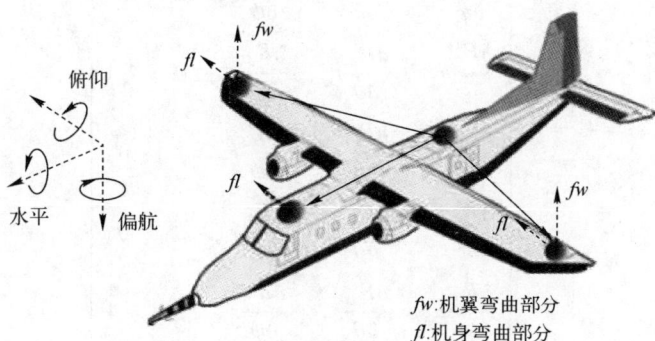

图9.8　结构弯曲建模

当机翼和机身分别向上和向右弯曲时,fw 和 fl 为正。在这种情况下,最小化代价函数由下式给出:

$$J=\sum_{i,j}\{\pmb{r}^{B0}-\pmb{B}-\pmb{R}_L^B(\varphi,\theta,\psi)\pmb{r}^L\}_{i,j}^2 \quad (9.34)$$

接下来,给出由最小二乘法确定姿态的数学方程。要估算的状态矢量定义如下:

$$\boldsymbol{x}_a = \begin{bmatrix} \varphi & \theta & \psi & fw & fl \end{bmatrix}^{\mathrm{T}} \tag{9.35}$$

下面引入一个虚构的测量矢量 $\boldsymbol{y}_a(9 \times 1)$:

$$\boldsymbol{y}_a \equiv \boldsymbol{h}(\boldsymbol{x}_a) = \begin{bmatrix} \boldsymbol{b}_1 \\ \boldsymbol{b}_2 \\ \boldsymbol{b}_3 \end{bmatrix} - \begin{bmatrix} \boldsymbol{R}_{\mathrm{L}}^{\mathrm{B}} \boldsymbol{r}_1^{\mathrm{L}} \\ \boldsymbol{R}_{\mathrm{L}}^{\mathrm{B}} \boldsymbol{r}_2^{\mathrm{L}} \\ \boldsymbol{R}_{\mathrm{L}}^{\mathrm{B}} \boldsymbol{r}_3^{\mathrm{L}} \end{bmatrix} \tag{9.36}$$

通过 $\bar{\boldsymbol{x}}_a$ 表示一个先验的状态矢量,通过 $\bar{\boldsymbol{y}}_a$ 表示计算的测量矢量,则残差矢量为

$$\delta \boldsymbol{y}_a \equiv \begin{pmatrix} \boldsymbol{r}_1^{\mathrm{B0}} \\ \boldsymbol{r}_2^{\mathrm{B0}} \\ \boldsymbol{r}_3^{\mathrm{B0}} \end{pmatrix} - \boldsymbol{y}_a = \left. \frac{\partial \boldsymbol{h}_a(\boldsymbol{x}_a)}{\partial \boldsymbol{x}_a} \right|_{\boldsymbol{x}_a = \bar{\boldsymbol{x}}_a} (\boldsymbol{x}_a - \bar{\boldsymbol{x}}_a) = [H_a(\bar{\boldsymbol{x}}_a)] \delta \boldsymbol{x}_a \tag{9.37}$$

因此,可以给出使式(9.34)中成本函数最小化的最小二乘法估算:

$$\delta \boldsymbol{x}_a = ([H_a]^{\mathrm{T}} H_a)^{-1} [H_a]^{\mathrm{T}} \delta \boldsymbol{y}_a \tag{9.38}$$

测量矩阵 $H_a(9 \times 5)$ 可以写为

$$H_a = \begin{bmatrix}
\dfrac{\partial R_{1i}}{\partial \varphi} r_{i1} & \dfrac{\partial R_{1i}}{\partial \theta} r_{i1} & \dfrac{\partial R_{1i}}{\partial \psi} r_{i1} & 0 & 0 \\[2mm]
\dfrac{\partial R_{2i}}{\partial \varphi} r_{i1} & \dfrac{\partial R_{2i}}{\partial \theta} r_{i1} & \dfrac{\partial R_{2i}}{\partial \psi} r_{i1} & 0 & -1 \\[2mm]
\dfrac{\partial R_{3i}}{\partial \varphi} r_{i1} & \dfrac{\partial R_{3i}}{\partial \theta} r_{i1} & \dfrac{\partial R_{3i}}{\partial \psi} r_{i1} & 0 & 0 \\[2mm]
\dfrac{\partial R_{1i}}{\partial \varphi} r_{i2} & \dfrac{\partial R_{1i}}{\partial \theta} r_{i2} & \dfrac{\partial R_{1i}}{\partial \psi} r_{i2} & 0 & 0 \\[2mm]
\dfrac{\partial R_{2i}}{\partial \varphi} r_{i2} & \dfrac{\partial R_{2i}}{\partial \theta} r_{i2} & \dfrac{\partial R_{2i}}{\partial \psi} r_{i2} & 0 & -1 \\[2mm]
\dfrac{\partial R_{3i}}{\partial \varphi} r_{i2} & \dfrac{\partial R_{3i}}{\partial \theta} r_{i2} & \dfrac{\partial R_{3i}}{\partial \psi} r_{i2} & 1 & 0 \\[2mm]
\dfrac{\partial R_{1i}}{\partial \varphi} r_{i3} & \dfrac{\partial R_{1i}}{\partial \theta} r_{i3} & \dfrac{\partial R_{1i}}{\partial \psi} r_{i3} & 0 & 0 \\[2mm]
\dfrac{\partial R_{2i}}{\partial \varphi} r_{i3} & \dfrac{\partial R_{2i}}{\partial \theta} r_{i3} & \dfrac{\partial R_{2i}}{\partial \psi} r_{i3} & 0 & -1 \\[2mm]
\dfrac{\partial R_{3i}}{\partial \varphi} r_{i3} & \dfrac{\partial R_{3i}}{\partial \theta} r_{i3} & \dfrac{\partial R_{3i}}{\partial \psi} r_{i3} & 1 & 0
\end{bmatrix} \tag{9.39}$$

式中:R_{ij},r_{ij} 表示矩阵 $\boldsymbol{R}_{\mathrm{L}}^{\mathrm{B}}$ 和 $\boldsymbol{r}^{\mathrm{L}}$ 的 (i,j) 元素。R_{ij} 相对于姿态角的偏导数由下列公式给出:

$$\frac{\partial R_{11}}{\partial \varphi} = 0$$

$$\frac{\partial R_{11}}{\partial \theta} = -\sin\theta\cos\psi$$

$$\frac{\partial R_{11}}{\partial \psi} = -\cos\theta\sin\psi$$

$$\frac{\partial R_{12}}{\partial \varphi} = 0$$

$$\frac{\partial R_{12}}{\partial \theta} = -\sin\theta\sin\psi$$

$$\frac{\partial R_{12}}{\partial \psi} = \cos\theta\cos\psi$$

$$\frac{\partial R_{13}}{\partial \varphi} = 0$$

$$\frac{\partial R_{13}}{\partial \theta} = -\cos\theta$$

$$\frac{\partial R_{13}}{\partial \psi} = 0$$

$$\frac{\partial R_{21}}{\partial \varphi} = \cos\varphi\sin\theta\cos\psi + \sin\varphi\sin\psi$$

$$\frac{\partial R_{21}}{\partial \theta} = \sin\varphi\cos\theta\cos\psi$$

$$\frac{\partial R_{21}}{\partial \psi} = -\sin\varphi\sin\theta\sin\psi - \cos\varphi\cos\psi$$

$$\frac{\partial R_{22}}{\partial \varphi} = \cos\varphi\sin\theta\sin\psi - \sin\varphi\cos\psi$$

$$\frac{\partial R_{22}}{\partial \theta} = \sin\varphi\cos\theta\sin\psi$$

$$\frac{\partial R_{22}}{\partial \psi} = \sin\varphi\sin\theta\cos\psi - \cos\varphi\sin\psi$$

$$\frac{\partial R_{23}}{\partial \varphi} = \cos\varphi\cos\theta$$

$$\frac{\partial R_{23}}{\partial \theta} = -\sin\varphi\sin\theta$$

$$\frac{\partial R_{23}}{\partial \psi} = 0$$

$$\frac{\partial R_{31}}{\partial \varphi} = -\sin\varphi\sin\theta\cos\psi + \cos\varphi\sin\psi$$

$$\frac{\partial R_{31}}{\partial \theta} = \cos\varphi\cos\theta\cos\psi$$

$$\frac{\partial R_{31}}{\partial \psi} = -\cos\varphi\sin\theta\sin\psi + \sin\varphi\cos\psi$$

$$\frac{\partial R_{32}}{\partial \varphi} = -\sin\varphi\sin\theta\sin\psi - \cos\varphi\cos\psi$$

$$\frac{\partial R_{32}}{\partial \theta} = \cos\varphi\cos\theta i\sin\psi$$

$$\frac{\partial R_{32}}{\partial \psi} = \cos\varphi\sin\theta\cos\psi + \sin\varphi\sin\psi$$

$$\frac{\partial R_{33}}{\partial \varphi} = -\sin\varphi\cos\theta$$

$$\frac{\partial R_{33}}{\partial \theta} = -\cos\varphi\sin\theta$$

$$\frac{\partial R_{33}}{\partial \psi} = 0$$

9.2.2 飞行试验

在本节中,我们讨论一个利用实际飞行数据来确定飞机姿态的例子。有 4 个 L1 GPS 天线安装在飞机上(飞机为 Dornier DO – 228)。天线距离机尾天线前方、右方、左方的距离为 6.4m、8.4m 和 8.2m。机身上的 2 个天线被连接到了 Trimble 公司的 4000SSE 接收机上,翼尖上的 2 个天线被连接到了 NovAtel 公司的 GP-SCards 接收机上。GPS L1 载波相位测量值以 2Hz 的速率记录,并进行飞行后分析。在这个例子中,通过动态 GPS 定位,独立地确定相对于一个基准天线的 3 个天线矢量。虽然姿态可以通过天线之间的单差来确定,但 2 部接收机必须精确同步。商用姿态确定系统可能拥有一部接收机,其信道分别分配给多个天线,此类系统的时间同步可以确保,但应当精确校准天线的基线偏差。

采用最小二乘搜索法来解 L1 载波相位的模糊度。在飞行器相对于地面基准接收机的动态定位中,如果采用 L1 单频接收机,则不容易解决载波相位模糊度。需几分钟到几十分钟的时间来解决模糊度,具体取决于基线长度,因为 GPS 卫星相对于基线的位置必须发生显著变化。另一方面,姿态确定系统中的基线矢量方向相对于卫星会因姿态的变化而发生巨大的变化。换言之,对于姿态,GPS 载波相位的可观测性非常高。此外,可以将已知的天线间隔作为约束因素,以减少模糊候选值的数量。因此,L1 模糊度可以很容易地在几秒钟内解决。

在飞行期间,通常可以观测的卫星超过 6 颗,用仰角大于 10°的卫星来进行处理。基于 GPS 的姿态可以连续确定,如图 9.9 所示,滚转角范围为 – 40°~ + 35°,俯仰范围为 – 5°~ + 16°。估算的机翼弯曲以及飞机在着陆过程中的高度如图 9.10 所示,其中跑道的高度大约是 110m(WGS – 84)。明显的是,在飞行中,标定的机翼弯曲是 12cm,降落后则接近于零。

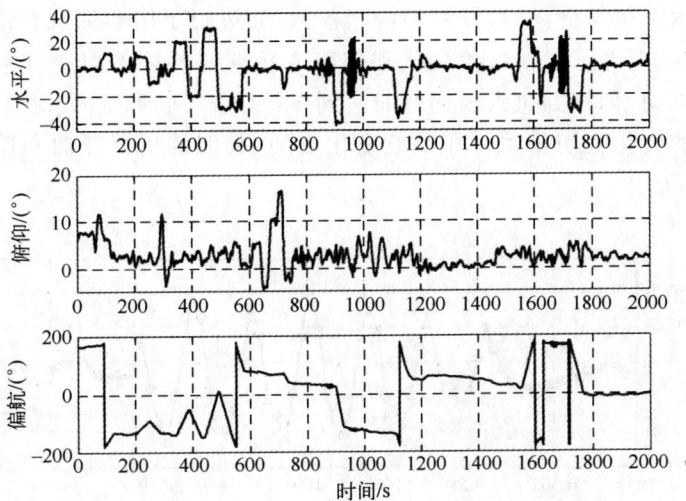

图 9.9　飞机姿态 GPS 预估

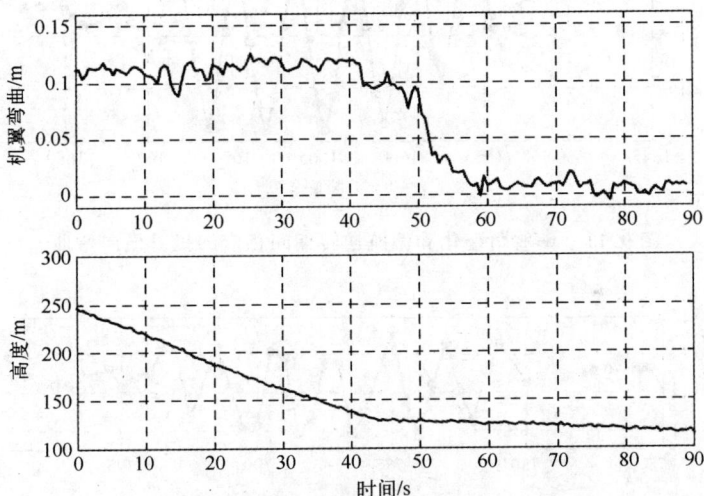

图 9.10　飞机机翼弯曲和姿态 GPS 估算

将 GPS 姿态与捷联式环形激光陀螺惯性导航系统(INS)(Litton LTN - 92)提供的基准姿态进行比较,并对 INS 和载体坐标系之间的误差进行标校。INS 姿态的准确度在俯仰和滚转轴上为 0.05°,在偏航轴上为 0.4°。滚转、俯仰和偏航的均方根误差分别为 0.052°、0.060° 和 0.075°。姿态角的精度近似由定位精度值除以基线长度来表示。例如,当采用 0.5cm 作为标定上的定位精度和 6.41m 作为基线长度的话,角度精度将是 0.04°。此值略小于前面给出的均方根值。然而,考虑到 INS 姿态由旋转角来描述,从本地水平坐标系到标定的载体坐标系,并忽略瞬间的结构弯曲,这种误差是可以接受的。

为了演示对机身横向/机翼弯曲的建模效果,进行了诸如偏航和俯仰转变的飞机机动。图 9.11 展示了偏航角变化和偏航逆转期间相应的机身横向挠曲。由于飞机的快速机动,估算的机身横向弯曲达到 ±1.1cm。很明显,在偏航机动期间,弯曲与俯仰角的变化密切相关。在偏航变化期间,类似的机翼弯曲和俯仰之间的关系如图 9.12 所示。

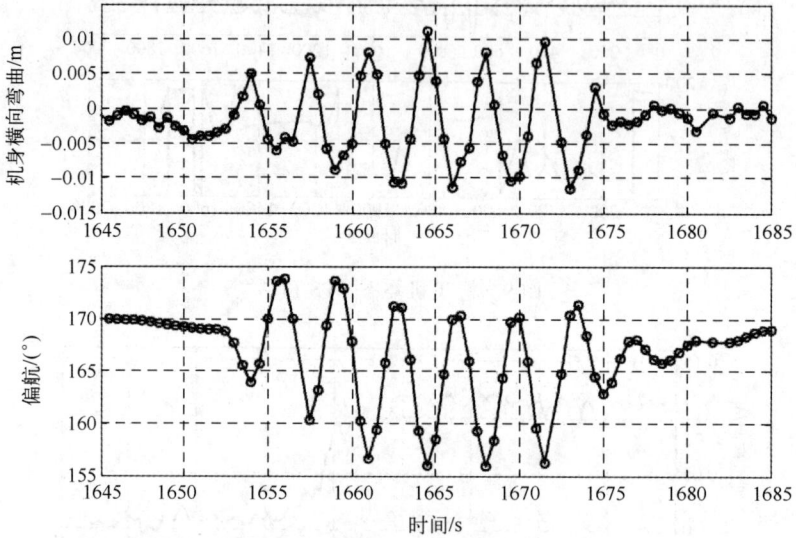

图 9.11　偏航角变化和偏航逆转期间相应的机身横向弯曲

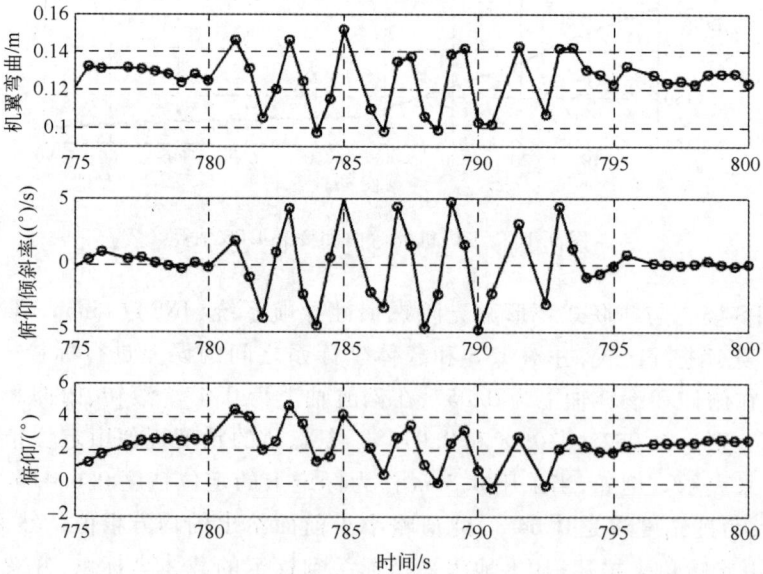

图 9.12　倾斜逆转期间机翼弯曲、倾斜和斜率变化

参考文献

[1] B. W. Remondi, Global positioning system: Description and use, *Bulletin Geodesique*, 59, 1985, 361–377.

[2] G. L. Mader, Dynamic positioning using GPS carrier phase measurements, *Manuscripta Geodetica*, 11, 1986, 272–277.

[3] R. Hatch, Instantaneous ambiguity resolution, Proceedings of IAG International Symposium No.107 on Kinematic Systems in Geodesy, Surveying and Remote Sensing. New York: Springer Verlag, 1991, pp 299–308.

[4] B. W. Remondi, Pseudo-kinematic GPS results using the ambiguity function method, navigation, *Journal of the Institute of Navigation*, 38, (1), 1991, 17–36.

[5] P. J. G. Teunissen, A new method for fast carrier phase ambiguity estimation, Proceedings IEEE Position, Location and Navigation Symposium PLANS'94, Las Vegas, NV, 11–15 April, 1994, pp. 562–573.

[6] G Lachapelle, M. E. Cannon, and G. Lu, High-rrecision GPS navigation with emphasis on carrier-phase ambiguity resolution, *Marine Geodesy*, 15, 1992, 253–269.

[7] H. Z. Abidin, D. E. Wells, and A. Kleusberg, Multi-monitor station 'On the fly' ambiguity resolution: Theory and preliminary results, Proceedings of DGPS'91, First International Symposium on Real Time Differential Applications of the Global Positioning System, 1, 16–20 Sept. 1991, Braunschweig, Federal Republic of Germany, pp 44–56.

[8] G. Seeber, *Satellite Geodesy*, Berlin/New York, Walter de Gruyter, 1993.

[9] N. C. Talbot, High-precision real-time GPS positioning concepts:Modeling and results, *Navigation, Journal of the Institute of Navigation*, 38, (2), 1991, 147–161.

[10] P. J. G. Teunissen, GPS carrier phase ambiguity fixing concepts, in *GPS for Geodesy*, 2nd edition, P. J. G. Teunissen and A. Kleusberg (editors), Berlin, Springer-Verlag, 1998.

[11] P. J. de Jonge and C. C. J. M. Tiberius, *The LAMBDA Method for Integer Ambiguity Estimation: Implementation Aspects*, Delft Geodetic Computing Centre LGR series, No. 12, 1996.

[12] T. Tsujii, M. Harigae, T. Inagaki, and T. Kanai, Flight tests of GPS/GLONASS precise positioning versus dual frequency KGPS profile, *Earth Planets Space*, 52, (10), 2000, 825–829.

[13] H. Landau, Precise kinematic GPS positioning, *Bull. Géodésique*, 63, 1989, 85–96.

[14] C. E. Cohen, B. D. McNally, and B. W. Parkinson, Flight tests of attitude determination using GPS compared against an inertial navigation unit, navigation, *Journal of the Institute of Navigation*, 41, (1), 1993, 83–97.

[15] M. E. Cannon and H. Sun, Assessment of a non-dedicated GPS receiver system for precise airborne attitude determination, Proceedings of ION-94, Salt Lake City, 20–23 Sept., 1994, pp 645–654.

[16] T. Tsujii, M. Murata, and M. Harigae, Airborne kinematic attitude determination using GPS phase interferometry, *Advances in the Astronautical Sciences*, 95, 1997, 827–838.

第 10 章　GNSS 信号的电磁闪烁

"与短焦望远镜相比,长焦望远镜可能会使目标显得更亮、更大,但它们无法消除因大气湍流而引起的光线混沌。唯一补救办法是利用安宁、静谧的空气,如高山之巅阴暗云层之上的空气。"

艾萨克·牛顿爵士,《光学》(1730 年)

在可见光频段引入望远镜后,人们注意到了电磁闪烁效应。电磁闪烁效应是信号振幅和相位的瞬间随机快速波动。牛顿发现了大气中的闪烁现象,并建议将望远镜放置到最高山顶上。当天文学发展到射频领域,对闪烁的研究有了进一步的推进。通过监测来自其他星系的信号,特别是来自"仙后座"(Cassiopeia)的信号[1],已经发现了闪烁效应。通过利用相距一定距离且工作频率不同的一组接收机进行测量,建立起闪烁源,不同位置接收机闪烁效应之间的相互关系明确了闪烁源存在于地球大气层中,对频率的依赖关系表明,发生闪烁的介质是色散的。

尽管全球导航卫星系统的信号在对流层中的传播的闪烁效应远小于信号在电离层中传播的闪烁效应,全球导航卫星系统信号主要是其通过大气层传播所导致的幅度和相位闪烁。信号闪烁效应对于导航和大地测量应用非常重要,因为它会影响接收机性能,导致其锁定的信号失锁,停止对信号的跟踪。幅度闪烁会造成信号质量下降,相位闪烁会影响载波跟踪环,即由于载波的高动态性,需要更宽的带宽。在第 12 章中,我们讨论了此类效应,以及在某些应用中如何消除此类效应。

另一方面,闪烁效应可以成为地球物理信息的一个重要来源,闪烁效应可以为我们提供有关大气内部的结构和动态信息。闪烁效应也可能与大气中的一些尚未探明的机理有关,特别是通过密切监测电离层的精细结构和动态,我们或许能够加强天气预报,预测气候的变化,对飓风和台风等进行预警,甚至对地震做出预测。我们将在下一章来探讨其中的一些应用。在第 4 章中,我们讨论了由地球大气所造成的全球导航卫星系统信号传播误差。在本章中,我们将对大气所造成的更微妙的影响进行讨论。与以前一样,我们还将讨论如何对此类效应进行建模和仿真。图 10.1 展示了本章内容与本书其他内容的关系。

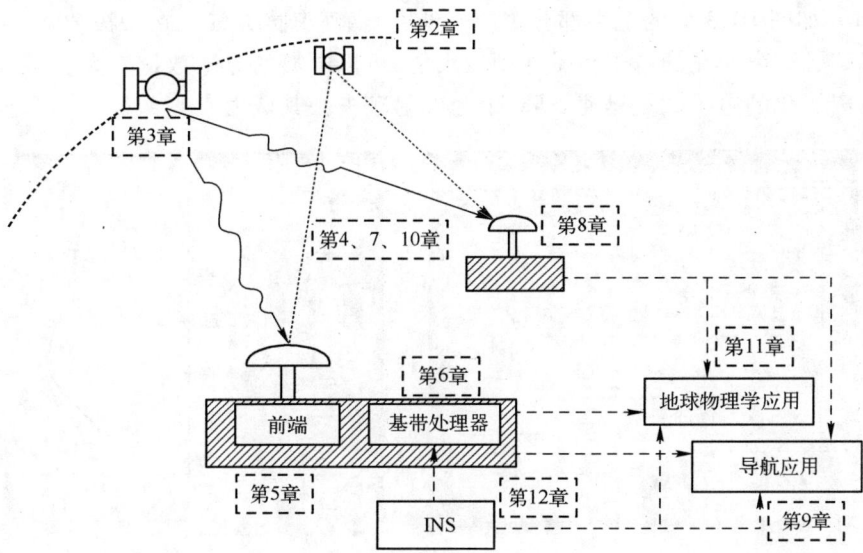

图 10.1　第 10 章内容

10.1　电离层的不规则性

太阳辐射包括紫外线辐射和较弱的 X 射线辐射。太阳发出的辐射出现在太阳表面法线方向。黄道平面相对于太阳赤道平面倾角约为 7.3°。因此,关于辐射,地球只会受太阳 14.6°赤道带的影响(图 10.2)[2]。电离层因太阳辐射而存在,同时受到小得多的空间辐射的影响。事实上,电离层会将这一辐射与地球上的一切隔离开来。当其遇到大气时,辐射会将大气分子电离。从电子密度剖面(图 10.3)可以看到电离水平。

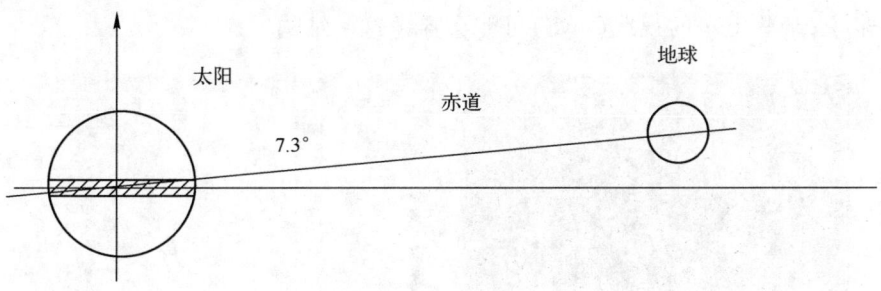

图 10.2　地球与太阳赤道带的关系(请参见文献[2])

为了理解为什么电子密度剖面会是这样的,我们需要思考其形成机理。地球磁场与电离离子相互作用,这些离子变得与磁场一致起来,磁场流向两极,在大气中重组,并产生极光。封闭磁场上的电离层等离子体与地球同向旋转(费拉罗定理[3])。如图 10.3 中的上半部分对应于低密度、高海拔大气。在海拔 300 ~ 400km 之间(F 层),离子化的电子数量达到最大值,可以电离的分子数量变大。从这点到地球,离子化的电子数量迅速下降,因为辐射正失去其威力[4]。

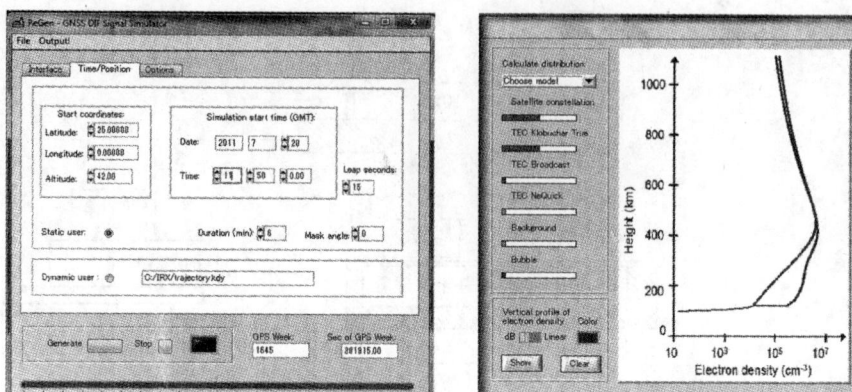

图 10.3　ReGen 模拟器在两个条件下计算出的电子密度剖面

20 世纪 50 年代人们在分析来自其他星系的无线电信号时发现了这一点,闪烁源存在于地球的大气层中。通过比较不同频率的结果,可以确定介质是色散的,因此是离子化的(有关色散和非色散介质中的信号传播的详细情况见第 4 章)。

对这些河外星系的进一步的研究以及后来的卫星数据明确表明,闪烁是由空间的不规则性造成的。GPS 可以采集很多有关电离层不规则性的信息。我们感兴趣的是造成闪烁的大量不规则性。它们可以被分为两组,即强电离和弱电离[1,4,5]。强电离的不规则性与地球磁场一致并大大延伸,轴比至少为 20 或更大。弱电离或等离子体气泡的不规则性也沿南北方向延伸(图 10.4)。中纬度(约 60°)弱电离层的其他区域称为电离层主槽。空间不规则性主要发生在赤道和极光区,但这些不规则性导致的闪烁对全球都有影响,因为基本上,对于位于任何地方的接收机来说,某些卫星的视线(LOS)可能会穿越这些结构。

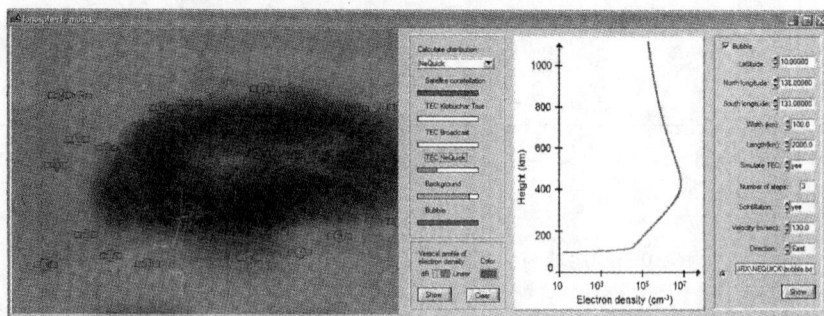

图 10.4　ReGen GUI 面板上的 GPS 星座和不同电离层气泡区,
最右边面板显示的是气泡参数

闪烁对全球导航卫星系统测量会产生负面影响,但另一方面,可以通过闪烁来获取电离层的信息。我们将在下一章探讨这个话题。从这一角度来看,这些不规则性的起源是很有趣的。可以将它们分为两类:全球大型不规则性和本地小型不规则性。全球大型不规则性起源于太阳和地球磁场的影响。本地小型不规则性可能源于火山、地震和其他扰动[4]。电离层闪烁的主要特点可以概括如下[6]:

（1）闪烁活动数量取决于太阳黑子的数量。

① 与每日太阳黑子的数量没有很强的相关性。在电离层的高度,日闪烁高峰约在日落后1h。

② 与年度太阳黑子的数量有很强的相关性。年度闪烁随11年的太阳黑子周期而变化。年度闪烁高峰大约是在春分时节。

（2）强大的吉赫闪烁的位置位于地磁赤道±30°内。

（3）闪烁幅度显示,与每月太阳黑子数具有很强的相关性。

（4）闪烁期一般不超过15s。

（5）功率谱以f^{-3}滚降。

20世纪60年代,人们开始利用卫星进行观测。最初始于G. S. 肯特,1960年在西非利用卫星对闪烁进行了广泛的观测。当时,对电离层闪烁的主要特点进行了界定,研究人员甚至确定碎片大小为100km。他们发现了太阳黑子周期效应,最大效应发生在春分时节[7]。当时还发现了碎片可以存在于夜间。不规则性是由于TEC的波动造成的。另外,还确定了小碎片($10km \times 1km$)椭球体的对称性。季节性和对太阳黑子的依赖性最大的闪烁发生在当地午夜时分。

闪烁是由于TEC的不规则性引起的,主要是在F层。在太阳活动高峰期内,由于背景TEC的增加,闪烁更剧烈。因为太阳的活动,不规则性的振幅没有太大的变化,但背景TEC可能至少会高10倍。

在平静的年份,月太阳黑子数小于30,可能根本不会发生闪烁。另一方面,在太阳活动剧烈的年份,闪烁可能会严重影响全球导航卫星系统信号。在10%的时间,信号衰落会高达7dB[8],在中低纬度L1频段上,独立峰值会高达25dB[9]。在太阳活动最剧烈的情况下,在羽流区,低纬度(±15°)地区L频段的衰落可以很容易地达到20dB[10]。

闪烁是由波的散射造成的。此机理取决于不规则性的大小。与菲涅耳区相比,不规则性导致了散射。当衍射效应较强时,菲涅耳区的长度被定义为基本长度标尺:

$$l_F = \sqrt{\lambda H} \tag{10.1}$$

式中:λ为波长;H为从接收机到菲涅耳区的距离。

关于闪烁,菲涅耳长度确定了标尺,根据这一标尺,当接收机位于比H远的距离时,不规则性会产生幅度闪烁。大于此的结构直接作用于相位,因为它们对幅度的作用被菲涅耳滤波抑制。

由赤道闪烁背后的物理学原理可以做如下解释:羽状结构或漏斗含有低电子密度的上升气泡,从地面站观测到,气泡的大小超过了菲涅耳区。因此,信号会受到折射的影响。折射效应可能会导致 S_4 较高,达到 1 或更高[11]。当不规则性的大小等于或小于菲涅耳区时,衍射发生作用。当气泡移动时,气泡会产生较小的不规则性,可以小到几厘米。这些不规则性会由于衍射而产生闪烁。

通过电离层的损耗(这会影响编码的延迟和相位超前)和通过闪烁,气泡类型的不规则性往往会对无线电信号产生双重效应。第一个效应由 ReGen 通过图 10.5 所示的射线跟踪来模拟。气泡对电离层的延迟通过差分计算得出:TEC(Ray"$s_1 - s_2$") – TEC(Ray"$s_3 - s_4$")。

在 ReGen 中使用逐步闪烁模型和闪烁信号对气泡闪烁建模(图 10.6),无论是来自观测的还是通过模型模拟的,将在下面分别介绍。

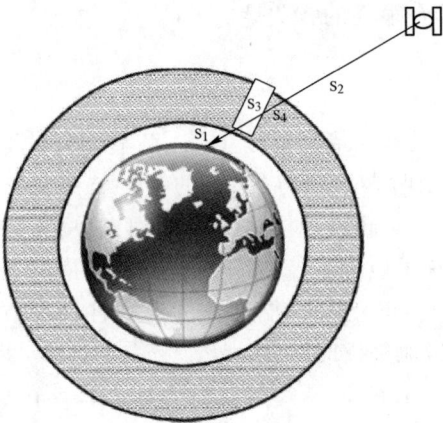

图 10.5　通过气泡的射线的倾斜 TEC 计算

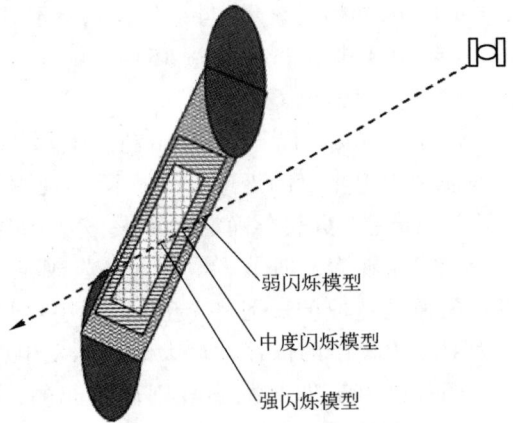

弱闪烁模型

中度闪烁模型

强闪烁模型

图 10.6　逐步闪烁模型

10.2　弱散射 Rytov 近似算法

闪烁大多是由折射率的波动引起的。折射率波动本身是由磁场波动、电离层中的 TEC 以及对流层的温度和湿度引起的。为了提供模型来描述闪烁效应,假设与沿卫星和接收机之间视线上的总信号路径相比,受不规则性影响的电离层的离子化层较为稀薄。基于这一假设的模型称为相位屏模型,并且可以描述如下:信号穿过被称为相位屏的稀薄的离子层,相位屏具有某些扰动信号的属性。这层薄薄的相位屏会散射信号,并改变信号的相位。散射信号进一步传播。天线上的信号来自 GNSS 卫星发出的信号和相位屏散射的信号。在这里,我们来解释上面所述的菲涅耳滤波机理。如果我们看一下接收到的总信号功率(或强度),如果通过这两条路径传播的信号汇聚到了一起,可以看到在距相位屏一定的距离,沿不同路径的相位波动会导致幅度的波动:

$$P = A^2 = A_1^2 + A_2^2 + 2A_1A_2\cos(\varphi_1 - \varphi_2) \tag{10.2}$$

小于第一菲涅耳区的电离层不规则性会产生相位和幅度闪烁,而大于第一菲涅耳区的电离层不规则性则只会产生相位闪烁。对于相位和幅度闪烁来说,这是一个基本模型。我们需要对所有可能的路径进行积分,可以估算在该点接收到的信号的幅度和相位。

假设导致闪烁的电离层的不规则性位于海拔约350km的接收机天线的上方(请参见图10.7)。我们需要通过麦克斯韦方程组解出接收机天线位置的电磁场参数。

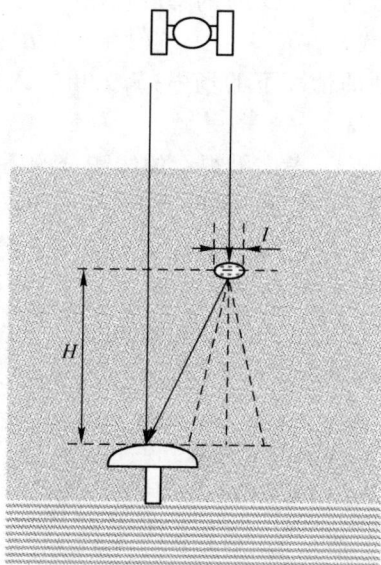

图 10.7 接收机和电离层屏蔽层(引自文献[1])

正如在第4章中所看到的,麦克斯韦方程的解可以通过通用的标量波动方程式(4.10)来表示:

$$\nabla^2 E(r) + k^2 \varepsilon(r,t) E(r) = 0 \tag{10.3}$$

式中:$k = 2\pi\sqrt{\varepsilon\mu}f = 2\pi/\lambda$ 为电磁波数。

通过波动方程的标量型,可以忽略与极化相关的所有问题。需要注意的是,电离层不规则性导致的极化变化也会表现为幅度闪烁。

下面讨论一种TEC不规则性下的均匀电离层碎片模型[12],即

$$\varepsilon(r,t) = \langle\varepsilon\rangle[1 + \delta\varepsilon(r,t)] \tag{10.4}$$

式中:$\langle\varepsilon\rangle$ 为背景介电常数,且

$$\langle\varepsilon\rangle = \varepsilon_0(1 - f_p^2/f^2) \tag{10.5}$$

式中:f_p 为背景等离子体频率;ε_0 为自由空间介电常数;f 为探测频率。

背景等离子体频率取决于TEC。通常为几兆赫到18MHz。介电常数分数波

211

动为

$$\delta\varepsilon(\boldsymbol{r},t) = -\frac{(f_\mathrm{p}/f)^2}{1-(f_\mathrm{p}/f)^2}\frac{N(\boldsymbol{r},t)}{N_0} \tag{10.6}$$

式中:N_0为背景电子密度(相应的等离子体频率为f_p);$N(\boldsymbol{r},t)$为 TEC 波动。

可以发现,式(10.3)的解析只适用于非常少的有限情况。作为式(10.3)的一种解,第一种近似算法是由诺贝尔经济学奖得主 Max Born 发现的。根据文献[13、14],如果介质波动相对于整数较小,即

$$\sigma(\delta\varepsilon)\ll 1 \tag{10.7}$$

则可以找到解,因为下列数列与$\sigma(\delta\varepsilon)$的幂成正比:

$$E = E_0 + E_1 + E_2 + \cdots = E_0(1 + B_1 + B_2 + \cdots) \tag{10.8}$$

式中:E_0为在没有不规则性的情况下的场强;E_1为单一入射平面波的散射;E_2为双散射。

如果在几何光学的情况下,考虑沿视线的线积分的话,则在玻恩近似算法的情况下,要考虑体积积分。对于玻恩近似算法,则应用下列条件:

$$\langle\varphi^2\rangle + \langle\chi^2\rangle < 1 \tag{10.9}$$

式中:$\langle\varphi^2\rangle$为相位方差;$\langle\chi^2\rangle$为对数幅度方差。

式(10.3)的另一种解由 Rytov 近似算法给出[13,15]。与式(10.9)相比,Rytov 近似算法适用于更广泛的条件。

$$\langle\chi^2\rangle < 1 \tag{10.10}$$

式(10.3)的 Rytov 近似算法由下列数列给出:

$$E = E_0\mathrm{e}^{(\psi_1 + \psi_2 + \psi_3 + \cdots)} \tag{10.11}$$

$$E_0 = \mathrm{e}^{\psi_0} \tag{10.12}$$

采用 Rytov 方法可以将式(10.3)转换为 Riccati 方程[15]:

$$\nabla^2\psi + (\nabla\psi)^2 + 2\nabla\psi_0\nabla\psi + k^2\delta\varepsilon = 0 \tag{10.13}$$

式中

$$\psi = \psi_1 + \psi_2 + \psi_3 + \psi_4 + \cdots \tag{10.14}$$

在许多领域,从微分几何到贝塞尔函数,Riccati 方程起着非常重要的作用。我们在卡尔曼滤波器中用到 Riccati 方程,在卡尔曼滤波器中,它描述了协方差矩阵传播。

无扰的电场通常由亥姆霍兹(Helmholtz)方程来描述,它可以用格林函数求解。Rytov 近似算法的散射条件可以从式(10.13)通过无扰解析式(10.12)来表示。双散射(图10.8)的前两个条件可以表示为(见文献[15]的推导过程)

$$\psi_1(\boldsymbol{R}) = -k^2\int d^3rG(\boldsymbol{R},\boldsymbol{r})\delta\varepsilon(\boldsymbol{r},t)\frac{E_0(\boldsymbol{r})}{E_0(\boldsymbol{R})} \tag{10.15}$$

和

$$\psi_2(\boldsymbol{R}) = -\int d^3rG(\boldsymbol{R},\boldsymbol{r})[\nabla\psi_1(\boldsymbol{r})]^2\frac{E_0(\boldsymbol{r})}{E_0(\boldsymbol{R})} \tag{10.16}$$

因此,双散射模型的电场可以描述为

$$E(\boldsymbol{R}) = E_0(\boldsymbol{R}) \mathrm{e}^{\left(-\int d^3 r G(\boldsymbol{R},r)\frac{E_0(r)}{E_0(\boldsymbol{R})}\left[k^2\delta\varepsilon(r)+(\nabla\psi_1(r))^2\right]\right)} \qquad (10.17)$$

只有在特殊的情况下,可以推导出解析解。

可以很方便地建立 Rytov 近似算法和 Born 近似算法之间的关系(见文献[13,15])。Rytov 近似算法和 Born 近似算法可以描述平面波的情况。复杂相位法(CPM)可以将 Rytov 近似算法拓展到更普通的球面波的情况[16]。

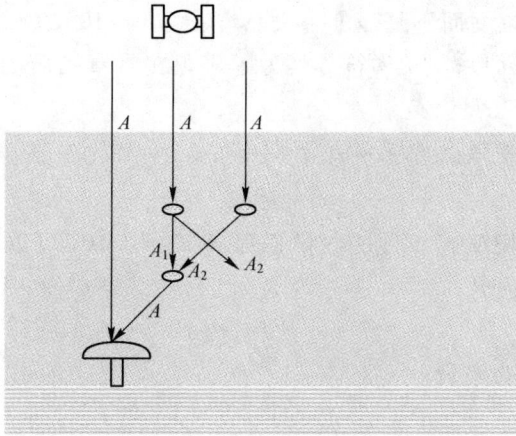

图 10.8 双散射模型(引自文献[1])

10.3 闪 烁 监 测

Born 近似算法和 Rytov 近似算法提供了一种用于描述全球导航卫星系统信号在通过电离层不规则区被干扰的情况下接收机天线所处位置的电磁场的模型。现在,希望有一种测量设备,可以测量信号扰动的定量参数。如果记录下全球导航卫星系统信号本身,那么就可以恢复闪烁信号,并通过自相关分析来进行分析。

10.3.1 信号强度测量

信号强度含有幅度闪烁的相关信息(参见式(10.2))。通过以下两个(通过信号功率或强度表达的)指数之一,可以估算其量值。第一个指数为

$$S_3 = \frac{\left| E(P-\hat{P}) \right|}{\hat{P}} \qquad (10.18)$$

式中:$\hat{P}$为平均功率(强度);$E(\cdot)$为数学期望算子;指数 S_3 给出平均功率的功率归一化平均偏差。

第二个指数为

$$S_4 = \frac{\sqrt{E((P - \hat{P})^2)}}{\hat{P}} \tag{10.19}$$

或常常表示为

$$S_4 = \sqrt{\frac{\langle P^2 \rangle - \langle P \rangle^2}{\langle P \rangle^2}} \tag{10.20}$$

指数 S_4 给出功率均方根偏差,通过平均功率进行归一化。S_1 和 S_2 指数与 S_3 和 S_4 指数类似,但通过幅度而不是强度来表示[4]。方程(10.20)通常采用强度符号 I 而非功率符号 P。我们采用功率符号是为了避免在本章稍后的讨论中与相位累加器测量混淆。

根据定义,闪烁参数 S_4 总是满足下列条件:

$$S_4 \leqslant \sqrt{2} \tag{10.21}$$

Rytov 近似算法模型有效性的弱散射条件式(10.10)可以通过强度波动来表示[15]。场强由下式给出:

$$E = E_0(1 + \chi) \tag{10.22}$$

因此,接收到的功率为

$$P = E_0^2(1 + \chi)^2 \approx P_0(1 + 2\chi) \tag{10.23}$$

和

$$\left\langle \left(\frac{\delta P}{P_0}\right)^2 \right\rangle = 4\langle \chi^2 \rangle \tag{10.24}$$

式中:$\delta P = P - P_0$。

10.3.2   基带处理器中的闪烁测量

信号功率可以按照窄带功率和宽带功率之间的差异加以测量[17]:

$$P = P_W - P_N \tag{10.25}$$

其中,宽带功率定义为

$$P_W = \sum_{j=1}^{M}(I_j^2 + Q_j^2) \tag{10.26}$$

窄带功率定义为

$$P_N = \sum_{j=1}^{M}(I_j)^2 + \sum_{j=1}^{M}(Q_j)^2 \tag{10.27}$$

两者均通过 M 样本来计算(参见 6.6 节)。我们还需要消除来自环境噪声的部分信号功率。这可以利用信噪比计算得出[17]:

$$S_{4N} = \sqrt{\frac{100}{S/N_0}\left(1 + \frac{500}{19S/N_0}\right)} \tag{10.28}$$

最终,S_4 指数的计算方法如下:

$$S_4 = \sqrt{\frac{\langle P^2 \rangle - \langle P \rangle^2}{\langle P \rangle^2} - \frac{100}{S/N_0}\left(1 + \frac{500}{19S/N_0}\right)} \tag{10.29}$$

对于弱闪烁,因 $2 < p < 6$,S_4 指数也可以通过相位屏模型的参数表达为[18]

$$S_4^2 = 4\sqrt{\pi}\, r_e^2 \lambda^2 (L \sec\theta)\, \sigma_N^2 \kappa_0^{p-3} \Gamma\left(\frac{p/2+1}{2}\right) \Gamma\left(\frac{3-p/2}{2}\right) Z^{p/2-1} g/(p/2-1) \tag{10.30}$$

式中:θ 为碎片上波的入射角;σ_N 为波动的电子密度方差;g 为几何因子(取决于各向异向程度,对于各向同性的不规则性,$g=1$);p 为谱指数;r_e 为典型电子半径。

$$r_e = \frac{e^2 \mu_0}{4\pi m} \tag{10.31}$$

$$\kappa_0 = 2\pi/r_0 \tag{10.32}$$

其中:r_0 为不规则的外部尺度。

$$Z = \lambda z_R \sec\left(\frac{\theta}{2\pi}\right) \tag{10.33}$$

$$z_R = z z_S/(z + z_S) \tag{10.34}$$

其中:z_S 为碎片到源的距离;λ 为波长。

从式(10.30)可知,对于弱闪烁,S_4 遵循频率定标法 f^{-n},其中,$n = (p+2)/4$。第一菲涅耳区的半径为 $\sqrt{\lambda L}$,L 为碎片的厚度。在聚焦区,S_4 可以大于 1。

由式(10.29)得出的功率以及载波相位测量值来自基带处理器。这些测量值是卫星动态的函数。我们感兴趣的是相位测量得到的载波相位波动,但被卫星的运动掩盖了,大卫星以约 800m/s 的速度沿 GPS 卫星间的视线运动,而波动通常在 0.2rad 之内。为了看到它们,我们需要消除卫星的运动,这可以通过高通滤波器去趋势(De-trending)来完成。我们还需要通过低通滤波器来消除功率测量的高频变化。在这两种情况下,可以采用六阶巴特沃斯(Butterworth)滤波器。

可以通过下列方法计算非 L1 频率的 S_4 和 σ_ϕ 参数[19]:

$$S_4(f) = S_4(L1)\left(\frac{f_{L1}}{f}\right)^{1.5} \tag{10.35}$$

$$\sigma_\phi(f) = \sigma_\phi(L1)\frac{f_{L1}}{f} \tag{10.36}$$

相位波动也可能来自前端时钟,如第 6 章讨论的。出于闪烁监测的目的,有必要在前端使用 OCXO 时钟。

我们还需要测量编码-载波发散度(CCD)。CCD 包含有与 TEC 成正比的电离层延迟/超前信息以及多径信息。

原始测量通常提供 50Hz 的采样率。iPRx 软件接收机允许以高得多的采样率输出数据,可以高达 1000Hz,但在实时模式下,它还取决于 PC 的性能。图 10.9 给出了 iPRx 接收机电离层闪烁监控器(ISM)的界面。

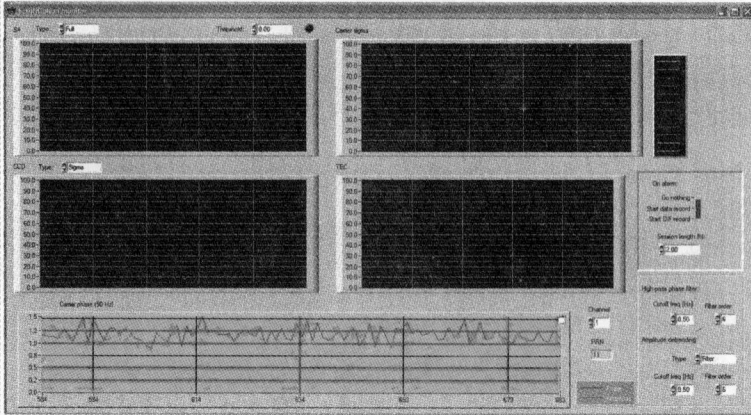

图 10.9　电离层闪烁监控器（ISM）闪烁监控界面
图的下半部分是相位和幅度的去趋势滤波。

10.3.3　差分闪烁监控

间隔闪烁监控器接收机可以让我们建立一个电离层不规则结构的衍射,从而使我们能够推断出碎片的大小和形状。针对测量,可以优化基线大小和方向。可以基于衍射图样式的变化估算出层的厚度。20 世纪 60 年代首次进行此类研究时使用的是过境卫星(Transit Satellites)[20]。如果不规则性的高度呈高斯分布,标准偏差为 $\sqrt{2}\Delta$,则该层的厚度可以根据下式计算:

$$\Delta = \frac{V_c u H}{(u + V)^2} \qquad (10.37)$$

式中:u 为卫星速度;H 为卫星高度;V 为衍射方向图的漂移图;V_c 为衍射方向图的"内禀速度"(等于方向图形大小与方向图特性期限比)。

不规则性的高度可以从衍射图的速度推导得出。应该寻找邻近接收机记录类似图形衰落之间的时间位移。不规则性的尺度由下式给出(从衍射图的横向尺度):

$$D_A = 2\left(\frac{z_B}{z_B - z}\right)d \qquad (10.38)$$

式中:z_B 为卫星的高度;z 为不规则性的高度;d 为从衰落记录推断出的自相关性。

如果卫星波束不平行于磁场,则这是有效的。

从为期一年的过境卫星幅度衍射方向图测量情况(利用本地接收机网络,基线约 20km)发现电离层不规则结构的厚度约为 $2\sqrt{2}\Delta = 60$km,高度为 300～600km,平均约 400km。

10.4　案例研究:弱电离区的闪烁

弱电离层或电离层等离子体气泡区越来越多地引起全球导航卫星系统界的关

注,因为,对包括南亚和日本在内的相对低地磁纬度的地区和国家来说,这是常见的。这些地区往往会导致闪烁和空间梯度[21]。航空应用特别感兴趣的一个方面是闪烁是如何影响 INS 辅助跟踪性能的(参见 12.3 节)。闪烁下的飞行试验数据并不总是容易获得的,因此研究人员可以从模拟闪烁效应的试验中受益。ReGen可以模拟受闪烁影响的数字中频(DIF)信号。闪烁数据可以是模拟数据,也可以是测量数据。获得的数字中频信号可以由软件接收机来处理。

在本节中,将讨论与等离子气泡相关的闪烁。2004 年 4 月 14 日,在日本那霸(北纬 26°13′43″,东经 127°40′44″),利用 GPS 硅谷的 GPS 电离层闪烁和 TEC监控系统(GISTM),即 GSV4004 系统获得了观测数据,并对获得的数据进行了分析,提取了特征值[21]。GSV4004 系统是用于监测闪烁的系统,可以给出与闪烁有关的参数以及 GPS 伪距和载波相位。图 10.10 所示为从 12:40 到 15:05(GPS 时间)GPS 卫星定位系统的轨迹。在此期间,观察到了两个系列的闪烁,并通过曲线(第一个是 PRN15,从 12:45 到

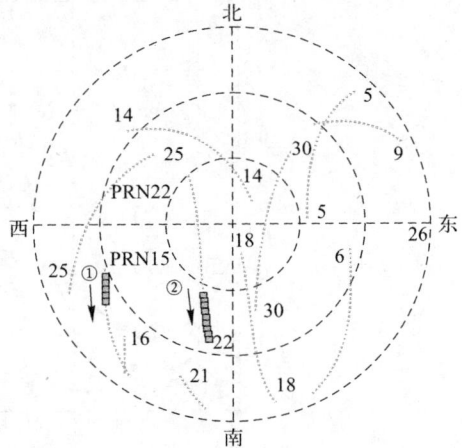

图 10.10　观测到的 GPS 航迹

13:05;第二个是 PRN22,从 14:20 至 15:05)予以显示。图 10.11 展示了第一个时间段的 TEC,其间,PRN15 的 TEC 发生了变化,在 12:59(21:59,当地时间)最低。TEC 的快速递减和递增很可能是由于等离子体气泡引起的。

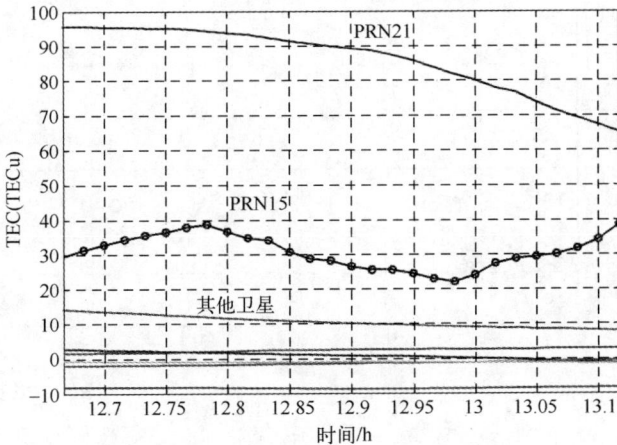

图 10.11　TEC 变化(偏差未经标校)

幅度闪烁指数(S_4)如图 10.12 所示。指数 S_4 由式(10.29)定义,其中,P 表示GPS 信号的强度。PRN15 的 S_4 增加,可以达到 0.5。PRN21 的 S_4 的较大值可能是

217

由多径误差引起的,因为卫星的仰角较低(参见图 10.10)。为了验证 S_4 的变化源,可以利用伪距和载波相位之间的差异(编码—载波发散度 CCD),因为伪距多径误差远大于载波相位的多径误差[17]。针对各种卫星的 S_4 指数,绘制了 CCD(1σ)值(图 10.13)。如果 CCD 大于 0.25,则强度变化可认为是由多径引起的,因此可以得出结论,PRN21 的 S_4 中的较大值是由多径造成的。

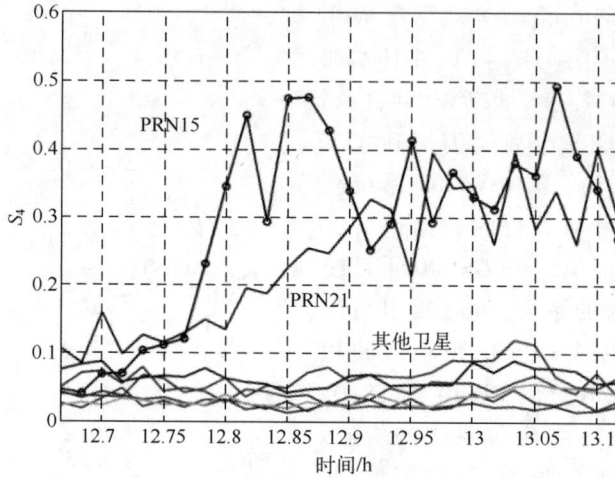

图 10.12 S_4 指数变化

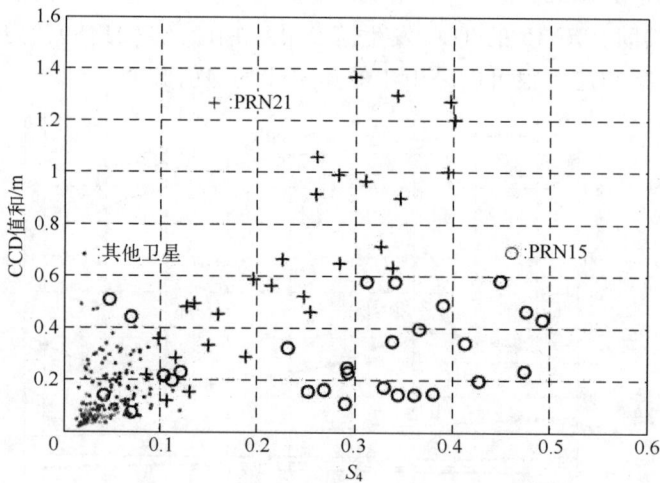

图 10.13 各种卫星 CCD(1σ)—S_4 指数

PRN15 和 PRN21 的去趋势载波相位残差(σ_ϕ)统计如图 10.14 所示。σ_ϕ 值的计算超过 60s 的时间,并绘制一次。PRN15 的 σ_ϕ 的变化与 S_4 指数相关,与此同时,似乎对 PRN21 没有闪烁影响。

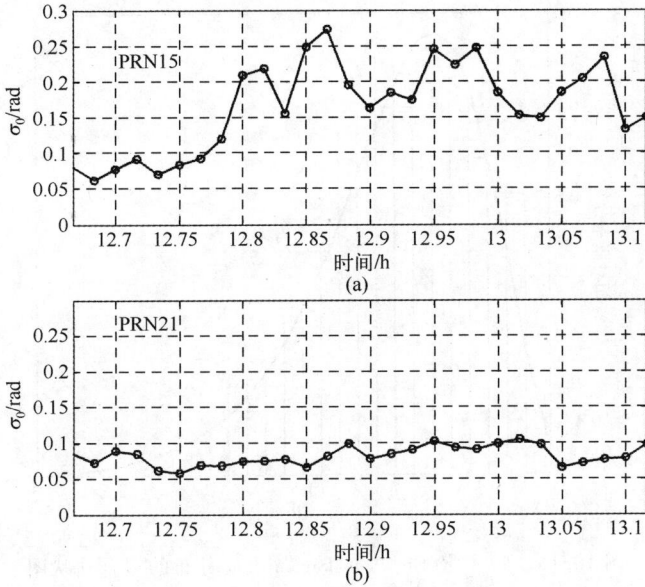

图 10.14　PRN15 和 PRN21 σ_ϕ 的变化

12:48 到 12:49 期间的 PRN15 归一化强度和相位误差变化如图 10.15 所示。

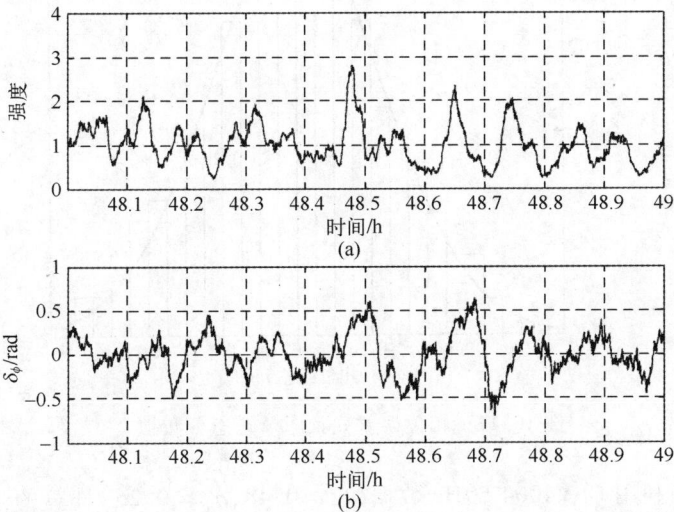

图 10.15　PRN15 60s 间隔归一化强度变化和相位误差

　　在此时间间隔内的归一化强度的直方图如图 10.16 所示,方差为 0.21,图中还显示了带 m 参数($m = 1/S_4^2$)的 Nakagami − m 分布。很显然,Nakagami − m 分布很好地描述了强度变化。另一方面,载波相位误差的分布与正态分布拟合得非常好,如图 10.17 所示。

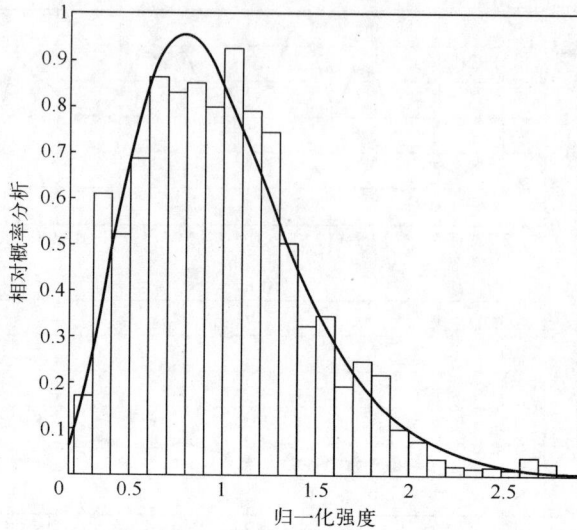

图 10.16 归一化强度与 Nakagami – m 分布的拟合柱状图

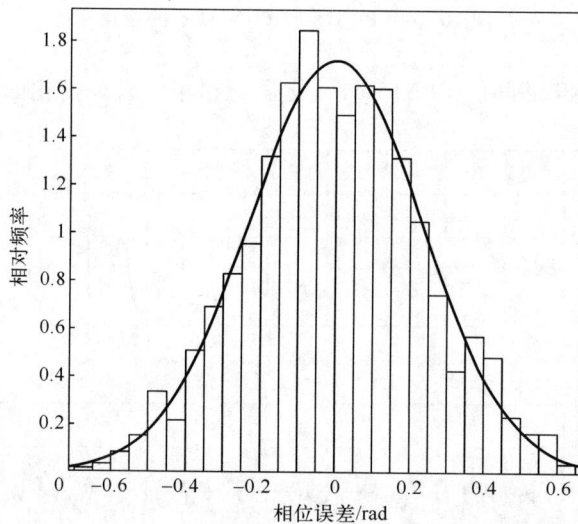

图 10.17 相位误差柱状图及正态分布拟合

在 12∶51 利用 GSV4004 50Hz 数据($S_4 = 0.48$,$\sigma_\phi = 0.25$)计算的强度和相位的功率谱密度分别如图 10.18 和图 10.19 所示。闪烁下的相位谱密度近似为

$$P_{\delta\phi}(f) = T \cdot f^{-p} \tag{10.39}$$

式中:T 为强度参数($\mathrm{rad^2/Hz}$);p 为斜率参数(无单位),典型值为 2.0 ~ 3.0。

根据图 10.19,强度参数 T 和斜率参数约为 $3.0\mathrm{e} \times 10^{-3}$ 和 2。通过应用这些值计算的相位闪烁标准偏差是几度的量级。然而,12∶51 时测量的值大约为 14°(0.25rad),如图 10.14 所示,观察到了频繁的跳周。

220

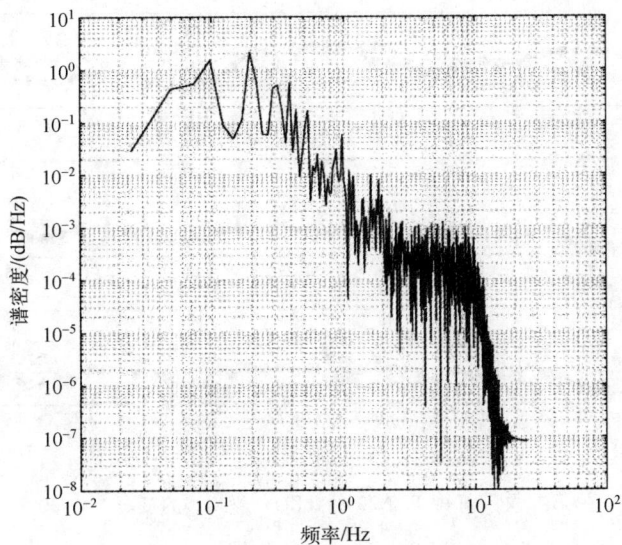

图 10.18　强度谱密度(12:51)

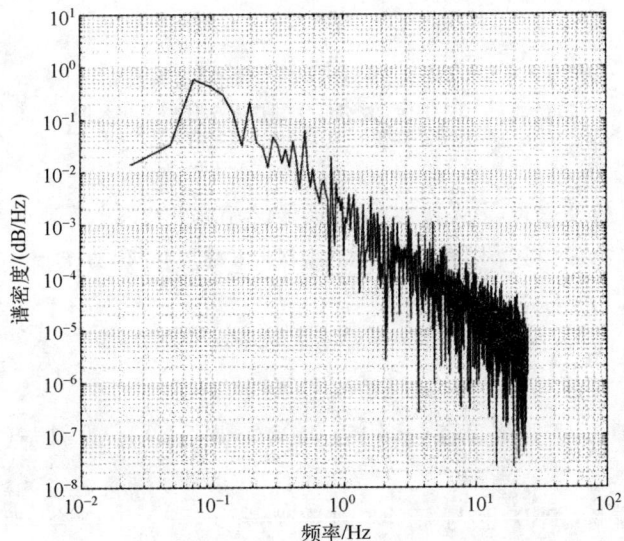

图 10.19　相位谱密度(12:51)

在第二个时段,即 14:20 至 15:05 闪烁较弱的这一时段,参数如图 10.20 所示。顶图显示了 PRN22 的 TEC 变化,观察到了 TEC 的小幅波动,而非图 10.11 中所看到的深衰落。

由于等离子体气泡通常向东移动,第二次闪烁可能与引起第一闪烁的同一等离子体气泡有关。假设电离层的高度是 400km,则 PRN15 在 12:45 和 PRN22 在 14:20 的电离层穿透点(IPP)之间的距离为 534km。如果等离子气泡以典型

221

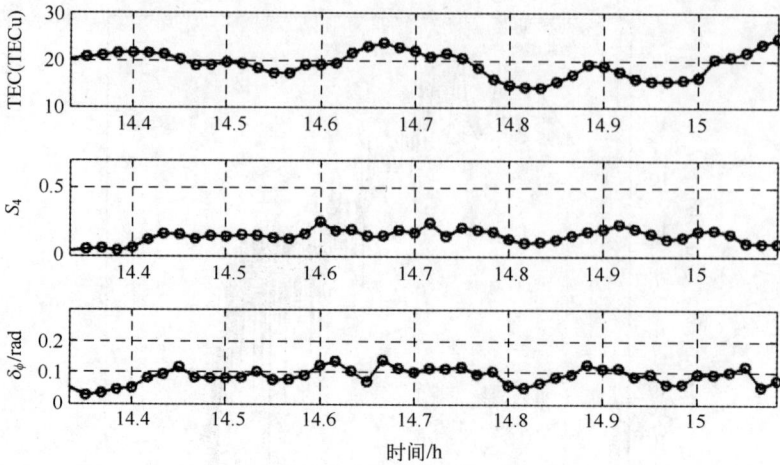

图 10.20　在第二次闪烁中 PRN22 的 TEC、S_4 和 σ_ϕ 的变化（14:20 到 15:05）

100m/s 的速度向东移动,95min 的移动距离为 570km,与 IPP 之间的距离能很好地吻合。因此,可以合理地认为第二次闪烁与等离子体气泡有关,因为它是从西边移动过来的。

10.5　试验获得闪烁数据的特性

上一节的测量结果以及从其他测试获得的结果[22,15]仅仅显示与 10.2 节中给出的理论部分吻合,这可以用来解释相位闪烁和幅度闪烁功率谱。相位闪烁功率谱密度(PSD)通常可以表示为幂律谱[23]:

$$P_\phi(f) = T \cdot f^{-p} \tag{10.40}$$

$$T = P_\phi(f=1) \tag{10.41}$$

式中:f 为频率(Hz);T 为强度参数,约为 0.02(rad^2/Hz);p 为斜率(无单位),通常为 2.0 ~ 3.0。

对于幅度闪烁,PSD 也与幂律(斜率为 2.5 ~ 3)相拟合,对于强闪烁,是 5.5[24],上一节的试验结果和式(10.40)是相符的。

更强的闪烁对应于更大的菲涅耳最小值。第一菲涅耳最小值可能会作为首个最小值出现在功率频谱图上。可以发现,作为相关时间间隔的倒数,在这里定义为时间迟滞,相关度减少 50%[25]。

然而,也有一些特点与理论吻合得不是很好。

幅度闪烁可以通过伽马分布来描述[23,26]。这种特定类型的伽马分布称为 Na-kagami – m 分布(参见图 10.16)。

Nakagami – m 分布概率密度函数(PDF)通常被描述为[27,26]

$$f(\delta P) = \frac{2 \cdot m^m \cdot \delta P^{m-1}}{\Gamma(m) \cdot \langle \delta P \rangle^m} e^{-m \cdot \delta I/\langle \delta I \rangle}, \delta P = (\delta A)^2 \geqslant 0 \qquad (10.42)$$

式中:δP 为所接收到的信号的闪烁强度(功率);$\langle \delta P \rangle$ 为平均闪烁强度(功率);$\Gamma(\cdot)$ 为伽马函数;m 为表征闪烁强度的参数。

一般情况下,伽马分布 PDF 为

$$f_{\alpha,a,\beta}(x) = \begin{cases} \dfrac{1}{\Gamma(\alpha) \cdot \beta^\alpha}(x-a)^{\alpha-1} e^{-(x-a)/\beta} & (x \geqslant a) \\ 0 & (x < a) \end{cases} \qquad (10.43)$$

式中:α 为形状参数,$\alpha > 0$;a 为位移;β 为尺度参数,$\beta > 0$。

Nakagami 分布在形状参数增加时变得更接近于正态分布。Nakagami - m 分布和伽马分布参数相互连接,闪烁指数为[26]

$$\alpha = m = \frac{1}{S_4^2} \qquad (10.44)$$

$$\beta = S_4^2 \qquad (10.45)$$

当散射较弱时,Nakagami - m 分布变为高斯分布,相应地,m 较大。我们讨论的解决方案到目前为止尚没有考虑 Nakagami - m 分布。

其他不可预测的现象是描述相位和幅度闪烁之间的相关性。互相关性在不同的测试中是不同的,但有时会出现负值。我们在仿真中使用的典型值为[23]

$$\rho_{I\phi} = -0.6 \qquad (10.46)$$

严重的闪烁大多都是不可预测的,很难获得测试接收机、分析和调整其性能所需的数据。因此,对其效应进行仿真是非常重要的。下面将讨论如何用幅度和相位闪烁来生成全球导航卫星系统信号。

当与试验结果相比时,理论模型会显示出某些不一致的地方。首先,它们没有考虑 Nakagami 分布;其次,它们没有解释闪烁相位和幅度之间的负互相关性。另外,在本章中,我们提出了一种扩展的"分裂波束"模型,用于讨论这两种现象。如果我们开发了一个模型,这个模型可以准确地代表一个信号,那么,它就可以帮助揭示现象的本质,使我们能够通过闪烁测量,调整介质参数的估算方法。

10.6　弱闪烁唯象模型

在本节中,将讨论闪烁唯象模型,以推导出下列拟合试验数据[24-26]。相位和幅度闪烁均可以被描述为随机过程。需要用分别描述相位和幅度闪烁的高斯和伽马分布函数来生成两个负相关的随机过程。在第 3 章中描述了的 GPS 信号如下:

$$A = A_0 \sin(\omega t + \varphi) \cdot D \qquad (10.47)$$

式中:A 为振幅;φ 为相位;D 为 C/A 码。

我们省略了导航电文,因为它只能通过扩频码受到影响。在这里,利用下列复数表达式在接收机的输入中更方便地描述 GPS 信号：

$$A = A_0 e^{j\phi} \cdot D \qquad (10.48)$$

当信号受到闪烁影响时,可以表示为

$$A = A_0 \cdot \delta A \cdot e^{j(\phi_0 + \delta\phi)} \cdot D \qquad (10.49)$$

式中:δA 为幅度闪烁;$\delta\phi$ 为相位闪烁。

相位闪烁可以被描述为零均值高斯随机过程(标准偏差为 $\sigma_{\delta\phi}$)。高斯随机过程为正态分布。我们在第 1 章中讨论了正态分布。在生成闪烁过程之后,要进行整形滤波器滤波,以在这些过程中建立必要的自相关性。否则,正如在第 3 章中所明确的,这些过程不限制功率,它们的相邻值是完全相互独立的。我们需要将相位闪烁和幅度闪烁描述为一个二维随机过程,即伽马分布或二维伽马分布,其矢量分量应该是相关的。

要建立这样的随机过程,我们采用下列三元还原法[28]。被称为三元,是因为它采用了 3 个独立的随机变量,以构建两个相互依存的随机变量。让我们考虑 3 个独立的伽马随机变量 G_1, G_2, G_3(参数为 $\alpha_1, \alpha_2, \alpha_3$)。现在来定义一个二维随机矢量：

$$\{\delta A, \delta\phi'\} = \{G_1 + G_3, G_2 + G_3\} \qquad (10.50)$$

这是一个二维伽马变量,δA 和 $\delta\phi$ 的边际伽马分布参数分别为 $\alpha_A = \alpha_1 + \alpha_3$ 和 $\alpha_\varphi = \alpha_2 + \alpha_3$。分量之间的相关性可以被定义为

$$\rho_{A\phi} = \frac{\alpha_3}{\sqrt{(\alpha_1 + \alpha_3)(\alpha_2 + \alpha_3)}} \qquad (10.51)$$

如果 $\rho_{A\phi}$ 和边际伽马参数 a_i 是事先指定的,则有一个具体的解,假定满足下列条件的话：

$$0 \leqslant \rho_{A\phi} \leqslant \frac{\min(\alpha_A, \alpha_\phi)}{\sqrt{\alpha_A \cdot \alpha_\phi}} \qquad (10.52)$$

为了提供此类相关性,边际伽马分布参数应定义如下：

$$\alpha_1 = \alpha_A - \rho_{A\phi}\sqrt{\alpha_A \cdot \alpha_\phi} \qquad (10.53)$$

$$\alpha_2 = \alpha_\phi - \rho_{A\phi}\sqrt{\alpha_A \cdot \alpha_\phi} \qquad (10.54)$$

$$\alpha_3 = \rho_{A\phi}\sqrt{\alpha_A \cdot \alpha_\phi} \qquad (10.55)$$

事实上,可以利用

$$\{\delta A, \delta\phi\} = \{G_1 + G_3, G_2 - G_3\} \qquad (10.56)$$

以提供负相关性,如下所示：

$$\rho'_{A\phi} = -\rho_{A\phi} \qquad (10.57)$$

式(10.54)变为

$$\alpha_2 = \alpha_\phi + \rho_{A\phi}\sqrt{\alpha_A \cdot \alpha_\phi} \qquad (10.58)$$

由于相位闪烁实际上可以由随机过程(零均值高斯分布)更好地予以表示,二

维伽马分布的第二个分量的参数被调整为一种特殊的情况,此时伽马分布接近高斯分布,$\alpha = 100, \beta = 1$。对于较大的 α 值,伽马密度接近正态密度。

我们现在需要考虑尺度参数,它是概率分布参数族中的一种特殊数值参数。尺度参数越大,分布扩散越广,如果参数较小,则分布更集中。如果将伽马 PDF 改写为

$$f_{\alpha,a}(x) = \frac{1}{\beta} \cdot f_{\alpha,a}(x/\beta) \tag{10.59}$$

则尺度参数在 $\{G_1 + G_3\}$,$\{G_2 + G_3\}$ 对中应该是相同的,结果变量 $\delta\phi'$ 必须调回到 $\delta\phi$,以便有一个正确的标准偏差 $\sigma_{\delta\phi}$。独立 G_i 伽马随机变量的生成是微不足道的任务,可以由许多数据库中的标准函数完成。

在相位和幅度闪烁过程作为随机值生成之后,我们需要采用整形滤波器来创建一个相应的自相关。可以用无限脉冲响应(IIR)滤波器作为整形滤波器。这些滤波器拥有一个反馈回路,从理论上讲它们对输入效应的响应是没有时间限制的。这点与有限脉冲响应(FIR)滤波器相反,它没有反馈,因此它们的响应只有在应用输入效应时才会持续。IIR 滤波器可以采用直接形式的滤波器方程来实现:

$$x_i = \varphi_i - a_1 \cdot x_{i-1} - a_2 \cdot x_{i-2} - a_3 \cdot x_{i-3} \cdots - a_n \cdot x_{i-n} \tag{10.60}$$

式中:n 为滤波器的阶数;系数 $\alpha_i (i = 1, 2, \cdots, n)$ 需要计算以拟合试验谱[29]。

根据奈奎斯特定理,采样率的选择至少应是我们需要考虑的最高频率值的 2 倍。从试验结果看,GPS 信号中最大的闪烁频率是 10Hz,因此可以选择的采样率大约为 20Hz。闪烁信号的采样间隔显著大于想定的采样,因此,在模拟器中,必须在外部环路中生成与一个 1ms 信号回路相关的闪烁过程,为每个样本插入闪烁。

10.7　分波束闪烁模型

虽然建立常规模型要与试验数据相适应,但它并没有提供产生闪烁的机理。此外,它不能涵盖整个 S_4 的范围和互相关。在本节中,我们提出了另一种形式的模型,该模型基于信号闪烁物理机理假设。在本模型中,当信号遇到涡流时,信号分成两个波束:一个波束为散射波束,相关的磁场可以由 Rytov 近似算法来描述;另一个波束通过涡流并且衰减,相位闪烁由散射波束引发。在此模型中,幅度闪烁不仅来自菲涅耳滤波后的相位闪烁,还来自直接信号衰减。此模型涉及衰减,因此需要考虑复杂的折射率指数。散射的信号可以由式(10.17)描述为

$$E_S = E_{S0} e^{\left(-\int d^3 r G(\mathbf{R}, r) \frac{E_0(r)}{E_0(\mathbf{R})} [k^2 \delta\varepsilon(r) + (\nabla\psi_1(r))^2]\right)} \tag{10.61}$$

考虑折射率指数 ζ 的复数分量,可以描述衰减后的直接信号。直接信号可以表示为

$$E_D = E_{D0} e^{-Y} \tag{10.62}$$

式中:Y 为衰减指数,有

$$Y = 20\lg\frac{E_{D0}}{E_D} = 20\frac{\omega}{c_0}\int \zeta \, dl\lg e \tag{10.63}$$

因此,总的信号是两个分量之和。由源的运动引起的波动应满足能量守恒,即

$$P_S + P_D = P \tag{10.64}$$

式中:P_S为散射信号;P_D为直接信号。

我们还应用双散射来保持能量(图10.8)。当波束组合在一起时,相位闪烁由第一个波束来定义,幅度闪烁由这两个波束来定义。

因此,可以看到,幅度闪烁频谱是由两个信号建立的。幅度闪烁是由两种不同的机理造成的,不服从正态分布:部分幅度闪烁是由路径几何变化着的涡流衰减造成的;部分幅度闪烁是由散射信号的干涉引起的。Nakagami $-m$ 分布让我们看到了两个波束的影响。相位闪烁只会由散射波束引发,因此,相位闪烁频谱具有正态分布。Nakagami $-m$ 分布最初实际上应用于类似的模型,以模拟多径的无线信号的衰减[30]。

信号的总能量可以分成两个波束。如果大部分信号是散射信号,则相位闪烁会变得更高。对于幅度闪烁来说,它还会影响 Nakagami $-m$ 分布的形状。来自直射波束的部分幅度闪烁是递减的。如果幅度闪烁仅仅来自直接路径,则幅度和相位之间的互相关为 -1。如果互相关为 -0.6,则意味着幅度闪烁的约60%是由直接路径的衰减造成的,40%是由弱散射造成的。

幅度闪烁中的最大 PSD 对应于菲涅耳频率。大规模的不规则性在给定的距离之内不产生闪烁(参见式(10.2))。按照本模型,在菲涅耳频率之前的斜率陡度应与幅度—相位互相关值有关。如果参数 m 较大,那么幅度分布越接近高斯分布。根据本模型,这意味着闪烁只归因于一个信道。互相关值的负值则不应那么大,菲涅耳频率之前的斜率相应地应更平坦。幅度和相位闪烁之间较大的负互相关值应对应于菲涅耳频率之前较陡的斜率。频谱下降部分对应于低于式(10.1)所定义的不规则性,对于 GPS 来说约为 5Hz。

10.8 课题设计:利用 iPRx 接收机监测电离层闪烁

采用 iPRx 接收机的闪烁监测可以测量和记录闪烁数据。我们已经阐述了用单一频率接收机监控闪烁的理论。对闪烁进行监测的目的是为了提高机载 GPS/INS 耦合导航系统的可靠性和精度,特别是在进场和着陆阶段。这些测量对于下一章讨论的许多地球物理应用来说也是非常重要的。闪烁监测接收机还可以使人们对通用接收机的工作原理和全球导航卫星系统的物理现象有更深刻的认识。在本节中,让我们来看看闪烁监测机的运行。如果你所在的实验室中拥有此类闪烁监测接收机的话,本节将有助于你获得实用经验。可以采用赠送 iPRx 接收机的升级版,形成闪烁监测接收机。

还有功能类似的其他闪烁监测接收机，包括软件[31]。我们已经在使用货架产品的闪烁监测接收机与 iPRx 接收机一起进行闪烁测量。诸如 iPRx 之类的闪烁监测的软件接收机的优势是，人们可以使用价格便宜的射频记录仪来采集闪烁数据，以测量电离层不规则性的大小等（参见 10.3.3 节），并用一个接收机在事后模式处理所有的数据，而不是用几个闪烁监测接收机来处理数据。iPRx 接收机还可以处理由 ReGen 软件生成的闪烁信号。下面我们总结用于闪烁监测的软件接收机的一些特性。

（1）接收机时钟应是 OCXO 时钟，否则接收机振荡器的相位噪声会干扰相位闪烁的测量。

（2）软件接收机可以以 1000Hz 的采样率输出数据。

（3）在事后处理数据的情况下，可以从国际全球导航卫星系统服务组织地图同时进行 TEC 测量。用户也可以采用双频软件接收机。

（4）对于闪烁测量，双频接收机实际上不能提供任何优势[18]。

（5）软件接收机可以采用多相关器来处理信号。

（6）因多径问题，应检查天线环境。

（7）为了不影响测量的信号的强度[18]，应禁用自动增益控制（AGC）。

（8）软件接收机可以优化变量跟踪环路中的参数，如编码环路带宽和载波环路带宽，以提高噪声抑制。由于人们可以在后处理模式下用不同的参数反复处理所记录的信号，这是可能的。

（9）软件接收机处理记录信号的能力在处理接收机网络的情况下具有特殊的优势。我们已经提到，用户可以采用一组软件来处理诸多站点的记录。此外，如果知道某个站点的数字中频信号记录显示的是特定的卫星信号闪烁的话，那么就可以采用参数化方法重新处理记录的同一卫星的其他信号。如果知道闪烁的存在，并拥有模型的话，发现和测量闪烁是可能的。在此情况下，专门的硬件接收机不会显示任何信息。

（10）软件接收机通常都能提供完整的内部访问，包括信号处理和闪烁数据测量算法等。

参考文献

[1] A. D. Wheelon, *Electromagnetic Scintillation*. Vol. I, *Geometrical Optics*, Cambridge, Cambridge University Press, 2001.

[2] J. E. Allnut, *Satellite-to-Ground Radiowave Propagation*, London, UK, Peter Peregrinus Ltd., 1989.

[3] A. Brekke, *Physics of the Upper Polar Atmosphere*, Worthing, UK, Praxis Publishing Ltd., 1997.

[4] R. D. Hunsucker and J. K. Hargreaves, *The High-Latitude Ionosphere and its Effects on Radio Propagation*, Cambridge, Cambridge University Press, 2003.

[5] S. Saito, T. Yoshihara, and N. Fujii, Study of effects of the plasma bubble on GBAS by a three-dimensional ionospheric delay model, 22nd International Technical Meeting of the Satellite Division of the Institute of Navigation, 22–25 Sept. 2009, Savannah, Georgia, US, pp. 1141–1148.

[6] D. Fang, 4/6 GHz ionospheric scintillation measurements, AGARD Conference Proceedings 284, *Propagation Effects in Space/Earth Paths*, NATO, Advisory Group for Aerospace Research and Development, Neuilly-sur-Seine CEDEX, France, 1980.

[7] G. S. Kent and R. W. H. Wright, Movements of ionospheric irregularities and atmospheric winds, *J. Atm. Terr. Phys.*, 30, (5), 1968, 657–691.

[8] J. P. Mullen, E. Mackenzie, S. Basu, and H. Whitney, UHF/GHz scintillation observed at Ascension Island from 1980 through 1982, *Radio Science*, 20, (3), 1985, 357–365.

[9] Y. Karasawa, K. Yasukawa, and M. Yamada, Ionospheric scintillation measurements at 1.5 GHz in mid-latitude regions, *Radio Science*, 20, 1985.

[10] S. Basu, *et.al.*, 250 MHz/GHz scintillation parameters in the equatorial, polar, and auroral environments, *IEEE Journal of Selected Areas in Communications*, SAC-5, (2), 1987, 102–115.

[11] T. Ogawa, K. Sinno, M. Fujita, and J. Awaka, Severe disturbances of UHF and GHz waves from geostationary satellites during a magnetic storm, *J.Atmos.Terr.Phys.*, 42, (7), 1980, 637–644.

[12] K. C. Yeh and A. W. Wernik, On ionospheric scintillation in *Wave Propagation in Random Media (Scintillation)*, V. I. Tatarskii, A. Ishimaru, and V. U. Zavorotny (editors), Bellingham, WA, The Society of Photo-Optical Instrumentation Engineers and Institute Of Physics Publishing Ltd., USA, 1993.

[13] M. Born and E. Wolf, *Principles of Optics. Electromagnetic Theory of Propagation, Interference and Diffraction of light*, seventh expanded edition, Cambridge, Cambridge University Press, 1999.

[14] G. Gbur, *Mathematical Methods for Optical Physics and Engineering*, Cambridge, Cambridge University Press, 2010.

[15] A. D. Wheelon, *Electromagnetic Scintillation. Vol. II, Weak Scattering*, Cambridge, Cambridge University Press, 2003.

[16] N. Zemov, V. Gherm, and H. Strangeways, On the effects of scintillation of low-latitude bubbles on transionospheric paths of propagation, *Radio Science*, 44, 2009, RSOA 14. (http://www.agu.org/journals/ABS/2009/2008RS004074.shtml)

[17] A. J. Van Dierendonck, *et al.*, *Measuring Ionospheric Scintillation in the Equatorial Region Over Africa, Including Measurement From SBAS Geostationary Satellite Signals*, Long Beach, CA, ION GNSS-2004, 21–24 September 2004.

[18] C. L. Rino , A power law phase screen model for ionospheric scintillation 2. Strong scatter, *Radio Science*, 14, (6), 1979, 1135–1145.

[19] A. J. Van Dierendonck, J. Klobuchar, and Q. Hua, *Ionospheric Scintillation Monitoring Using Commercial Single Frequency C/A Code Receivers*, Salt Lake City, USA, ION GPS-93, 1993.

[20] J. P. Debarber and W. J. Ross, The diffraction of HF radio waves by ionospheric irregularities, in *Spread F and its Effects upon Radiowave Propagation and Communications*, P. Newman (editor), Agardograph 95, NATO, Advisory Groups for Aerospace Research and Development, Neuilly-sur-Seine CEDEX, France, 1966.

[21] T. Yoshihara, N. Fujii, K. Matsunaga, *et al.*, *Preliminary Analysis of Ionospheric Delay Variation Effect on GBAS due to Plasma Bubble at the Southern Region in Japan*,

Proceedings of ION NTM 2007, Jan. 2007, San Diego, US, pp. 1065–1072.

[22] E. J. Fremouw, R L. Leadabrand, R C. Livingston, *et al.*, Early results from the DNA wideband satellite experiment – Complex-signal scintillation, *Radio Science*, 13, (1), January–February 1978, 167–187.

[23] E. Fremouw, Signal statistics of transionospheric scintillation, COMSAT Symposium: *Space Weather Effects on Propagation of Navigation & Communication Signals*, Bethesda, MD., 22–25 Oct. 1997.

[24] C. J. Hegarty, M. B. El-Arini, T. Kim, and S. Ericson , Scintillation modeling for GPS-wide area augmentation system receivers, *Radio Science*, 36, (5), 2001, 1221–1231.

[25] R. S. Conker, M. B. El-Arini, C. J. Hegarty, and T. Hsiao, Modeling the effects of ionospheric scintillation on GPS/SBAS availability, Bedford, MA, MITRE product MP 00W0000179, 2000.

[26] S. Pullen, G. Opshaug, A. Hansen, *et al.*, *A Preliminary Study of the Effect of Ionospheric Scintillation on WAAS User Availabilty in Equatorial Regions*, in Proceedings of ION GPS-98, Alexandria, VA, Institute of Navigation, 1998.

[27] M. Nakagami, *The m-distribution, a general formula of intensity of rapid fading*, In William C. Hoffman (editor) *Statistical Methods in Radio Wave Propagation*: Proceedings of a Symposium held 18–20 June 1958, pp. 3–36, London/New York, Pergamon Press, 1960.

[28] L. Devroye, *Non-Uniform Random Variate Generation*, New York, Springer-Verlag, 1986.

[29] *Streamlining Digital Signal Processing. Tricks of the Trade.*, Richard G. Lyons (editor), Hoboken, NJ, John Wiley & Sons, Inc, 2007.

[30] J. D. Parsons, *The Mobile Radio Propagation Channel*, New York, Wiley, 1992.

[31] J. Seo, T. Walter, E. Marks, T.-Y. Chiou, and P. Enge, Ionospheric scintillation effects on GPS receivers during solar minimum and maximum, Stanford University, *International Beacon Satellite Symposium 2007*, 11–15 June 2007, Boston, MA.

习题

【习题 10.1】通过 NeQuick 模型,采用 ReGen 来计算电子密度分布(如 4.4.4 节中所描述的),以分析 TEC 对一天的时间、一年的时间、太阳活动和纬度的依存性。图 10.3 给出了此类图形的例子。在同等条件下计算 TEC 在午夜和正午的分布。人们可以看到电离层昼夜动态变化(图 4.6),特别是夜间 D 层的消失。

【习题 10.2】观察 NeQuick 或国际全球导航卫星系统服务组织 TEC 图中的羽状在 ReGen 中按照费拉罗定理随时间的移动。

【习题 10.3】采用 ReGen 模拟器模拟不同电离层和背景下的电离层不规则性。背景模型可以采用 NeQuick 模型或 Klobuchar 模型(图 10.4)来计算。分析此类不规则性对全球导航卫星系统接收机性能的影响。

第 11 章　利用 GNSS 信号的地球物理测量

"所有这些国家都在极大地赞美他们的历史,我们不需要惊讶,希腊人和拉丁人使他们的第一个国王的年龄比实际年龄要老。"

——艾萨克·牛顿爵士(《古王国年表》第 6 章)

虽然 GNSS 卫星只是进行地球物理测量的诸多卫星中的一部分卫星,但全球导航卫星系统在采集地球物理数据中发挥了非常重要的作用,且日渐重要。它们已经成为许多地球物理应用不可或缺的工具。除此之外,GNSS 卫星还使得扩频无线电技术发展趋于成熟。这一技术可用于在全球导航卫星系统之外的其他电磁频段独立进行大气探测。加上其他大气遥感测量设备,全球导航卫星系统可以提供天气预报以及气候变化监测信息。全球导航卫星系统还成为地球自转参数估算中一个不可或缺的工具。另外,还有一些目前尚处于开发阶段的重要新兴领域,如利用全球导航卫星系统信号进行地震研究。图 11.1 描述了本章内容与其他章节的关系。

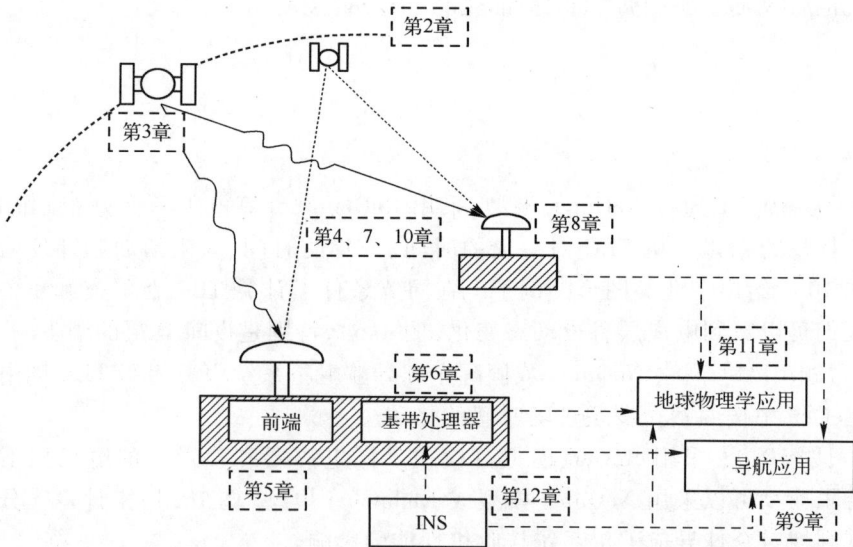

图 11.1　第 11 章内容

全球基准网的数据通常用于监控地球板块相互之间的运动以及相对于惯性坐标系的运动。在此项任务中,采用了第 8 章所描述的相同类型的全球导航卫星系统观测值。利用从全球导航卫星系统接收机组成的全球分布式网络获得的测量值来建立此类观测值,提供各种原始数据格式(大多数为 RINEX 格式)的数据。此类网络中最突出的是国际全球导航卫星系统服务组织网络,还有各种各样的区域网络和本地网络,它们可以提供大量的地球物理信息。在此类网络中,例如,日本的国土地理院(GSI)网络,拥有超过 1200 部高端大地测量全球导航卫星系统接收机。来自这些网络的数据包括码相位和载波相位测量值、多普勒测量值和信噪比。所有测量值都是采用了两个频率(L1,L2)的双频接收机得到的。我们将在 11.1 节、11.3 节和 11.4 节中讨论如何运用此类网络数据。

很难从海洋覆盖的地球上采集此类数据。地球表面大部分被海洋所覆盖。对于许多地球物理应用来说,这些数据是必不可少的,11.5 节描述了一种可以使这点成为可能的系统,本节中的案例研究涵盖了一种可以进行海底监测的系统。

11.1 节介绍了如何估算电离层中自由电子密度(TEC)。有关 TEC 分布的演变信息可能包含(除了其他有价值的信息)各种地震前兆,关于这点,将在 11.6 节中进行更详细的讨论。

如果可以利用低轨道卫星上的接收机的测量数据的话,则增加来自全球导航卫星系统的信息是可能的。特别是,有可能获得各种大气参数的垂直分布信息。在 11.2 节中,将讨论无线电掩星法,通过低轨(LEO)卫星上的全球导航卫星系统接收机来实现。本节将介绍某些信息是如何从无线电信号本身的属性,尤其是其幅度和相位的统计参数中推导得出的。

来自信号本身的此类信息通常无法从网络中获得。如果大地测量网络能够提供数据,则通常会每 30s 采样一次,为了分析信号,需要至少 50Hz 的采样(参见第 11 章)。上一章描述了闪烁监测接收机以及它可以提供什么样的数据。出于信号分析的目的,此类数据可能包括去趋势(de - trended)原始相位和幅度测量值、它们的统计数据、窄带宽带噪声估算、信号噪声测量、编码载波发散等。从闪烁数据中恢复介质信息基于衍射层析原理[1]。医学上的 X 射线断层扫描基于相同的原理,可以确定介质中吸收系数的分布。另外,衍射层析可以确定折射率的分布。幅度和相位闪烁过程的功率谱(参见上一章)包含了有关介质中不规则性的空间分布信息,这种空间分布可以从幅度和相位闪烁的频率特性中计算得出。类似的方法也可用于对海底进行监测。

11.1　电离层参数估算

从全球导航卫星系统数据推导出地球物理信息的一个非常重要的例子是估算电离层中的电子密度或 TEC(参见第 4 章)。此信息还可以用于多种用途,但主要用于单频用户提高定位精度。我们还将在本章中进一步讨论此信息在地震预报中的应用。可以利用两个频率上的全球导航卫星系统的信号计算出倾斜 TEC。迄今为止,尽管 GPS 信号只在一个频率发射民用信号,但大地测量接收机能够在两个频率上进行测量。倾斜 TEC 被转换为垂直 TEC(参见 4.4.1 节)。利用全球大地测量基准站网络,人们可以拥有大量潜在的垂直 TEC 测量数据。这些数据根据所采用的 TEC 分布模型来使用,此类模型参数通过累计 TEC 测量来估算。在第 4 章中已经对几个模型进行了描述,尤其是 Klobuchar 模型。如果将 Klobuchar 模型与 NeQuick 模型加以比较的话,就可以看到 Klobuchar 模型给出了一种相当简化的 TEC 分布表示,且并没有考虑地球赤道附近的两个凸出部分。原因是根据设计,该模型在导航电文中广播,并且经过优化,既紧凑又足够精确,可以独立进行定位。然而,第 4 章所描述的 NeQuick 模型需要垂直电子分布数据,因此,无法利用基于地面的网络全面估算其参数。因此,我们必须研究其他模型,这些模型可以更精确地进行测绘,而不需要垂直剖面测量。

我们遵循文献[2]来定义这样一个 TEC 分布模型,这一模型已被欧洲定轨中心(CODE)等所采用。采用这一模型的电离层映射可以从欧洲定轨中心网站获得,它们定期采用国际全球导航卫星系统服务组织网络来进行计算。可以利用球形谐波展开式来描述 TEC 在全球的分布:

$$\text{TEC}(\beta, s) = \sum_{n=0}^{n_{\max}} \sum_{m=0}^{n} \widetilde{P}_{nm}(\sin\beta)(a_{nm}\cos ms + b_{mn}\sin ms) \tag{11.1}$$

式中:$n_{\max}$ 为球形谐波展开式的最大度数;β 为地理或地磁纬度;s 为太阳在电离层入射点的经度;$\widetilde{P}_{nm}$ 为归一化多项式相关的 Legendre 函数;a_{nm},b_{mn} 为 TEC 球形谐波系数,即全球电离层模型参数。

太阳方位的经度计算公式为

$$s = \lambda - \lambda_0 \tag{11.2}$$

式中:λ 为电离层入射点经度;λ_0 为太阳经度。

相关的归一化 Legendre 函数为

$$\widetilde{P}_{nm} = \Lambda(n, m) P_{n,m} \tag{11.3}$$

式中:$P_{n,m}$ 为经典的非归一化 Legendre 函数;$\Lambda(n, m)$ 为 n 度、m 阶归一化函数,有

$$\Lambda(n, m) = \sqrt{\frac{(n-m)!(2n+1)(2-\delta_{\text{om}})}{(n+m)!}} \tag{11.4}$$

其中:δ_{om} 为 Kronecker 增量。

该模型是一个单层模型,是一种 Klobuchar 模型,但精度更高。然而,该模型需要更大的数据量,因此,可能不适合广播用途,至少不能很好地通过导航卫星来广播。

总之,由来自全球网络双频码测量值和相位测量值组成的观测值可用于倾斜 TEC 测量值。从倾斜 TEC 计算的垂直 TEC 数据被用于寻找所有的 a_{nm},b_{nm} 参数,从最小二乘法意义上来讲,它们最适合于式(11.1)的模型。

假定我们拥有良好的先验模型(类似于前面所描述的 NeQuick 模型),如果将

LEO 卫星上的全球导航卫星系统接收机网络添加到全球陆基网络上的话,那么就可以估算出三维电子分布。利用来自国际全球导航卫星系统服务组织网络和 CHAMP LEO 卫星数据,此种方法还可以通过参数化电离层模型(PIM)来实现[3]。测量值随时间而累积,以便补偿卫星到接收机的几何影响。

采用这样一种方式来获得 TEC 信息从两个方面来说非常重要。首先,在大地测量和导航任务中,可以使全球导航卫星系统用户补偿单一频率观测值的电离层误差。事实上,对于大地测量任务,建议即使是双频用户,如果基线小于 10km 的话[4],最好采用单一频率观测值和国际全球导航卫星系统服务组织电离层图,而不采用双频观测值。

其次,TEC 的分布及其随时间的变化可以提供有价值的信息,这些信息对于多种地球物理任务来说很重要,甚至可以作为地震预报数据库。

11.2　无线电掩星技术

上一节探讨了利用地面基准站网络对电离层 TEC 进行估算的方法。此方法不会让我们去创建一个电子分布垂直剖面,类似于第 4 章所讨论的 NeQuick 模型。如果考虑低轨卫星上的全球导航卫星系统接收机网络的话,我们应能为那些基于地面网络的情形添加更多的信息。

此类信息已经证明了自身的价值,特别是对于低轨卫星上的天基全球导航卫星系统接收机网络的价值。由于这些卫星不停地移动,全球导航卫星系统信号通过多种路径穿过地球大气层,因此,各种参数信息分布(包括海拔高度)也可以从这些数据中推导得出。这项技术主要利用的是隐星或掩星。

大体上,数据处理机理与采用地面网络上的情形并没有什么大的不同。对于每个历元,作为总解决方案以及感兴趣的参数的一部分,应估算天基接收机天线的坐标。LEO 卫星位置估算中的主要问题与作用于卫星的力学模型有关。对于 LEO 卫星,应考虑阻力因素,因为对于低地球轨道,不能忽视空气阻力。阻力是最难模拟的力,因为影响它的因素很多。幸运的是,对于全球导航卫星系统 MEO 卫星来说,这些力可以安全地予以忽略。

研究利用 GNSS 卫星到低轨卫星的信号路径的方法,称为全球导航卫星系统无线电掩星。这些方法最初被提议用于行星间任务,随后,美国喷气推进实验室对其进行了进一步的开发。无线电掩星的首次应用是在 1964 年,当时,利用了来自美国火星任务飞船"水手"- 4 号(Mariner - 4)的数据[5]。图 11.2(a)所示为用于执行星际间任务的无线电掩星的原理。无线电掩星法类似于通过全球导航卫星系统(LEO 卫星(图 11.2(b))研究地球大气的方法。这些方法使人们有可能获得无法从任何其他遥感系统获得的数据,包括太阳风数据,金星、土卫六、天王星的大气数据,木星、土星和金星的电离层数据等。这些方法提供了有关行星大气温度异质性、湍流、波浪、TEC 不规则性和磁场等大量新的信息[7]。我们从这些数据中学到的有关太阳风与行星电离层的相互作用等知识,可以帮助我们理解影响天气、气候和地球上的生命的地球大气层的类似机理。

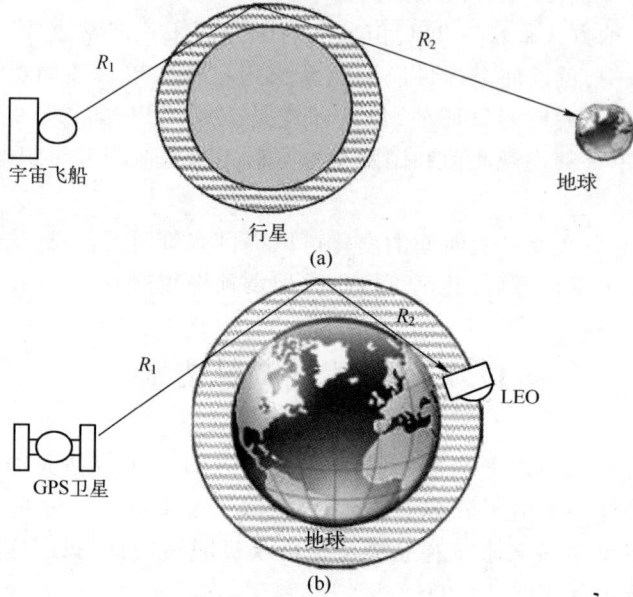

图 11.2　星际间任务无线电掩星原理(源于参考文献[6])和通过
GNSS 和 LEO 卫星进行地球大气层研究

在 40 多年的每次行星外任务期间都观测到了闪烁。幅度闪烁使我们能够确定异质性结构以及它们的方向(因为菲涅耳滤波特性的所有最小值显示在频谱上)。相位闪烁可以提供大于第一菲涅耳区半径的尺度信息。在行星无线电掩星测量(图 11.2)中,第一菲涅耳区半径定义为[7]:

$$\begin{cases} R_F = \sqrt{\lambda R} \\ R = \dfrac{R_1 R_2}{R_1 + R_2} \end{cases} \tag{11.5}$$

在地球大气层中采用类似的掩星测量法。

除了双频观测值外,当信号从 GNSS 卫星传输到低轨卫星时,我们可以从信号本身推导出更多的信息。全球导航卫星系统无线电掩星方法可以提供有关温度、水蒸气、大气中的电子密度剖面等信息。现在,全球导航卫星系统无线电掩星可以为温度剖面提供最佳的精度[8]。全球导航卫星系统观测的主要误差源可以认为是准随机的。通过平均多个剖面,人们可以获得温度剖面,精度优于 0.1K。在长期的气候研究中,基于全球导航卫星系统的方法提供了比当今任何其他方法高 10 倍的精度[9]。

234

为了处理从低轨卫星采集的大量数据，并从中推导出必要的信息，有必要采用精心准备的数据同化算法。图 11.3 显示了关于各种大气参数的信息是如何从全球导航卫星系统信号推导得出的[10]。利用双频观测值和精确的轨道，可以推导出射线弯曲角度以及相应的折射率。此信息作为推导所有必要的大气参数的基础。数据同化的方法包括采用卡尔曼滤波器等[11]。文献[7]给出了无线电掩星法的理论。

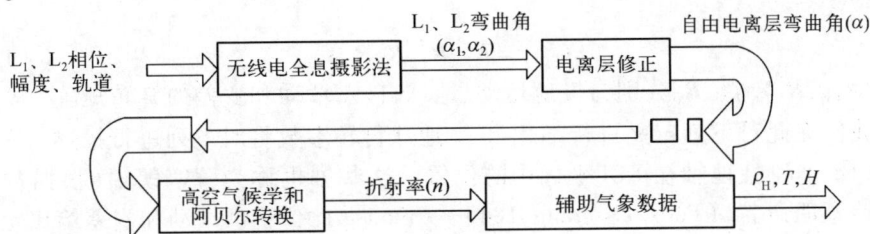

图 11.3　GNSS 数据同化流程图（源于文献［10］）

利用低轨卫星上的 GPS 接收机对大气进行监测多年来一直都在向前发展。首次成功运用全球导航卫星系统掩星方法是 1995 年在 MicroLab - 1 上进行的 GPS/气象学（GPS/MET）试验。不同时期用于推导此类信息的低轨卫星包括先进小卫星有效载荷（CHAMP）、重力恢复与气候试验（GRACE）、FORMOSAT - 3/COSMI 卫星等。来自低轨卫星的某些数据可以提供给公众。例如，地球科学数据信息系统与数据中心可以提供来自其 CHAMP 卫星的数据[12]。

作为利用掩星方法进行天气预测的一个例子，我们在此列举"福卫"- 3 号卫星（FORMOSAT - 3）。它可以提供每天约 2500 个全球均匀分布的垂直电离层电子密度分布。这些数据被成功用于预测热带气旋。例如，这些数据预测了 2006 年 8 月西大西洋上的"埃内斯托"飓风（Hurricane Ernesto）。全球导航卫星系统数据以外的数据受云和降水的影响尤为严重。全球导航卫星系统数据还可以提供更多有关低空水分的信息。此类信息对于预测飓风的演变特别重要[13]。

全球导航卫星系统掩星方法应用的另一个例子是全球变暖模型和其演变发展的监测。监测全球变暖情况需要访问垂直剖面数据。预测的场景与变暖的对流层和冷却平流层相关。另一个关键特征是水蒸气在各区域的演化发展[6]。只有全球导航卫星系统掩星方法可以提供如此大规模的数据。

全球导航卫星系统掩星低轨卫星的下一步任务应包括能够跟踪 GLONASS 和"伽利略"卫星的接收机，它将使构建的剖面具有更好的空间和时间分辨率。

11.3　地球自转参数估算

利用甚长基线干涉测量（VLBI）、卫星激光测距（SLR）、月球激光测距（LLR）方法可以估算地球自转参数。近年来，全球导航卫星系统在地球自转参数估计方面的贡献逐渐增大。在估算高精度坐标时,地球自转参数对于大地测量任务必不可少。除此之外,地球自转参数可以提供地球内部(如地核和地壳)、外部流体(如水分循环、全球质量平衡变化)等必要信息[14]。这些参数对于理解地球结构和演化至关重要。更关键的应用包括地壳构造运动的研究和相关的地震研究。

在第2章,我们根据GPS接口控制文件(ICD)描述了地球定向参数(EOP),通过一系列旋转,从地心地固坐标系(ECEF)坐标变换为地心惯性坐标系(ECI)坐标[15]:

$$X_{ECEF} = R_{PM}R_{ER}R_{N}R_{P}X_{ECI} \tag{11.6}$$

式中:R_{PM},R_{ER},R_{N},R_{P}分别为极地运动、地球自转、章动和岁差的旋转矩阵。

我们在此对下列定义进行细化[16]。地球自转参数将对下列进行描述:

(1)非刚性地轴在ECI坐标中的位置。这些轴也称为蒂塞朗轴(根据费利克斯·蒂塞朗命名)(Felix Tisserand,1845—1896)。此位置由章动和岁差给出定义。

(2)地球旋转轴的位置与地球数轴和角速度有关。极地运动和日照长度(LOD)参数用于定义地球旋转轴的位置和角速度。日照长度定义如下:

$$LOD = \frac{2\pi}{\omega_E} \tag{11.7}$$

式中:ω_E为地球的角速度。

过量日照长度(ΔLOD)定义如下:

$$\Delta LOD = LOD - 86400 \quad (s) \tag{11.8}$$

(3)格林尼治恒星时间由描述常规子午线在ECI坐标上的位置的角度来定义。它由角速度随时间的积分来描述。它给出了地球在特定历元围绕数轴的角度位置。

特别是,全球导航卫星系统可以估算极地运动和日照长度参数。相对于所有其他方法,利用全球导航卫星系统估算这些参数是当今可用的最佳方法[17]。这些估算可以通过国际全球导航卫星系统服务组织免费获得。文献[17]介绍了一种日照长度的估算方法,并提供了免费工具,以辅助做出估算。

在本章的第一节中,我们利用了针对基础模型的一些假设。然后找出最适合此模型的参数。这是一种普遍的做法。另外,还有一些识别方法,这些方法可以采用黑盒法,而不需要有关模型的任何先验知识。当模型的信息不足时,可能需要采用此类方法。在地球物理任务中,常常需要跨学科的方法。这种方法的缺陷在于,来自该领域之外的信息通常被视为是不言自明的。在不放宽对预先定义的模型的限制的话,这有时会导致矛盾得不到解决。

在数千年的人类历史中,可以从历史日食记录中推导出日照长度的变化信息[18]。这些记录从远古时代开始,并且在许多国家都可以获得[19]。我们所有最古老的日食记录都应归功于托勒密。最古老的记录是公元前721年的巴比伦人的记录。利用基础时序编年模型和相邻学科继承的约束,可以同化此类信息。这些模型主要归功于17世纪。基于行星星历和对时序模型承载的各种力对历史日食进行分析,会导致物理模型和时序模型之间的显著差异。

以时序模型作为公理,则必须修改物理模型。对公元前 500 年到公元 1990 年历史上的日食观测分析显示,地球自转的长期变化与物理模型不符(图 11.4(a))。人们发现有一个显著的、变化的、应该添加到潮汐摩擦力中的非潮汐分量[18]。不过,通过放宽对时序模型的约束,可以提出另一种方法来解决这种不一致。从图 11.4(b)中可以看到,托勒密时期大约有 500 多年的差异。

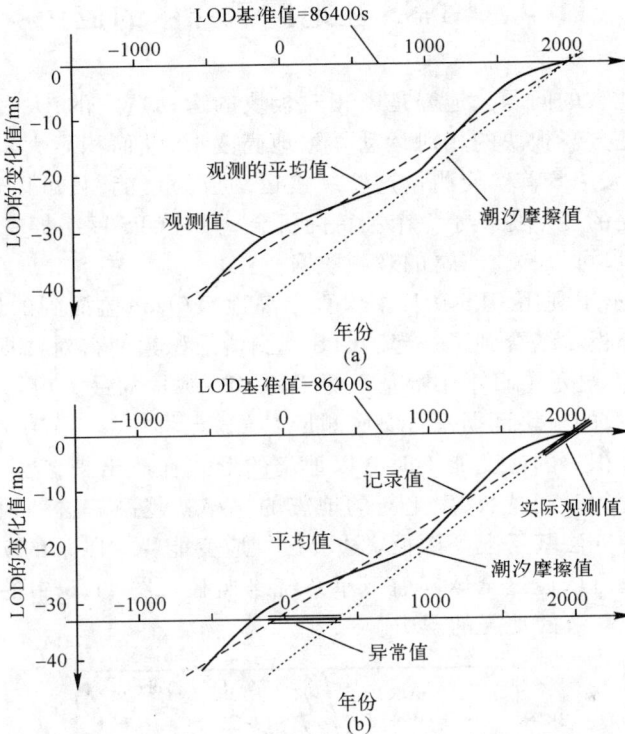

图 11.4　历史数据日照长度的变化[18]和近似计算

在这里,我们还需要提及对托勒密的评论。人们注意到,《天文学大成》(Almagest)中的数据与托勒密开发的模型拟合得非常好[20]。人们还注意到,《天文学大成》中的观测数据与来自行星运动的后向插值数据并不是对应的。因此,人们推断,有些数据可能是伪造的。关于数据拟合的准确性,托勒密开发的模型是通过可用的拟合数据构建的。我们在此之前曾提到过,托勒密开发的模型,像几乎任何其他级数展开式一样,基本准确。不过,后向插值数据的差异是一个使人感兴趣的问题。另外,在当前时序模型的限制范围之内,还无法对其加以解决[21]。但是,如果假定可以修改时序模型的话,那么就可以抛开对托勒密作为一个科学家的不诚实的怀疑,重拾我们对物理模型的信任,这体现了我们对物理世界的认识。

事实上,如果我们试图利用托勒密在《天文学大成》中的观测数据重新计算托勒密时代的时间,并使它们适合于后向插值行星数据的话,就会发现,这些数据会使托勒密的时代提前约 500 年[21]。这将消除托勒密观测数据的差异以及观测到的日照长度中的平均变化(1.7ms/cy)以及潮汐摩擦力(2.3ms/cy①)之间的差异。此举还给出了奥卡姆(Ockham)剃刀感应的最佳解决方案。有趣的是,公认的时序模型的正确性自艾萨克·牛顿以来就一直受到怀疑[22]。他的著作涵盖了公元前的时序模型,并建议缩短古代事件和当今事件之间的时间。

11.4　GNSS 在地震研究中的应用

下面讨论地震的问题。地震是由相对板块的运动造成的,大多数地震发生在板块相结合的地方。板块的相对运动导致地壳变形,继而积累大量的应变能。缓慢的运动非常小,GPS 首次使测量这些缓慢运动成为可能,且可以达到毫米级,这为不断监测地壳的变形提供了一个独特的机会。GSI GPS 网络拥有 1200 多部高端大地测量接收机,可以提供丰富的观测数据。

图 11.5 展示了利用 GPS 在日本伊豆半岛地区(Izu)监测到的地壳应力情况,其中至少有 3 个板块结合到了一起。GPS 观测值的积累使得对数据的各种分析成为可能。图 11.6 显示了日本中部基于两年的 GPS 数据的最大剪切应变率[23]。有趣的是,绝大多数的板块证据来自海底测量[43],这点将在下一节中讨论。

随时间推移积累的应变能不时会以地震的形式释放出来,从而导致灾难性的后果。震后经过的时间越长,发生新的地震的概率就越高。这种预测方法称为地震间隔法。这种方法基于上一次板块边界区域应变能释放以来的实测时间。应变能释放的参数也可以通过全球导航卫星系统来监控。图 11.6 中的白色圆圈表示的是震级大于 3.0 级的地震的震中。

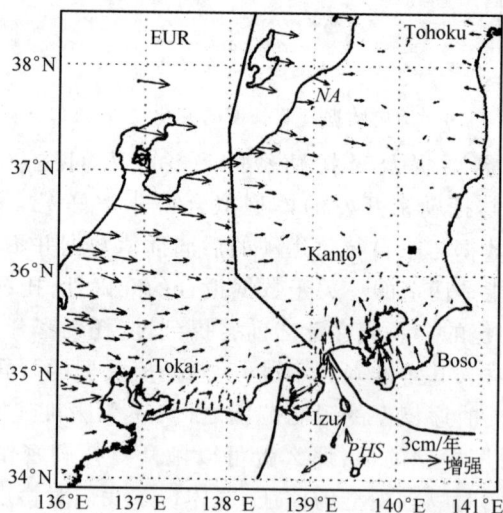

图 11.5　利用 GPS 对地应力进行监控(经过许可,引自文献[23])

---

① ms/cy:毫秒/周期。

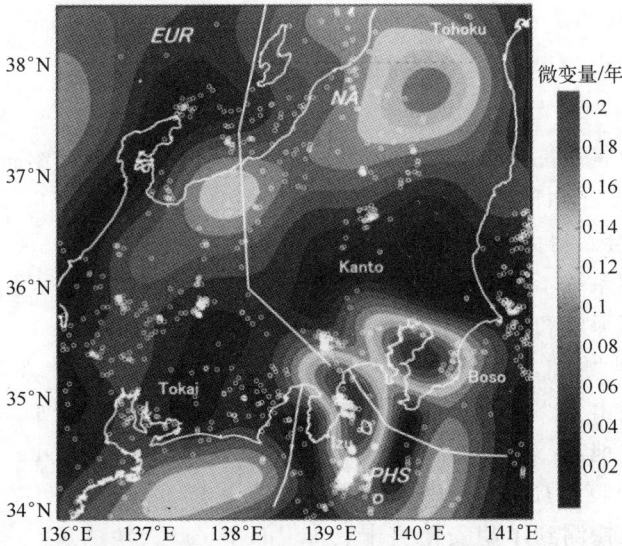

图11.6 日本中部最大剪切应变率(基于两年的 GPS 数据)(经过许可,引自文献[23])

地震会产生体波和表面波。体波在地下传播(从震中开始),表面波在地面上传播。体波传播速度比表面波传播速度块,但表面波会造成更大的破坏。有两种类型的体波,即纵波(也称为主波或 P 波)和二次波(也称为 S 波)。P 波的传播速度约为6km/s,并会导致物体体积和密度的变化。S 波传播速度要慢得多,约为3.5km/s,并会导致物体形状的变化,但不是体积的变化。它们的波形会非常复杂,对于建筑物来说非常危险。震中的位置可以通过测量首批从地震周围具体点位到达的 P 波和 S 波之间的时间差来确定(类似于从 GNSS 卫星来确定位置的方式)(图11.7)。最靠近震中的站点的体波记录触发的告警系统可以在数十秒的时间内发出告警,使人们在表面波到达之前离开建筑物[24]。

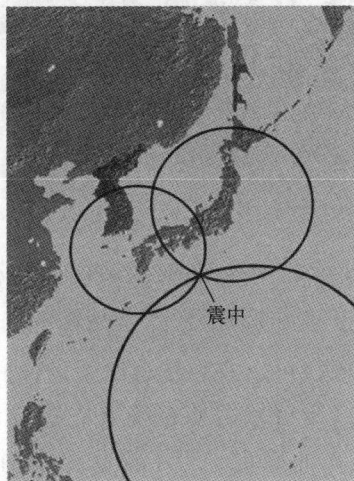

图 11.7 震中的确定

11.5 案例研究：海底监控系统

地球 2/3 的表面被海洋所覆盖。如果全球导航卫星系统网络也可以覆盖这些表面的话，地震监测和预警系统会极大地受益。如果全球导航卫星系统网络向海洋扩展，我们也会获得大量的知识。本章中所讨论的海底监测系统可以监测地震动态。因为此类系统不仅可以实现高精度，还可以提供数据，使人们更好地了解和掌握板块的几何形状和运动。

陆基 GPS 观测可以使同震位移和震后位移的探测达到毫米级精度。然而，海底运动不能直接由 GPS 测量，尽管许多地震发生在海洋中，例如，2011 年 3 月 11 日发生的日本大地震（震级为 9 级）。斯克里普斯海洋研究所（the Scripps Institute of Oceanography）首次提出了 GPS 和声学相结合的海底地壳运动探测方法[25]。采用该方法成功地探测到了胡安德富卡（Juan de Fuca）板块的运动[26]。从那时起，日本[27,28]和中国台湾[29]也开发了类似的探测系统。图 11.8 给出了一种 GPS/声学海底定位系统的配置。

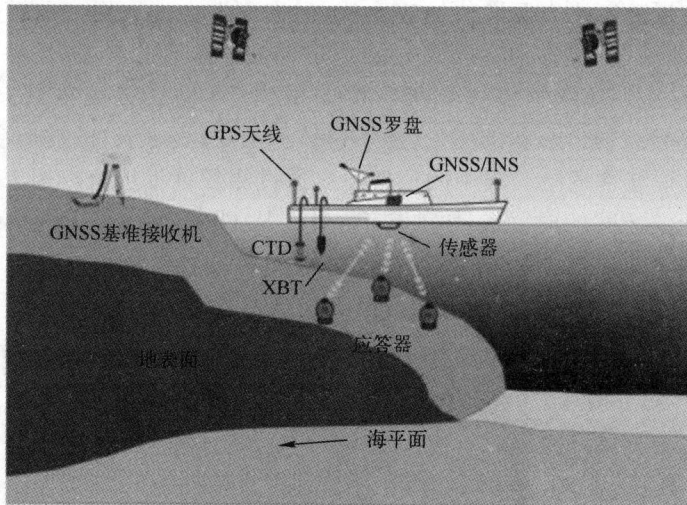

图 11.8 GPS/声学海底定位系统

系统由载体上的 GPS 接收机、声换能器和海底镜像转发器等组成。载体上的 GPS 接收机可以实时动态定位和确定飞行器的姿态。如果海底站点在距海岸 100km 之内，则基准 GPS 接收机可以安装在海岸附近，进行中程动态定位。如果海底站设在离海岸更远的地方，则可以采用精确单点定位（PPP）方法。货架产品的 GPS/INS 可以用于飞行器姿态的确定。为了提高姿态测量的精度，载体上天线之间的距离可以更长[28]。

240

声换能器和转发器构成了距离测量系统。换能器发送测距信号,应答器接收信号,并将其返回。换能器和应答器之间的距离通过测量声音信号的双向传输时间来确定。通常一个海底观测站要安装三四个转发器。由于距离是通过声波传播时间来计算的,因此,声波速度精度的确定是一个制约因素。声波速度剖面的测量通过电导率、温度、深度剖面传感器(CTD)和一次性海底温度记录仪(XBT)传感器来进行。该系统可以测量海底水平速度,测量精确度为 1cm/年。图 11.9 显示的是一个用于测量中国台湾东部沿海海底的转发器[29]。换能器安装在浮标下方,由船只拖动,如图 11.10 所示。3 个 GPS 天线被安装在浮标上,用于姿态的确定。

图 11.9　发射机应答器

图 11.10　由船舶拖曳的用于确定高度的浮标(带有 GPS 天线)

现在来看一个测量因地震引起的海底位移的例子。在这个例子中,我们讨论了两次大地震。这两次大地震是 2004 年 9 月 5 日在 5h 内先后在日本纪伊半岛(Kii Peninsula)东南沿海发生的。震级(M_w)分别为 7.2 级和 7.5 级。地震的震中如图 11.11 中的 × 所示。拥有 3 个转发器的海底观测站位于欧亚板块 60km 的海上,如图中圆圈所示。3 个地面基准 GPS 接收机的位置如图中实心圆点所示。地震的震中距海底观测站 60~70km,靠近南海海槽(Nankai Trough)。它位于菲律宾海板块和大陆板块的交界处。通过比较地震前后的位置估算结果,发现向南位移了 21.5cm。

虽然达到厘米级的海底定位精度是可能的,但必须进行长达几十小时的观测,以便平均海水中声速变化的影响。已经进行了若干项工作来提高声速估算的准确性。例如,利用 5 个转发器可以提高精度,这是因为除了通常的 3 个参数,即经度、纬度和平均声速之外,可以对声速的两个水平梯度参数进行估算[30]。

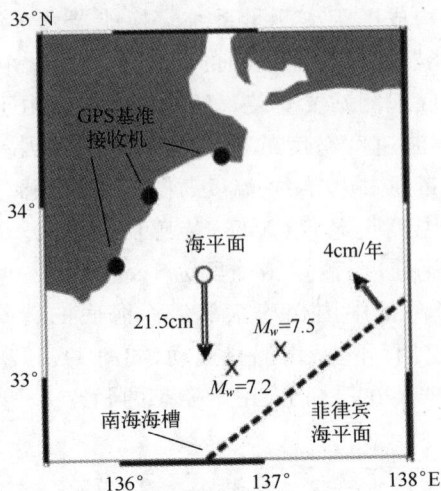

图 11.11 地震导致的海面排水量的观测结果(参见文献[28])

11.6 电离层中的地震前兆

地震和电离层异常之间的相互关系有很多专门的研究。电离层异常先于地震发生。当今的全球导航卫星系统是测量和研究这些异常的最佳工具。11.1 节描述的 TEC 映射方法可以用于发现和监控此类异常现象。11.2 节中所描述的无线电掩星方法也可以用于从闪烁数据中寻找电离层扰动的地理和时间分布[31]。

11.6.1 利用电离层前兆预测和预报

电离层中的某些特定异常可以作为地震的前兆。首先,需要明确我们希望从可观测的前兆中获得什么。地震预测是指一种能力,即计算未来地震的具体震级、地点和时间的能力。地震预报被定义为概率估算,即在具体时间内发生大级别地震和断层型地震的概率。人们通常认为,预测即将发生的地震是不可能的。然而,预报则是基于现有的应变能积累与释放模型(参见11.4 节)。

电离层前兆是指可观测的震前电离层状态的变化。地震前兆距预测更近。前兆不能给出精度优于数千千米的有关地震的位置信息,也不能给出精度优于一两天将发生地震的有关信息。另外,前兆也不能给出概率优于某个值的有关地震震级的信息。在许多情况下,即使可以获得这些信息,但通常会被忽视。针对此类不确定的信息采取的行动的潜在成本可能会超过地震本身所造成的损毁成本。然而,研究此类前兆,一方面可以探索未来的预测方法,在另一方面,可以更好地理解产生地震的机理。

对地震和震前电离层异常之间的相互关系的首次出现在 1964 年阿拉斯加大地震的描述中[32]。

11.6.2 电离层前兆的形成机理

让我们看一下伴随地震并与之相关的事件,它们可能与前兆的征候有关。电离层前兆表现为电离层异常,这种异常可以通过闪烁观测到,具体表现为 TEC 分布的扰动。在中纬度地区的强地震发生前的两三天,会观测到本地 TEC 大量增加,在地震发生前一两天,会观测到震中附近 TEC 大量减少(可达 30%)。在这些事件中,最大的扰动区域靠近地震的震中[33]。大量研究表明,在震前三四天内,TEC 会减少,TEC 减少的同时会伴随异常峰值和特定动态的出现[34,35]。大量此类观测使我们可以宣称,统计证明在地震发生前几天的时间间隔内,存在电离层前兆[36]。有多种理论可以解释电离层前兆[37,36]。

通常,我们将电离层异常与全球规模和局部规模两种类型的过程相关联:

(1) 全球规模电离层异常前兆机理。电离层 TEC 分布的变化与其他地球物理参数的变化有关。TEC 的这些变化可以由相互关联的参数(包括电磁参数和温度)变化来解释,也可以由导致这一事实的相同的源来解释。辐射热、固体地球潮汐传输以及相连地幔中的摩擦损耗等,使大地水准面和地幔中的地震速度异常之间有很强的相关性[38]。因此,复杂的全球大地电流可能是造成电离层前兆的部分原因,即地震活动、TEC 分布和其他物理参数分布之间的相关性。

(2) 局部规模电离层异常前兆机理。地震与地壳和地幔断层有关。通常,地震发生在板块边界,所以可以观测到板块内的地震较少。当板块彼此相对运动时,材料中会产生应力,直到其超过材料的强度时为止[39]。与应力积累过程相关的局部过程可能是导致 TEC 异常的原因。此类局部规模机理还在断层附近岩石属性的物理变化、微量气体的释放和较大地震发生前的微震中显现出来。通过这些已经成功地做出了短期预测。例如,在 1975 年 2 月中国东北海城附近发生地震之前的 5h,基于此类前兆做出了预测。

下面将进一步讨论与电离层前兆相关的物理参数的异常情况。

11.6.3 地震光

某些异常前兆有时甚至可以用肉眼看到。我们在第 4 章讨论了电磁波谱可见光频段的重要性。人类第一次注意到地震光是在 1965 年的日本松山(Matsushito)地震,当时有人拍摄到了地震光[40]。地震光已经出现过多次。据报道,震前出现的地震光为红色和白色光。最近出现地震光的一个例子是在中国甘肃的天水。在 2008 年 5 月 12 日四川大地震发生前约 30min,在距震中约 450km 的甘肃天水观测到了地震光。发光云类似于极光的某些特性。全局机理和局部机理都可以解释地震光的出现。全球机理与导致极光的解释相似。本地机理为电化学性质。有关地震光性质的部分理论如下所述:

(1) 压电效应。在石英丰富的地壳岩石中会形成电场,这些电场受较高机械压力的制约。尽管在此情况下地震光将伴随着极热,但是这一点从未被观测到,也没有报道过[41]。

（2）氧化。氧化会导致原子离子化。氧化是指最初在无氧环境中形成的矿物质由于机械过程暴露在空气中而产生的一种常见的风化反应。氧化还会削弱矿物质的强度，这反过来又使得它更容易进一步发生机械变形[42]。

（3）极光。地震光的性质类似于极光的性质，基本上是由流经大气层和地球之间的电流造成的。光线来自电离或激发的原子。分子辐射时会释放能量，并返回到正常状态。发出的辐射涵盖了人眼可见光频段。不同的气体辐射频率不同，从而导致不同的颜色产生。这一过程类似于极光现象。在靠近两极的极光情况下，电子沿地球磁力线运动。在运动途中的 100 ~ 200km 高空，它们与离子碰撞。碰撞的结果是产生与极光一样的可见光。

我们认为，TEC 异常与极光理论是一致的，因为它们会显示出由于电流流向地表而导致电子含量较低的区域出现。

11.6.4 温度变化

热对流被认为是板块构造的形成机理。热源假说可以解释表面附近由 70 多千米厚的岩石层产生的放射性元素的浓度[43]。温度变化会导致大气中的电子比例发生变化。F 层中的不规则性可能由高功率高频波（称为加热器）人为引起[44]。人为不规则性是由热力造成的。在加热器开启后 30 ~ 40s 会达到最大幅度，并在加热器关闭后一两分钟消失。这些加热器也会引起闪烁。例如，有效辐射功率为 200MW 的 5.1MHz 高频加热器可诱发闪烁强度 $S_4 = 0.12$ 的闪烁[45]。强度光谱中菲涅耳最小值与相位闪烁光谱中的菲涅耳最大值一致。这表明，加热器产生的不规则性位于厚度小于 50km 的表层中。

11.6.5 氡气排放

电离层前兆也可以由氡气的排放来解释[41]。地球岩石圈中还含有铀，有时浓度会很高。它会产生矿物镭这种衰变元素。镭具有放射性，半衰期为 1620 年。它可以解释形成放射性很强的气体氡（一种具有衰变期的衰变元素）的原因。氡气可能会积聚在地下。有时，它会排放出来，积聚在建筑物内，对健康造成严重影响。其半衰期为 3.8 天，会产生钋、铋和铅等衰变元素。地震会导致大量氡气的排放。排放会在地震发生的前几天开始。每个氡原子可以产生 100 万个离子对。地震光可以源于 α 粒子和原子之间的电离碰撞。关于 TEC 异常，有人指出，氡原子的相对分布和正离子过剩（作为高度的函数）非常相似[46]。作为地震前兆对氡气进行观测在中国受到特别的重视[47]。这些前兆可以是由带征兆的土地变形造成的。

11.6.6 电气变化

除了地震光之外，地球电流的变化是最经常报道的与地震前兆有关的电气现象之一。在许多研究报告中都有研究。有趣的是，这些变化从来与余震没有关系[48]。

地球的电磁结构是极其复杂的,我们的模型可能尚未充分描述地震前兆的形成机理。局部机理和全球机理相结合的机理共同作用于地球岩石圈、大气层、低大气层和局部表面区域。一般来说,在讨论大气电学时,我们可以接受一个相当于金属导体的全球性电离层模型,地球表面电势差可高达300000V以上。地球电离层电流平均约为1800A,总有效电阻为200Ω。使问题更加复杂的是,地球流体外核由铁—镍合金组成,它是一个导电体。此外,我们还需要考虑低大气层以及大气层和地球表面之间的电流。高层大气的电子密度由低层电离层的电气结构所控制[49]。这部分是由良好天气条件下的电场决定的。良好天气条件是指导电极强的电离层和地球球面电容板块之间泄漏均匀这一条件。良好天气条件下的电场是Lemonnier于1752年发现的,它可以由低层大气中过量的正离子来模拟[46]。Lemonnie在无云的大气中检测到了电荷,并注意到它们在白天和夜间是不同的。根据这一模型,雷暴是反向电流的产生者。与地震相关的电流随时间变化很大,且与不同的大气层有关。该模型应该考虑大气中的电流以及接地电流。

接地电流可以通过埋在地下的电极来测量,即电势差。由于直流铁轨泄漏杂散电流的原因,在日本不可能来测量接地电流,否则,就会提供大量有关地震的研究资料[48]。然而,诸如这样的测量已在俄罗斯和中国进行了多次,在俄罗斯和中国,人为噪声较低。例如,在距离海城地震震中($M = 7.3$,1975年)几十千米的地方,大地电势在2天之内可以从100mV下降至0。电极之间的距离为60m。美国和俄罗斯也进行过类似的测量。此类现象首次是在1972年报道的[50]。

有关大地电阻率的测量有3种不同的时间尺度,这可以归因于不同的机理:

(1)长期变化。采用地壳电磁探测方法,可以检测到这些变化。这些方法用于监测地震活跃地区的地壳状态。这可用于海上勘探,寻找石油或天然气丰富的区域。有报道称,在地震前二三月,岩石电导率会逐步增加。电导率增加说明大地在变形,从而导致微小裂纹的出现。这些微小裂纹充满了水,导致电导率增加。地表下的沉积构造,如断层、褶曲和穹地会被映射出来,这些地方会积存石油[51]。

(2)中期变化。有时,在地震前10天测量电阻率的变化,这些变化会在地震前5天左右消失。

(3)短期变化。还存在短期前兆,在这种情况下,基于地面的电阻率变化的时间为几小时。例如,在1974年伊豆冲地震(震级$M = 6.9$)发生前4h,测量到了此类电阻率的变化,距离震中100km左右。但是,在1978年发生的伊豆半岛地震($M = 7.0$)中,却没有发现此类变化。有趣的是,这次地震发生在同一个地方,而且震中距离很近[47]。

在这种情况下,震前TEC损耗区形成背后的物理学可以用解释电离层气泡形成机理的同一机理来解释。这些气泡(参见第10章)可以由瑞利—泰勒(Rayleigh-Taylor)不稳定性来解释,它与电流相耦合[52]。

11.6.7 磁性变化

地球磁层也会受到地震的影响。地磁场也会发生变化,但很难区分出噪声和短期的变化。在磁力图中,一些相对较小的变化与岩石中的应力变化有关。这些变化也会发生在地震前。要发现这些变化相当困难,因为它们被其他缓慢变化和长期变化,尤其是每日的变化所掩盖[53]。

参考文献

[1] M. Born and E. Wolf, *Principles of Optics. Electromagnetic Theory of Propagation, Interference and Diffraction of Light*, seventh expanded edition, Cambridge, Cambridge University Press, 1999.

[2] S. Schaer, *Mapping and Predicting the Earth's Ionosphere using the Global Positioning System*, Volume 59 of Geodätisch-geophysikalische Arbeiten in der Schweiz, Schweizerische Geodätische Kommission, Institut für Geodäsie und Photogrammetrie, Eidg. Technische Hochschule Zürich, Zürich, Switzerland, 1999.

[3] M. Angling, An assessment of an ionospheric GPS data assimilation process, in *Earth Observation with CHAMP, Results from Three Years in Orbit*, C. Reigber, H. Lühr, P. Schwintzer, and J. Wickert (editors), Berlin/Heidelberg, Springer-Verlag, 2005.

[4] R. Dach, U. Hugentobler, P. Fridez, and M. Meindl (editors), *User Manual of the Bernese GPS Software Version 5.0*, Astronomical Institute, University of Bern, 2007.

[5] G. Fjeldbo, W. Fjeldbo, and R. Eshleman, Models for the atmosphere of Mars based on the Mariner-4 occultation experiments, *J. Geophys. Res.*, 71(9), 1966, 2307.

[6] R. Woo, Spacecraft radio scintillation and solar system exploration, in *Wave Propagation in Random Media (Scintillation)*, V. I. Tatarskii, A. Ishimaru, and V. U. Zavorotny (editors), Bellingham, WA, The Society of Photo-Optical Instrumentation Engineers and Institute Of Physics Publishing Ltd., USA, 1993.

[7] W. G. Melbourne, *Radio Occultations Using Earth Satellites, A Wave Theory Treatment*, JPL Deep Space Communications and Navigation Series, Hoboken, NJ, John Wiley & Sons, Inc., 2005.

[8] E. R. Kursinski, *et al.*, Observing Earth's atmosphere with radio occultation measurements, *J. Geophys. Res.* 102(D19), 1997: 23429–23465.

[9] T. P. Yunck and G. A. Hajj, Atmospheric and ocean sensing with GNSS, in *Earth Observation with CHAMP, Results from Three Years in Orbit*, C. Reigber, H. Lühr, P. Schwintzer, and J. Wickert (editors), Berlin/Heidelberg, Springer-Verlag, 2005.

[10] S. Syndergaard, Y.-H. Kuo, and M. S. Lohmann, Observation operators for the assimilation of occultation data into atmospheric models: A review, in *Atmosphere and Climate Studies by Occultation Methods*, U. Foelsche, G. Kirchengast, and A. Steiner (editors), Berlin/ Heidelberg, Springer-Verlag, 2006.

[11] G. Evensen, *Data Assimilation*, Berlin/Heidelberg, Springer-Verlag, 2007.

[12] N. Jakowski, K. Tsybulya, S. M. Stankov, and A. Wehrenpfennig, About the potential of GPS radio occultation measurements for exploring the ionosphere, in *Earth Observation with*

CHAMP, Results from Three Years in Orbit, C. Reigber, H. Lühr, P. Schwintzer, and J. Wickert (editors), Berlin/Heidelberg, Springer-Verlag, 2005.

[13] C.-J. Fong, S.-K. Yang, C.-H. Chu, *et al.*, FORMOSAT-3 / COSMIC constellation spacecraft system performance: After one year in orbit, *IEEE Transactions on Geoscience and Remote Sensing*, 46, (11), 2008, 3380–3394.

[14] R. Rummel, G. Beutler, V. Dehant, *et al.*, Understanding a dynamic planet: Earth science requirements for geodesy, in *Global Geodetic Observing System Meeting the Requirements of a Global Society on a Changing Planet in 2020*, H.-P. Plag, and M. Pearlman (editors), Berlin/Heidelberg, Springer-Verlag, 2009.

[15] GPS IS, *Navstar GPS Space Segment/Navigation User Interfaces*, GPS Interface Specification IS-GPS-200, Rev D, Fountain Valley, CA, GPS Joint Program Office, and ARINC Engineering Services, March 2006.

[16] G. Beutler, *Methods of Celestial Mechanics, Volume II: Application to Planetary System, Geodynamics and Satellite Geodesy*, Berlin/Heidelberg, Springer-Verlag, 2005.

[17] G. Beutler, *Methods of Celestial Mechanics, Volume I: Physical, Mathematical, and Numerical Principles*, Berlin/Heidelberg, Springer-Verlag, 2005.

[18] F. R. Stephenson, *Historical Eclipses and Earth's Rotation*, Cambridge, Cambridge University Press, 1997.

[19] B. Hetherington, *A Chronicle of Pre-telescopic-Astronomy*, Hoboken, NJ, John Wiley & Sons Ltd., 1996.

[20] Robert R. Newton, *The Crime of Claudius Ptolemy*, Baltimore, MD, The Johns Hopkins University Press, 1977.

[21] A. T. Fomenko, V. V. Kalashnikov, and G. V. Nosovsky, *Geometrical and Statistical Methods of Analysis of Star Configurations: Dating Ptolemy's Almagest*, London, UK, CRC Press, Inc., 1993.

[22] Isaac Newton, *The Chronology of Ancient Kingdoms Amended To which is Prefix'd, A Short Chronicle from the First Memory of Things in Europe, to the Conquest of Persia by Alexander the Great*, London, Printed for J. Tonson in the Strand, and J. Osborn and T.Longman in Paternoster Row, MDCCXXVIII.

[23] J. Li, K. Miyashita, T. Kato, and S. Miyazaki, GPS time series modeling by autoregressive moving average method: Application to the crustal deformation in central Japan, *Earth Planets Space*, 52, 2000, 155–162.

[24] W. D. Mooney and S. M. White, Recent developments in earthquake hazards studies, in *New Frontiers in Integrated Solid Earth Sciences*, S. Cloetingh, and J. Negendank (editors), Dordrecht, Springer Science+Business Media B.V., 2010.

[25] F. N. Spiess, Suboceanic geodetic measurements, *IEEE Trans. Geosci. Remote Sens.*, 23, 1985, 502–510.

[26] F. N. Spiess, C. D. Chadwell, J. A. Hildebrand, *et al.*, Precise GPS/acoustic positioning of seafloor reference points for tectonic studies, *Phys. Earth Planet. Inter.*, 108, 1998, 101–112.

[27] M. Fujita, Y. Matsumoto, T. Ishikawa, *et al.*, Combined GPS/acoustic seafloor geodetic observation system for monitoring offshore active seismic regions near Japan, Proc. ION GNSS-2006, Fort Worth, Texas, 2006.

[28] R. Ikuta, K. Tadokoro, M. Ando, *et al.*, A new GPS-acoustic method for measuring ocean floor crustal deformation: Application to the Nankai Trough, *J. Geophys. Res.*, 113, 2008, doi:10.1029/2006JB004875.

[29] H. Y. Chen, S. B. Yu, H. Tung, T. Tsujii, and M. Ando, GPS medium-range kinematic positioning for the seafloor geodesy off Eastern Taiwan, *Engineering Journal of the*

Chulalongkorn University, 15, (1), 2011, 17–24.

[30] M. Kido, Y. Osada, and H. Fujimoto, Temporal variation of sound speed in ocean: a comparison between GPS/acoustic and in situ measurements, *Earth Planets and Space*, 60, 2008, 229–234.

[31] A. G. Pavelyev, J. Wickert, Y. A. Liou, A. A. Pavelyev, and C. Jacobi, Analysis of atmospheric and ionospheric wave structures using the CHAMP and GPS/METRadio occultation database, in *Atmosphere and Climate Studies by Occultation Methods*, U. Foelsche, G. Kirchengast, and A. Steiner (editors), Berlin/Heidelberg, Springer-Verlag, 2006.

[32] K. Davies and D. M. Baker, Ionospheric effects observed around the time of the Alaskan earthquake of March 28, 1964, *J. Geophys. Res.* 70, 1965, 2251–2253.

[33] A. A. Namgaladze, M. V. Klimenko, V. V. Klimenko, and I. E. Zakharenkova, Physical mechanism and mathematical modeling of earthquake ionospheric precursors registered in total electron content, ISSN 0016□7932, *Geomagnetism and Aeronomy*, 49, (2), 2009, 252–262, Pleiades Publishing Ltd.

[34] J. Y. Liu, Y. J. Chuo, S. J. Shan, *et al.*, Pre-earthquake anomalies registered by continuous GPS TEC measurements, *Annales Geophysicae*, 22, 2004, 1585–1593.

[35] J. Y. Liu, Y. J. Chuo, S. A. Pulinets, H. F. Tsai, and X. Zeng, A study on the TEC perturbations prior to the Rei-Li, Chi-Chi and Chia-Yi earthquakes, in *Seismo-Electromagnetics: Lithosphere-Atmosphere-Ionosphere Coupling*, M. Hayakawa and O. Molchanov (editors), Tokyo, TERRAPUB, 2002, pp. 297–301.

[36] S. Pulinets and K. Boyarchuk, *Ionospheric Precursors of Earthquakes*, Berlin/Heidelberg, Springer-Verlag, 2004.

[37] V. A. Liperovsky, O. A. Pokhotelov, C. V. Meister, and E. V. Liperovskaya, Physical models of coupling in the lithosphere–atmosphere–ionosphere system before earthquakes, *Geomagnetism and Aeronomy*, 48, (6), 2008, 795–806, Pleiades Publishing, Ltd. (Original Russian Text published in *Geomagnetizm i Aeronomiya*, 48, (6), 2008, 831–843.)

[38] J. P. Poirier, *Introduction to the Physics of the Earth's Interior*, 2nd edition, Cambridge, Cambridge University Press, 2000.

[39] F. Press and R. Siever, *Earth*, 4th edition, New York, W. H. Freeman and Company, 1986.

[40] Y. Yasui, A summary of studies on luminous phenomena accompanied with earthquakes, *Proc. Kakioka Magnetic Observ.*, 15, (1), 1973.

[41] H. Mitzutani, T. Ishido, T. Yokokura, and S. Ohnishi, Electrokinetic phenomena associated with earthquakes, *Geophys.Res.Lett.*, 3, 1976, 365–368.

[42] *Encyclopedia of Geomorphology*, A. Goudie (editor), Abingdon, UK, Routledge, 2003.

[43] J. C. de Bremaecker, *Geophysics: The Earth's Interior*, Hoboken, NJ, John Wiley & Sons Inc., 1985.

[44] L. Erukhimov, V. Kovalev, A. Lerner, *et al.*, Spectrum of large-scale artificial inhomogeneities in the F layer of the ionosphere, *Radio Phys. & Quantum Electron.*, 22, (10), 1979, 1278–1281.

[45] K. Rawer, *Wave Propagation in the Ionosphere*, Dordrecht, Kluwer Academic Publishers, 1993.

[46] L. Wåhlin, *Atmospheric Electrostatics*, Baldock, UK, Research Studies Press Ltd., 1986.

[47] T. Rikitake, *Earthquakes Forecasting and Warning*, Japan/Tokyo, Center for Academic Publications, 1982.

[48] *Current Research in Earthquake Prediction I*, T. Rikitake (editor), Japan/Tokyo, Center for Academic Publications, 1981.

[49] W. Webb, Electrical structure of the lower atmosphere, in *Developments in Atmospheric Science I, Structure and Dynamics of the Upper Atmosphere*, F. Verniani (editor), Burlington,

MA, Elsevier Scientific Publishing Co., 1974.

[50] O. Barsukov, Variations in electric resistivity of mountain rocks connected with tectonic causes, *Tectonophysics*, 14, 1972, 273–277.

[51] A. V. Guglielmi and O. A. Pokhotelov, *Geoelectromagnetic Waves*, Bristol, UK, IOP (Institute Of Physics) Publishing Ltd., 1996

[52] R. Schunk and A. Nagy, *Ionospheres: Physics, Plasma Physics, and Chemistry*, 2nd edition, Cambridge, Cambridge University Press, 2009.

[53] R. Lanza and A. Meloni, *The Earth's Magnetism: An Introduction for Geologists*, Berlin/ Heidelberg, Springer-Verlag, 2006.

第12章 INS 辅助基带和导航信号处理

在本章中,我们将讨论如何将外部辅助数据用于捕获、跟踪和定位。我们利用 INS 系统作为辅助手段。一般而言,可以使用任何能够提供飞行器动态测量(如速度和加速度)的系统。特别是,可以使用相对便宜的惯性测量单元(IMU)传感器,如微机电系统(MEMS)加速度计和陀螺仪,在多种应用(包括那些对技术要求较低的应用)中来提供相应的信息。然而,我们的例子将基于机载导航系统更为迫切需要的惯性导航系统(INS)。理论、方法和算法适用于一般低端消费品应用,而不仅仅只是航空、航天的应用。在本书撰写之前的 10 年中,情况一直如此。

12.1 集成 GNSS 与 INS 的原则

全球导航卫星系统可以提供稳定的导航解决方案,只要接收机能够保持对 4 颗或更多颗卫星的信号锁定。我们在第 1 章中讨论了高度信息可以使我们舍弃一个变量,将所需要的卫星数量减少到 3 颗。此外,足够稳定的时钟(通常不是常规接收机的组成部分)可以将卫星数量减少到 2 颗。对于飞机而言,姿态信息非常重要。时钟的稳定性通常都不够好,无法承受持续的接收机时钟误差。因此,如果由于信号阻塞、有意/无意的干扰使可用卫星的数量减少到少于 4 颗,那么将无法定位和定时。全球导航卫星系统的电波传播漏洞将是航空安全的一个关键问题。

INS 广泛应用于飞机导航。INS 是独立的,不会受到无意干扰和无线电电波条件的影响。INS 利用航路推测原理,加速度计/陀螺仪的误差是集成在一起的,位置/姿态的误差也是累计增长的。例如,导航级 INS 在几小时的巡航后位置误差会增加。由于全球导航卫星系统和 INS 的特点是互补的,二者集成在一起的系统可以兼具其优点。全球导航卫星系统和 INS 的集成方法分为松耦合、紧耦合和超紧耦合等类型,如图 12.1 所示。

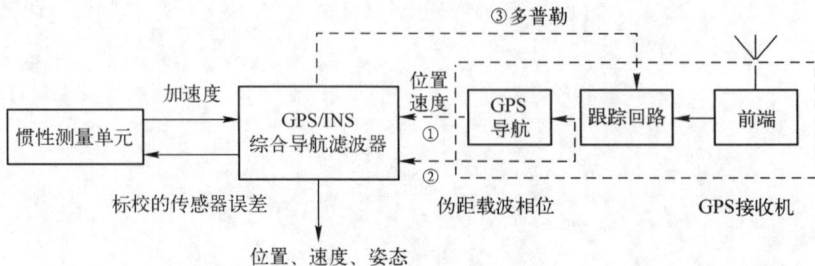

图 12.1 集成 GPS/INS 的方法

最简单的集成方法是利用 GPS 接收机的位置和速度输出对 IMU 传感器误差进行标校,这是松耦合法。第二种方法是紧耦合法,即利用接收机的测量值,如伪距和载波相位,标校 IMU 误差。由于该方法是独立利用每颗卫星的测量值,不完美的或质量差的测量值可以被加权或拒绝,这样,通常可以获得比松耦合系统性能更高的系统。除了从 GPS 接收机获得辅助外,第三种方法是利用 IMU 信息来提高 GPS 信号的跟踪性能。这就是超紧耦合法。该方法可以在弱信号环境下进行稳健的跟踪,其详细内容将在下一节描述。

12.2　案例研究:INS 辅助稳健跟踪

12.2.1　多普勒辅助 PLL

在恶劣环境下,如严重的电离层闪烁以及有意/无意干扰,稳健跟踪全球导航卫星系统对民航等交通运输安全来说是一个挑战。由于载波相位被用于平滑伪距测量,保持载波跟踪对利用 GBAS 进行精确进场是一种很重要的方法。如果多个信道发生跳周,则必须重新启动相应的平滑程序,这会造成复飞。如果因飞机动态造成的多普勒频率由惯性测量来补偿的话,那么,采用惯性传感器则能够提高跟踪性能[1-3]。

图 12.2 给出了多普勒辅助锁相环(PLL)模型。由于延迟锁相环(DLL)比 PLL 更稳健,本节将专注于 PLL 的跟踪性能。虽然在高动态环境中三阶环路滤波器比二阶滤波器更稳健,但它们可能不是太稳定,瞬态响应可能会更大。因此,在下面的所有分析中,将采用二阶环路滤波器作为环路滤波器的例子。

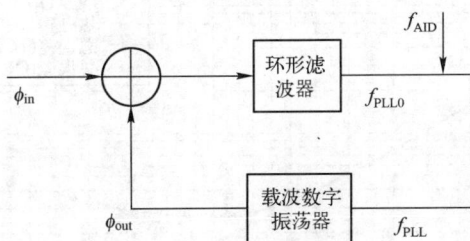

图 12.2　多普勒辅助 PLL 模型

相位跟踪主要受时钟动态、接收机动态和热噪声影响。二阶环路时钟动态的相位噪声(rad²)为[2,3]

$$\alpha_{\delta\phi,clock}^2 = \left(\frac{2\pi}{1.8856B_n}\right)^3 \frac{h_4\pi}{2\sqrt{2}} + \left(\frac{2\pi}{1.8856B_n}\right)^2 \frac{h_3\pi}{4} + \left(\frac{2\pi}{1.8856B_n}\right)\frac{h_2\pi}{2\sqrt{2}} \quad (12.1)$$

式中:h_2,h_3,h_4 为时钟系数。

此外,取决于二阶 PLL(单位:rad)接收机动态(加速度)的最大相位误差,可以

表示为[3]

$$\delta\phi_{dynamics} = \frac{2\pi \cdot 2.7599 a_{max}}{\lambda B_n^2}$$ （12.2）

式中：a_{max} 为接收机在视线方向上的最大加速度(g)。

以弧度为单位的总相位误差(忽略振动引起的时钟抖动)为[4]

$$\alpha_{\delta\phi} = \sqrt{\alpha_{\delta\phi,thermal}^2 + \alpha_{\delta\phi,clock}^2} + \frac{\delta\phi_{dynamics}}{3}$$ （12.3）

TCXO 时钟和 OCXO 时钟相对于噪声带宽的总相位误差(无动态变化)如图 12.3所示。其中，C/N_0 为 40dB，时钟系数取自文献[2]。由于不包括接收机动态影响，此图表示的是一个典型的静态接收机性能。对于编码/相位跟踪环路，噪声带宽是一个重要的参数。噪声带宽越窄，热噪声的影响就越小。由于没有热噪声的信息，我们希望利用较窄的带宽来减少噪声。然而，由于带宽较窄，时钟不稳定性的影响则较大，环路可能会失去跟踪。从图 12.3 中可以看出，归因于时钟误差的相位误差对于较窄的噪声带宽占主导地位。因此，使用更稳定的时钟(如 OCXO 时钟)可以应用较窄的带宽，从而降低相位噪声。对于大地测量接收机，通常利用几赫兹的噪声带宽来实现较高的定位精度。

另一方面，包括动态应力在内的总相位误差如图 12.4 所示。其中，假定最大加速度为 0.1g。取决于动态应力的相位误差对于较窄的带宽来说占主导地位，如果没有补偿动态的话，采用 OCXO 时钟似乎没有任何优势。因此，对于动态用户，通常使用的是几十赫兹的噪声带宽。如果飞行器动态几乎由 INS 来补偿的话，相位误差则变为图 12.3 所示，因此，使用 OCXO 时钟来减少相位噪声是有道理的。

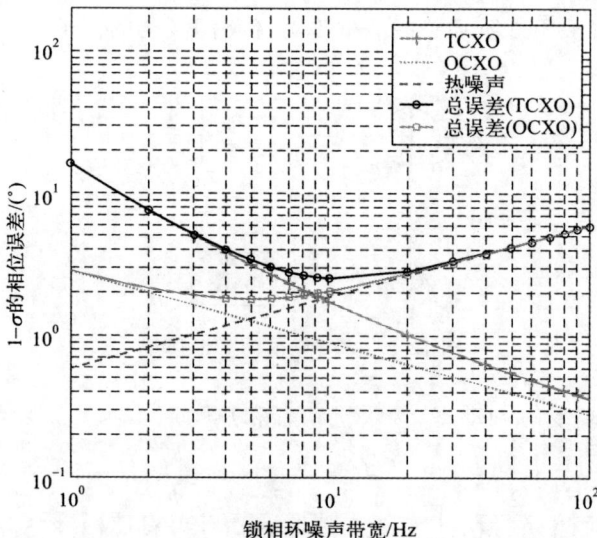

图 12.3 相位误差(无动态变化)与噪声带宽关系曲线

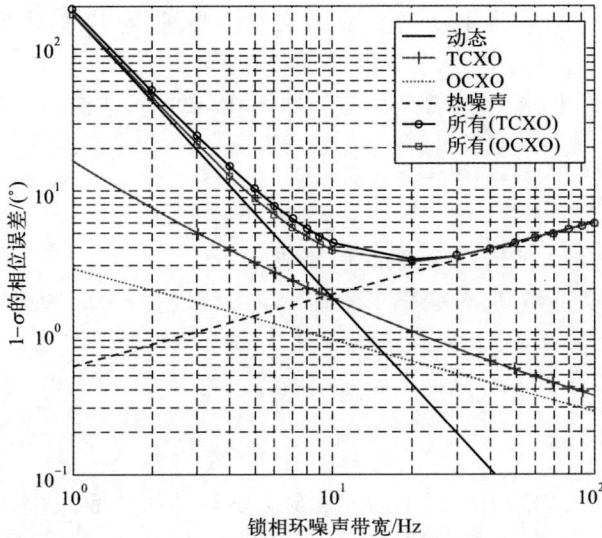

图 12.4 相位误差(动态变化)与噪声带宽对比

有多种方法来应用 INS 辅助手段[1-3,5]。这里介绍 3 种基本 INS 辅助方法[6]。PLL 的频率可以表示为

$$f_{PLL} = f_D + f_{clk} + f_{nolse} \qquad (12.4)$$

式中:f_D,f_{clk} 为多普勒和时钟频率[2]。

如果对回路进行辅助,PLL 的频率可以重写为

$$f_{PLL} = f_{PLL0} + f_{AID} \qquad (12.5)$$

在这里讨论 3 种类型的辅助频率,即增量多普勒(Δf_D)、多普勒(f_D)、多普勒与时钟频率($f_D + f_{clk}$)。如果加速度可以忽略不计,则多普勒频率的计算方法为

$$f_D = \frac{e \cdot (v_S - v_R)}{\lambda} \qquad (12.6)$$

式中:v_S,v_R,e,λ 分别为卫星速度、接收机速度、视线单元矢量和 L_1 波长。

在辅助多普勒信息之前,假设载波被普通环路跟踪。因此,在相干积分时间期间为环路增加增量多普勒是合理的。相干积分时间被表示为 T_I,则增量多普勒表示为

$$\Delta f_D = \frac{-e \cdot a_R \cdot T_I}{\lambda} \qquad (12.7)$$

式中:a_R 为接收机加速度。与飞行器的加速度相比,由于卫星加速度在 T_I 期间通常非常小,因此在式(12.7)中可以忽略卫星运动的影响。

在第二种方法中,添加了多普勒频率,而不是多普勒增量。接收机速度(v_R)通过 GPS/INS 综合导航滤波器获得。因为速度噪声通常没有加速度噪声大,因此有望获得更好的跟踪性能。但是,应慎重考虑辅助初始化程序,因为式(12.5)中的

f_{PLL0}会突然改变,而f_{PLL}是不变的。利用软件接收机,可以使其更容易地处理这种转变。

在第三种方法中,除了多普勒外,还对时钟频率进行辅助。可以简单地通过下式来计算:

$$f_{\text{clk}} = \frac{1}{N} \sum_{i=1}^{N} (f_{\text{PLL}}^i - f_{\text{D}}^i) \qquad (12.8)$$

式中:上标表示第i个信道;N为跟踪信道数。

从精确的意义上讲,时钟频率未受到 INS 的辅助,因为时钟频率无法从 INS 获得,需要加以估算。然而,如果其被用于捕获和跟踪较弱信号的话,时钟频率信息会非常有用,因为它对于所有信道是通用的[5,7]。

12.2.2　飞行试验

如上一节所示,如果 INS 辅助对动态应力加以补偿的话,动态接收机的噪声带宽可以变窄。本节将利用起飞时的真实飞行数据对辅助的效果进行验证。

机载设备的配置如图 12.5 所示。有两种类型的 GPS/INS 导航用于飞行试验。第一种是紧耦合的 GPS/INS。它含有一个带环形激光陀螺和伺服加速度计的基尔福特(Kearfott)T – 24 惯性测量设备和一部阿什泰克(Ashtech)G12 单频 GPS 接收机[8]。第二个是一种小型化的 GPS/INS 导航,包括 MEMS 陀螺仪和加速度计、U – blox LEA –4T GPS 接收机、三轴磁力计等[9]。采用一个 15 态松耦合的 GPS/INS 卡尔曼滤波器来抑制因 MEMS 惯性传感器误差引起的位置误差的增加。另外,还安装了两个带有不同时钟(TCXO 时钟和 OCXO 时钟)的 GPS 前端单元,记录了GPS 中频数据。中频和采样率分别为 4130400Hz 和 16367600Hz。低成本 GPS/INS和两个前端单元如图 12.6 所示。用于试验的日本宇航研究开发机构(JAXA)的研究飞机如图 12.7 所示。

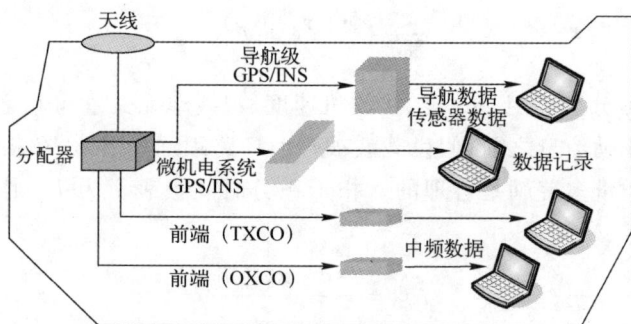

图 12.5　机载设备配置

在飞机起飞期间,来自低成本 GPS/INS 的数据样本以及来自两个前端单元的数字中频数据用于随后的分析,并在本书中给出(DINSmems、DFLTtcxo、DFL-Tocxo)。起飞时的飞行剖面如图 12.8 所示,导航框架中的速度和加速度(ENU 坐标系)如图 12.9 和图 12.10 所示。

254

图 12.6　低成本 GPS/INS 和 GPS 前端单元

图 12.7　用于飞行演示的研究飞机

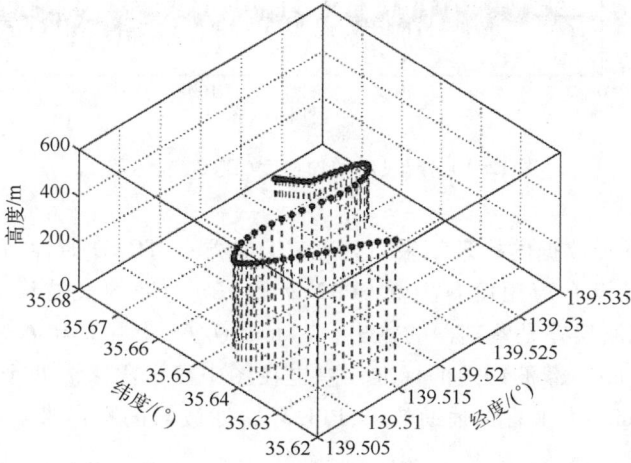

图 12.8　起飞时的飞行剖面

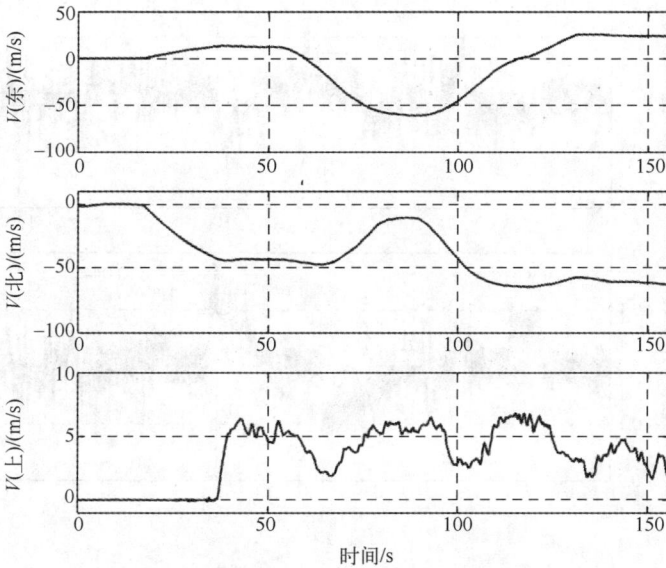

图 12.9　起飞时的速度（ENU 坐标系）

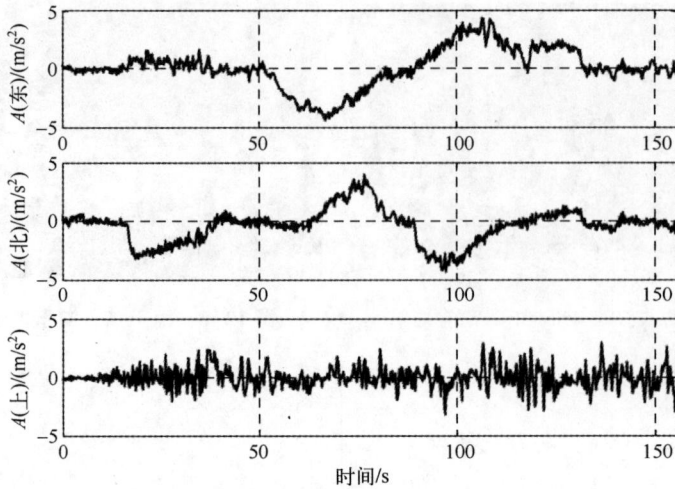

图 12.10　起飞时的加速度（ENU 坐标系）

下面讨论飞行数据的处理结果。处理来自前端带 TCXO 时钟［D_FLT_tcxo］的数字中频数据且没有应用两颗卫星（PRN 9 和 12）辅助的载波误差（周期）如图 12.11 所示。载波误差是鉴别器的输出，即 atan（Q/I），其中 I 和 Q 同相，正交相位信号求积分为 1ms。载波误差的标准偏差也在图中显示出来。两个信道计算的标准偏差为 7.4mm。为了看到辅助效果，PLL 环路滤波器的噪声带宽从通常的 25Hz 减少到了 3Hz。

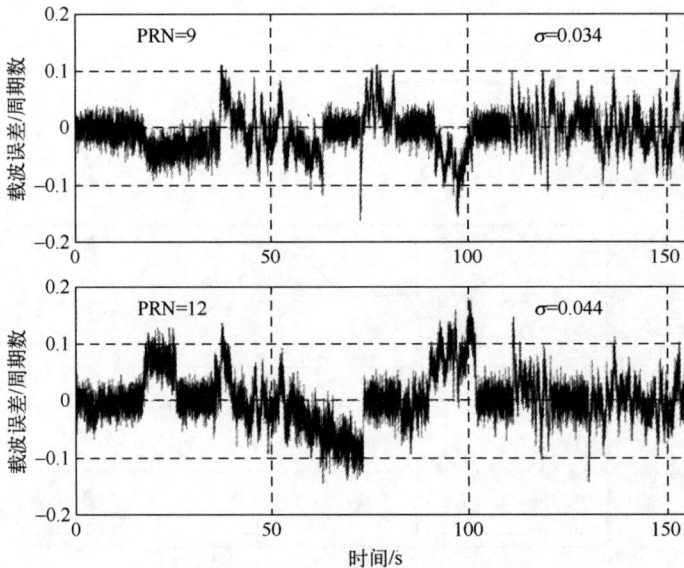

图 12.11　无 INS 辅助的载波误差（TCXO 时钟）

256

利用来自低成本 MEMS INS(D_INS_mems)的数据计算的增量多普勒频率(单位:Hz),如图 12.12 所示。由于卫星的视线矢量不同,增量多普勒的趋势在不同的卫星之间是不同的。虽然增量多普勒的幅度似乎很小,只要采用辅助,在每一个相干积分时间(1ms)这些值是增加的,且在环路中累积。当在环路中添加增量多普勒频率时,载波误差大部分被消除,如图 12.13 所示,且标准偏差相应地减小(3.8mm)。当采用导航级 INS 作为辅助手段时,载波相位误差的标准偏差非常相似。当采用前端数据和 OCXO 时钟(D_FLT_ocxo)时,标准偏差略有减小。

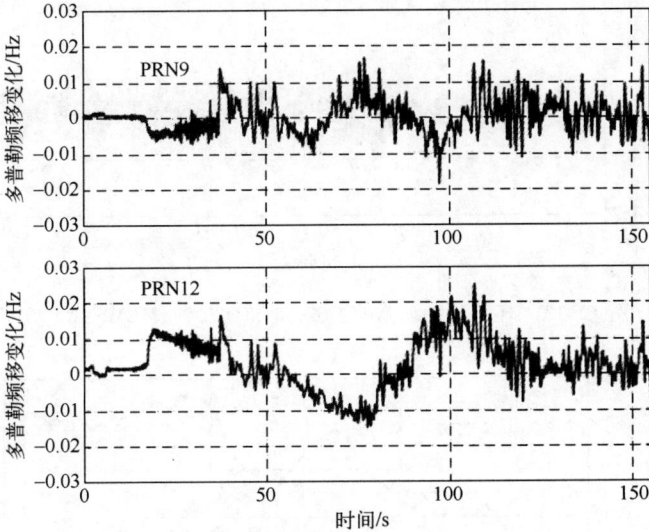

图 12.12　环路辅助增量多普勒(MEMS INS)

接下来验证多普勒辅助的影响。利用紧耦合 GPS/INS 的输出增加到跟踪环路中的多普勒频率(单位:Hz)如图 12.14 所示。与图 12.12 相比较,可以看出,虽然符号相反,但多普勒频率是增量多普勒的积分。由于是基于速度而不是基于加速度的输出,与图 12.12 所示的增量多普勒相比,它是非常平滑的,因此,预计能大大减少相位误差。

使用紧耦合 GPS/INS 和带有 OCXO 时钟(FLT_ocxo)的前端将多普勒频率增加到跟踪环路中的载波误差(单位:Hz)如图 12.15 所示。与图 12.13 相比,预计载波误差的标准偏差从 3.8mm 降到了 3.3mm。

为了应用第三积分方法,必须估算时钟频率。图 12.16 显示了估算的 TCXO 时钟(图(a))和 OCXO 时钟(图(b))前端时钟频率,其中,辅助采用了紧耦合 GPS/INS 数据。从时钟的频率特性预期来看,TCXO 时钟的时钟偏移比 OCXO 时钟的时钟偏移更大。估算的频率是嘈杂的,因为它是基于式(12.8)采用环路频率而非外部传感器计算得出的。应用估算的时钟频率的影响较小,当紧耦合 GPS/INS 辅助数据应用于 OCXO 时钟(FLT$_{ocxo}$)前端数字中频数据时,所获得的相位误差的标准偏差类似。在估算时钟频率时有必要采用一种更先进的算法来运用这种辅助方法。

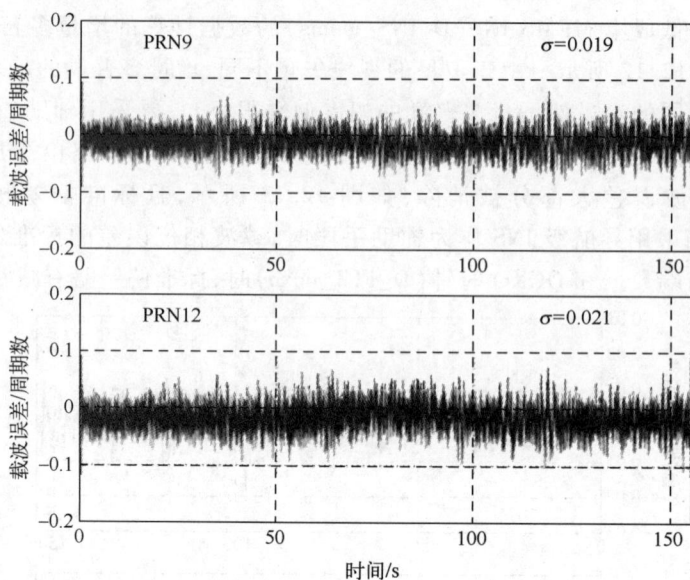

图 12.13　环路辅助增量多普勒(TCXO 时钟、MEMS INS)

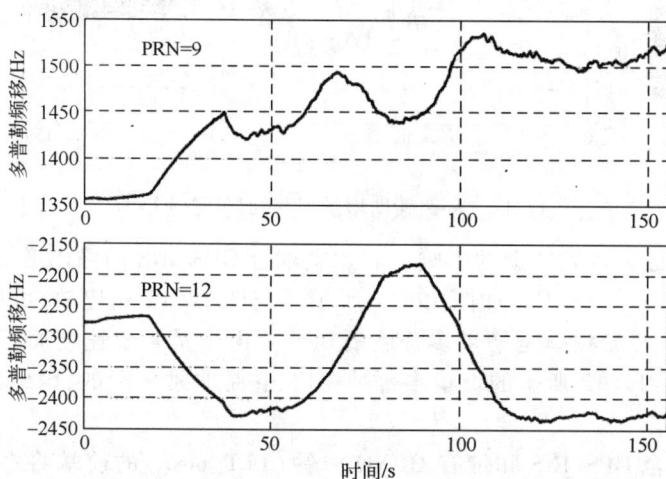

图 12.14　环路中增加的多普勒频率

本节通过减小 PLL 的噪声带宽说明了 INS 辅助的影响。然而,TCXO 时钟和 OCXO 时钟之间的性能差异还看得不是很清楚,这可能是因为残余多普勒误差比时钟的不稳定性更显著。此外,可能要考虑振动所引起的时钟抖动的影响[3,4]。另一方面,低成本 MEMS INS 多普勒辅助通过导航级 INS 显示了类似的辅助性能。因此,采用低成本 INS 似乎足以满足无人机和通用航空的需求。然而,与导航级 INS 集成可以确保在 GPS 运行中断期间的优异的连续性,适用于精确进场。

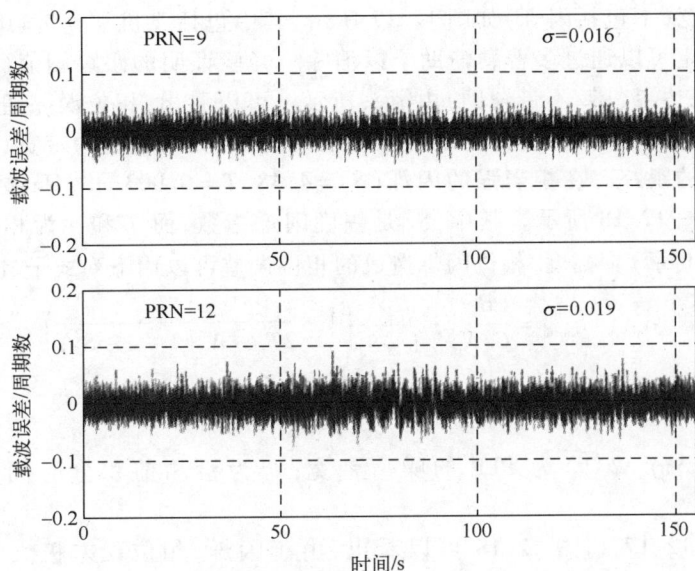

图 12. 15 有 INS 多普勒辅助的载波误差(TCXO 时钟、导航、INS)

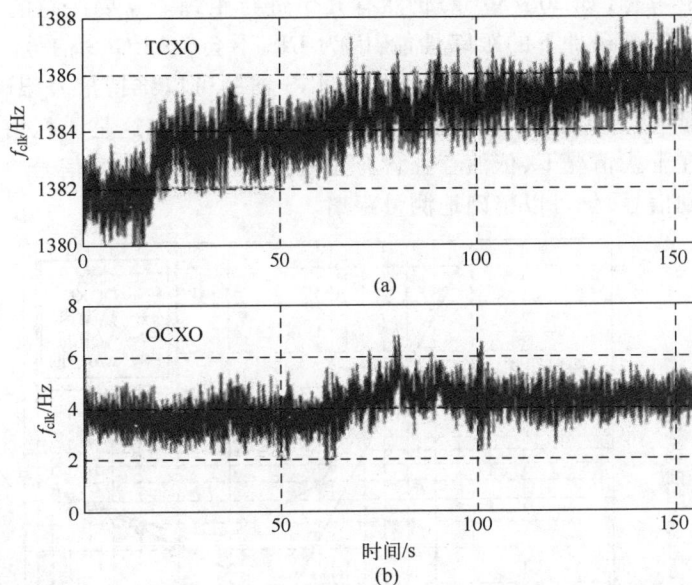

图 12. 16 估算的 TCXO 时钟(a)和 OCXO 时钟(b)的时钟频率

12. 3 案例研究:闪烁条件下 INS 辅助跟踪

12. 3. 1 多普勒辅助的理论性能

本节将讨论闪烁条件下多普勒辅助的理论性能。载波相位误差(1σ)与二阶

PLL 噪声带宽(不包括闪烁)如图 12.17 所示,其中包括飞机加速度(0.25g),并且这种影响假定可以通过多普勒辅助予以消除。经验证明的跟踪阈值(15°)由虚线所示,而跟踪边界(带/不带辅助)由箭头所示。可以看出,相位误差通常是通过多普勒辅助来降低的。然而,甚至是在没有辅助的情况下,更宽的带宽(如 20Hz)可以保证稳定的跟踪。在相当强的闪烁($S_4 = 4.48$, $T = 0.003 rad^2/Hz$, $p = 2.0$)下的载波误差如图 12.18 所示。其中,S_4 是幅度闪烁指数,而 T 和 p 为相位闪烁参数(请参见第 10 章)。幅度/相位闪烁造成的相位误差可以用下列式子进行计算[10]:

$$\alpha_{\delta\phi, \text{scin\_therm}}^2 = \frac{B_n}{C/N_0} \cdot \frac{1}{1 - S_4^2}\left(1 + \frac{1}{2T_1 C/N_0 (1 - 2 \cdot S_4^2)}\right) \tag{12.9}$$

$$\alpha_{\delta\phi, \text{scin\_phase}}^2 = \frac{\pi T}{2f_n^{p-1} \sin(p-1)\pi/4} \tag{12.10}$$

式中:B_n ($= 3\pi f_n/2\sqrt{2}$) 为 PLL 的噪声带宽;T_1 为检测前积分时间(在本章 $= 0.001s$)。

比较图 12.17 和图 12.18 可以看出,由于闪烁,相位误差极大地增加。图 12.18 表明,窄带多普勒辅助在闪烁情况下可以减少相位误差,虽然在没有辅助的情况下较宽的带宽(如 20～30Hz)仍然有冗余进行跟踪。需要注意的是,INS 辅助不能直接提高闪烁条件下的跟踪性能,因为 INS 不会感知 GPS 信号。INS 辅助通过消除 INS 动态影响得到跟踪冗余。即使 INS 辅助可以维持信号跟踪,但距离测量将会受到影响,因为信号会受电离层不规则性的破坏。这是干扰情况下的信号跟踪差异。在干扰情况下,依然存在含有正确距离信息的 GPS 信号。如果在干扰情况下跟踪到信号,仍可以精确地测量距离。

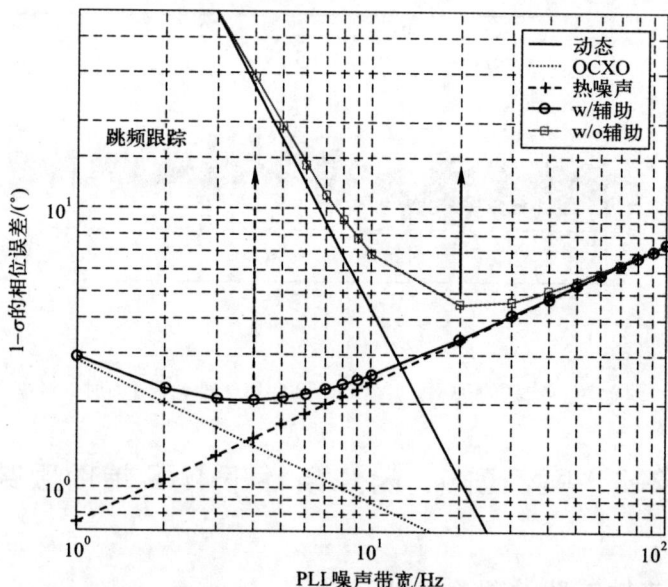

图 12.17   由若干误差源导致的相位误差(无闪烁)

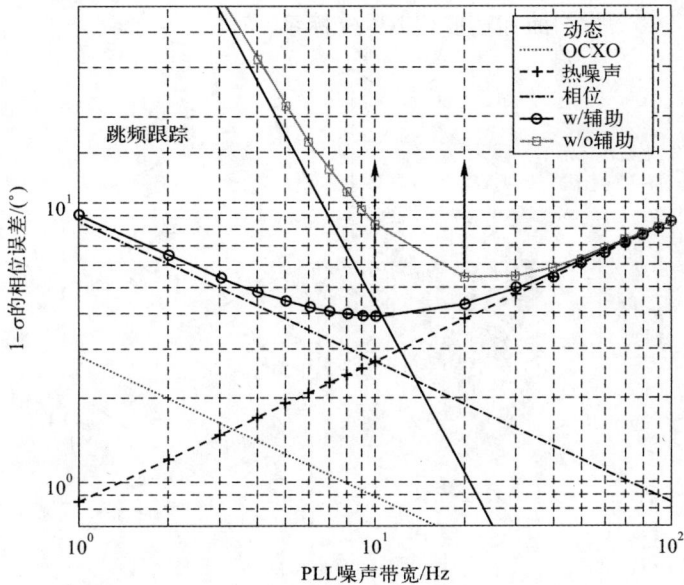

图 12.18　由若干误差源导致的相位误差(有闪烁)

12.3.2　利用模拟信号进行测试

为了评估软件接收机的多普勒辅助性能,需要受闪烁影响的数字中频数据。出于信号模拟的目的,采用了 iP－Solutions 公司的数字化中频信号发生器 ReGen。数字中频信号发生器可以虚拟地建立数字中频信号,几乎无法将它们与那些直接从卫星记录的信号区分开来。它还允许修改信号环境,引进特殊的误差,如闪烁,并修改误差模型。由于闪烁,相位和幅度变化可以采用相应的整形滤波器和概率分布拟合来模拟(参见第 10 章)。另外,可以将与等离子体气泡相关的实际相位/幅度变化剖面嵌入到数字中频数据中,并且在这些分析中可以采用这种方法。图 12.19 给出了仿真的流程。

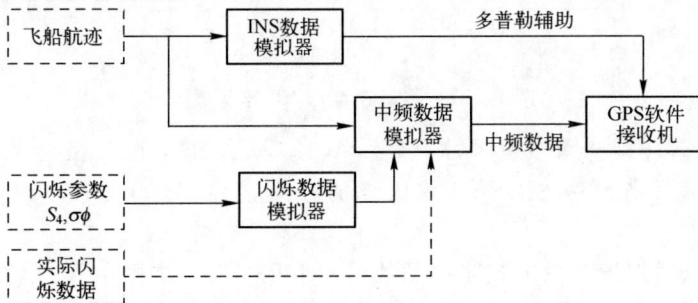

图 12.19　闪烁环境下 INS 辅助跟踪仿真流程

作为仿真的第一步,首先生成轻型飞机的轨迹和 INS 数据,然后生成相应的 GPS 数字中频数据,包括闪烁效应。图 12.20 和图 12.21 给出了用于计算多普勒

261

频率的模拟飞机飞行剖面和速度(ENU 坐标系)。

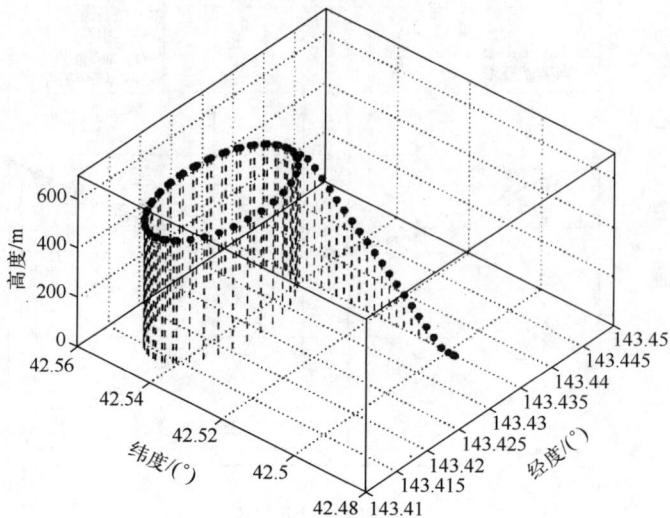

图 12.20　模拟的飞行剖面

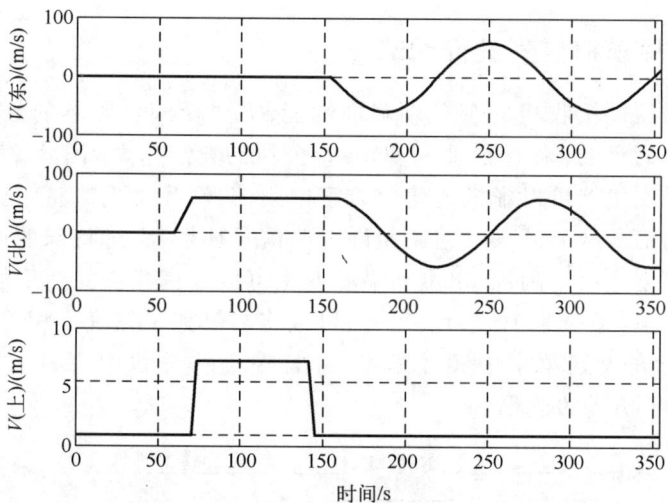

图 12.21　飞机速度(ENU 坐标系)

　　飞机起飞,并做一圈半逆时针盘旋。图 12.22 给出了包含在数字中频数据中的强度和相位变化,这对应于第二次闪烁的开始(14：24：00 至 14：28：24,见 10.4 节和图 10.10)。

　　生成的包括闪烁在内的数字中频数据由 iPRx 处理,两颗卫星合成的载波相位误差如图 12.23 所示,这里无多普勒辅助。噪声带宽设置为 8Hz。由于第一颗卫星没有闪烁,可以清楚地看到飞机动态的影响,特别是在飞机盘旋期间。闪烁影响在时间原点 90s 后增加到第二个信道的信号上。很显然,由于闪烁,载波误差加大(请注意,第一信道和第二信道之间的垂直比例是不同的)。

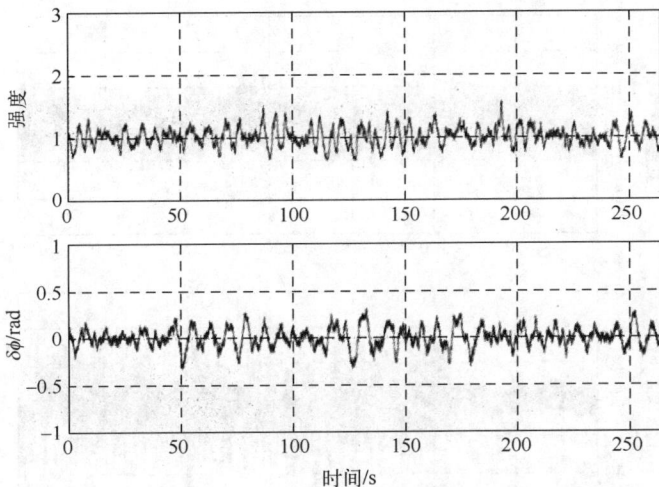

图 12.22　仿真强度/相位变化

　　另一方面,图 12.24 给出了应用了多普勒辅助的载波误差。与图 12.23 相比,由飞机动态引起的载波误差趋势被消除。但是,甚至是在应用了辅助的情况下,跳周在第二个信道频率也发生。虽然应用于此测试的闪烁相当弱,但所观测到的载波误差的标准偏差大约为 6°,如图 10.17 所示,且可能会发生跳周。图 12.25 展示的是使用/不使用辅助情况下超过 45°的载波误差概率。如果跳周的阈值被设定为45°(0.125 个周期),通过应用多普勒辅助,跳周的发生降低了 30% 。图 12.26 显示了第二信道(时间 200 ~ 205s)的 I 支路振幅的样例,从中可以清楚地看到振幅的变化。

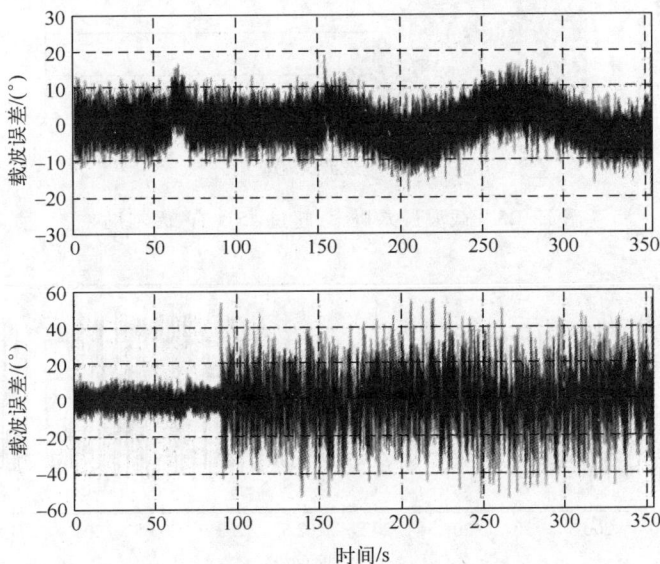

图 12.23　两颗卫星的载波误差(周期内)(第二信道有闪烁)(无辅助)

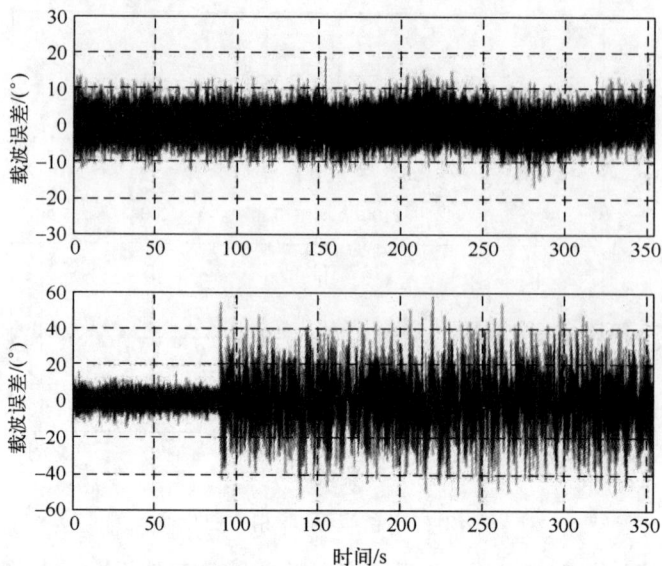

图 12.24　两颗卫星的载波误差(周期内)(第二信道有闪烁)(有辅助)

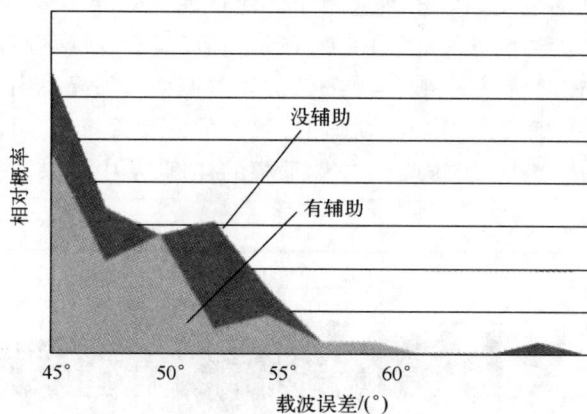

图 12.25　载波误差概率,超过 45°(有/无辅助)

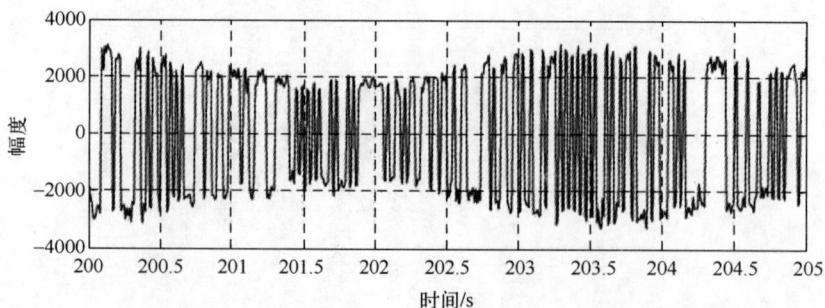

图 12.26　第二信道 I 支路的幅度(时间:200~205 s)

12.4 动态应用的精确单点定位

我们采用第 1 章讲述的最小二乘法(LSE)从码相位(或伪距)观测值来进行定位。在本节中,引入更精确的方法来估算独立的接收机位置,即精确单点定位(PPP)。这种方法的基本思路如下所述。在本章中,如果已经正确构建了信号,且我们的模型准确反映了信号的变化,则在信号处理过程中运用这些模型,我们可以消除所有的信号误差,获得非常准确的坐标。准确性只受残差的限制。

为了达到厘米级全球导航卫星系统定位精度,通常采用相对定位法,其中,用距离测量的单差/双差来消除常见的误差。另一方面,人们最近研究和开发了 PPP 方法[11,12]。PPP 方法不采用差分测量,因此不需要基准接收机和通信链路。它们为海上、空中和空间用户提供了优势。然而,在相对定位中不考虑的因素,如卫星时钟/星历、固体潮、海潮、相位抖动等,在误差源的精确建模中则必须予以考虑。广播的 GPS 卫星星历和时钟误差约为 1min5ns(均方根值)。另一方面,国际全球导航卫星系统服务组织提供的星历和时钟更准确,如表 12.1[13]所列。

表 12.1　IGS 星历/时钟产品总汇

		精　度	间　隔	等 待 时 间
最终	轨道	约 2.5cm	15min	12~18 天
	时钟①	约 75ps	30s	
快速	轨道	约 2.5cm	15min	17~41h
	时钟①	约 75ps	5min	
超快速(观测的一半)	轨道	约 3.0cm	15min	3~9h
	SV 时钟②	约 150ps		
超快速(预测的一半)	轨道	约 5.0cm	15min	实时
	SV 时钟②	约 3.5ns		
① 卫星和基准站时钟;				
② 仅卫星时钟				

关于动态 PPP 定位,频繁的位置更新是必要的,快速/超快速运动的时钟误差不够精确,因此最终产品中 30s 间隔的时钟误差是非常有用的。请注意,国际全球导航卫星系统服务组织时钟误差由 P1 和 P2 的自由电离层组合来确定,因此,C/A 码用户必须利用国际全球导航卫星系统服务组织所提供的差分标校偏差(DCB)来修正伪距[14]。

确定卫星轨道的目的是为了获得惯性中心。测量距离的目的是为了获得各天线相位中心之间的距离。因此,必须校正惯性中心和卫星天线相位中心之间的偏移。标准偏移参数由国际全球导航卫星系统服务组织在天线交换格式(ANTEX)

文件中提供[15]。GPS 信号发射机/接收机天线的相位中心根据无线电波的发射/接收方向不同而不同,并且,该变化为相位中心变化(PCV)。卫星和国际全球导航卫星系统服务组织网站的相位中心变化都包含在同一 ANTEX 文件中。如果将相位中心变化校正应用于动态用户,则应特别注意飞行器的姿态和航向,因为相位中心变化参数可以确定天线的方位角/俯仰角。由于太阳和月亮的潮汐力,接收机的位置会发生变化,变化可达几分米。固体潮、海潮、极地潮分别位移几分米、几厘米和若干厘米。这些位移对消了短基线上的差分定位(不大于 100km)。然而,对于动态 PPP 应用或长基线相对定位(不小于 1000km),国际地球自转服务大会(IERS)建议对这些位移的影响进行建模[16]。由于 GPS 信号是右旋圆极化(RH-CP),卫星和接收机天线的相对方向会影响载波相位的测量。如果其中一个天线以最大增方向为轴旋转 360°,则相位测量会有一个波长的变化。这就是"相位转绕"效应,可以利用来自天线的方位信息进行修正[17]。关于接收机天线的旋转,相位抖动可以包含在接收机时钟误差估算中。

伪距和载波相位的自由电离层组合通常由双频 PPP 用户使用,以获得较高的精度。通过下式可以修正国际全球导航卫星系统服务组织卫星时钟:

$$-\frac{f_{L2}^2}{f_{L1}^2 - f_{L2}^2}DCB \qquad (12.11)$$

其中:(L1 - L2)差分标校偏差也包含在 IONEX 文件中[18]。

在此对飞行试验单频 PPP 的结果进行简要介绍,在 8.4.1.4 节中已经进行了详细的描述。利用全球导航卫星系统回归(GR)模型来开发 PPP 算法[19],在此分析中,采用了两种类型的 PPP 方法,如表 12.2 所列。

表 12.2　PPP 定位法类型

	电离层模型	星　历	对流层估算
PPP - 1	广播	广播	关
PPP - 2	GIM	精确	开(湿)

在 PPP - 1 中,应用了广播星历和电离层模型,但对对流层延迟未进行估算。在 PPP - 2 中,应用了精确星历和国际全球导航卫星系统服务组织提供的全球电离层地图(GIM),并估算了天顶湿延迟(ZWD)。PPP 位置误差(东、北、天)如图 12.27 所示,即单频 PPP 位置和双频运动位置之间的结果差异。可以看出,PPP 算法实现了分米级的水平精度和米级的垂直精度。通过应用 GIM 数据和精确星历,PPP - 2 达到了比 PPP - 1 更好的性能。

这种单频 PPP 可以与 INS 集成,以便标校加速度计/陀螺仪误差[20]。还有可能应用载波平滑,但正如在前面的章节中所看到的,相反的电离层误差符号使其很难实现精确定位。将单频 PPP/INS 的卡尔曼滤波的位置解与双频运动解相比较,

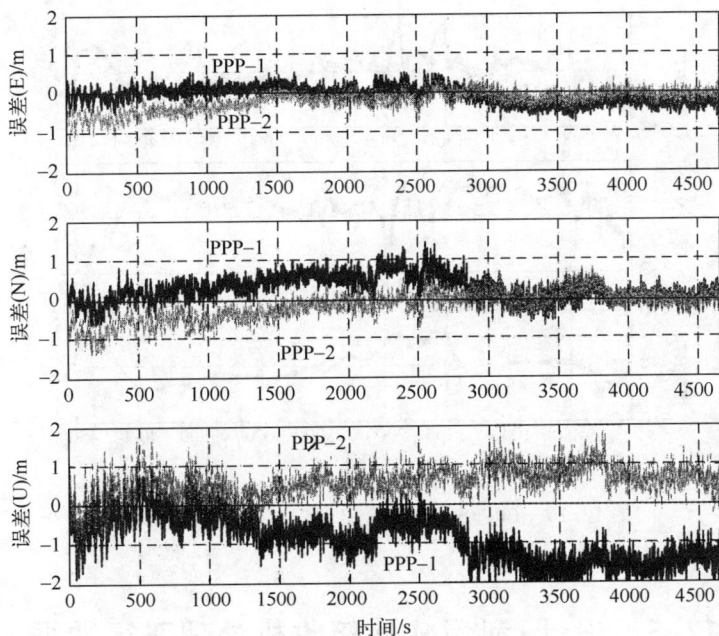

图 12.27　PPP 定位误差结果(请参见文献[20])

可以获得亚米级的精度(图 12.28)。为了进行比较,同一飞行测试的 GPS/SBAS/INS 定位误差如图 12.29 所示。由于定位性能主要是由 GPS 距离校正方法来确定的,可以很清楚地看到 PPP 对 GPS/SBAS 的优越性能。

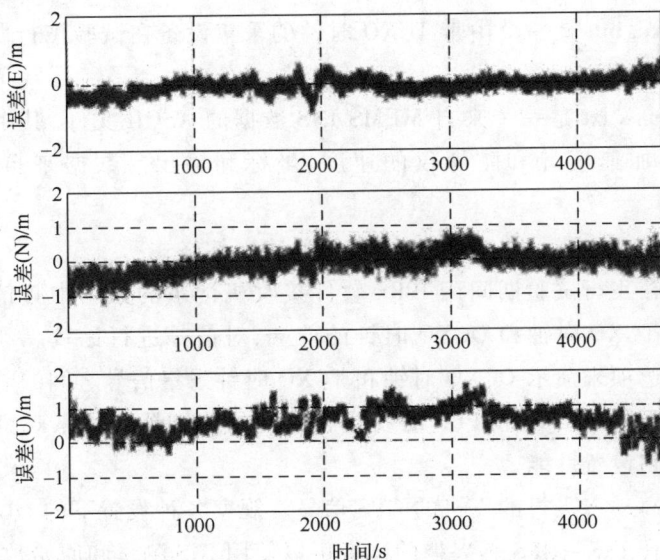

图 12.28　PPP/INS 定位误差(请参见文献[20])

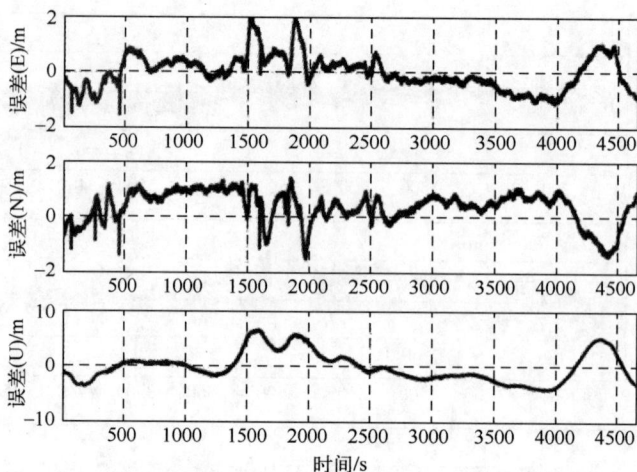

图 12.29　PPP/SBAS/INS 定位误差(见文献[20])

12.5　设计:利用软件接收机处理飞行数据

可以使用以前设计中模拟的静态用户数据和赠送的动态用户飞行数据。本书网站包含以下数据文件:

D_FLT_ocxo. bin 是一个由带 OCXO 时钟的采集设备在试验飞行期间记录的数字化 GPS 信号记录。

D_FLT_tcxo. bin 是一个由带 TCXO 时钟的采集设备在试验飞行期间记录的数字化 GPS 信号记录。

D_INS_mems. txt 是一个来自 MEMS INS 数据的 ASCII 文件,其中包括在同一飞行期间来自加速度计和陀螺仪的速度、坐标和输出。数据来自于信号采集设备。

Format_INS. doc 是一个自述文件,说明前述文件格式:

(1) 处理在飞行试验期间用 iPRx 软件接收机记录的数字中频信号。两组数据分别来自有 TCXO 时钟和 OCXO 时钟的前端,对信号进行比较。利用预测星历和多普勒辅助选项来演示 OCXO 时钟和 TCXO 时钟采集信号之间的差异。

(2) 利用不同的 DLL 和 PLL 的设置和不同的鉴别器选项来观察静态用户和飞机的具体回路设置性能。

(3) 模拟高动态飞行的飞机的 GPS 信号。观察各种设置下的 DLL 和 PLL。

对超紧耦合 INS – GPS 感兴趣的读者可以使用 INS 测量和原始数据文件,在这种情况下,读者可以使用自己的软件接收机或定制的 iPRx 接收机,与本章所描述的接收机相类似。

参考文献

[1] A. Soloviev, S. Gunawardena, and F. van Graas, Deeply integrated GPS/low-cost IMU for low CNR signal processing: Concept description and in-flight demonstration, navigation, *Journal of The Institute of Navigation*, 55, (1), 2008, 1–13.

[2] S. Alban, D. Akos, S. Rock, and D. Gebre-Egziobher, Performance analysis and architectures for INS-aided GPS tracking loops, Institute of Navigation National Technical Meeting, Anaheim, CA, 22–24 January 2003 pp. 611–622.

[3] T. Y Chiou, D. Gebre-Egziabher, T. Walter, T., and P. Enge, Model analysis on the performance for an inertial aided FLL-assisted-PLL carrier-tracking loop in the presence of ionospheric scintillation, Proceedings of the ION National Technical Meeting, San Diego, CA, January 2007, pp. 2895–2190.

[4] P. W. Ward, J. W. Betz, and C. J. Hegarty, Satellite signal acquisition, tracking, and data demodulation, in *Understanding GPS, Principles and Applications*, E. Kaplan and C. Hegarty (editors), second edition, Boston/London, Artech House, 2006.

[5] G. Gao and G. Lachapelle, INS-sssisted high sensitivity GPS receivers for degraded signal navigation, Proceedings of GNSS2006, Forth Worth, 26–29 Sep., pp. 2977–2989.

[6] T. Tsujii, T. Fujiwara, Y. Suganuma, H. Tomita, and I. Petrovski, Development of INS-aided GPS tracking loop and flight test evaluation, *SICE Journal of Control, Measurement, and System Integration*, 4, (1), 2011, 1–7.

[7] J. J. Spilker Jr., Fundamentals of signal tracking theory, in *Global Positioning System: Theory, and Applications*. Vol. I, B. W. Parkinson and J. J. Spilker Jr. (editors), Washington, DC, American Institute of Aeronautics and Astronautics, Inc., 1994, pp. 245–327.

[8] M. Harigae, T. Nishizawa, and H. Tomita, Development of GPS aided inertial navigation avionics for high speed flight demonstrator, Proceedings of the 14th International Technical Meeting of the Satellite Division of the Institute of Navigation, Salt Lake City, UT, 2001, pp. 2665–2675.

[9] T. Fujiwara, H. Tomita, T. Tsujii, and M. Harigae, Performance improvement of MEMS INS/GPS during GPS outage using magnetometer, International Symposium on GPS/GNSS, 11–14 November, 2008, Odaiba, Tokyo, Japan.

[10] R. S. Conker, M. B. El-Arini, C. J. Hegarty, and T. Hsiao, Modeling the effects of ionospheric scintillation on GPS/SBAS availability, *Radio Science*, 38, (1), 2003, doi: 10.1029/2000RS002604.

[11] Y. Gao and X. Shen, A new method for carrier-phase-based precise point positioning, Navigation, *Journal of The Institute of Navigation*, 49, (2), Summer, 2002, 109–116.

[12] T. Beran, D. Kim, and R. B. Langley, High-precision single-frequency GPS point positioning, Proc. of the ION GPS/GNSS 2003, Portland, OR, Sep., 2003, pp. 1192–1200.

[13] International GNSS Service, *http://igscb.jpl.nasa.gov/components/prods.html*.

[14] J. Ray, *New pseudorange bias convention*, IGS Mail #2744, (http://igscb.jpl.nasa.gov/mail/igsmail/2000/msg00084.html) 15 March 2000.

[15] IGS absolute antenna file, *ftp://www.igs.org/pub/station/general/igs05.atx*.

[16] *IERS Conventions (2003)*, IERS Technical Note 32, D D. McCarthy and G. Petit (editors), 2003, Frankfurt am Main, Verlag des Bundesamts für Kartographie und Geodäsie, 2004.

[17] J. T. Wu, S, C. Wu, G. A. Hajj, W. I. Bertiger, and S. M. Lichten, Effects of antenna orientation on GPS carrier phase, *Man. Geodetica*, 18, 1993, 91–98.

[18] J. Kouba, A guide to using international GNSS service (IGS) products, May 2009, *http:// igscb.jpl.nasa.gov/components/usage.html.*

[19] S. Sugimoto and Y. Kubo, Carrier-phase-based precise point positioning – a novel approach based on GNSS regression models, Proceedings of The International Symposium on *GPS/ GNSS (GNSS2004)*, P94, Sydney, Dec. 2004.

[20] Y. Kubo, N. Munetomo, S. Takehara, *et al.*, Integration algorithms of single frequency precise point positioning and INS – flight test, 2010 International Symposium on *GPS/GNSS*, Taipei, Taiwan, 26–28 October, 2010.

下一步计划：射频实验室

我们认为，如果在本书的结尾，即最后一章的最后是日期的话，那么这不是本书的风格。相反，我们试图给出我们认为读者在翻到本书最后一页时想知道的下一步可能面临着什么。

本书的目的是为读者提供一本好的参考书和供实验室使用的教科书。随书赠送的软件和数据的功能是有限的。我们努力证明有许多工作是可以去做的，且往往可以在数字域中完成，因此，在许多情况下，数字实验室就能够满足需要。

赠送的软件包是免费的学术版软件包，适用于专业高端应用。在许多情况下，学术版能够满足学术和自学之目的。如果读者是研发人员或测试人员，或希望获得更多的功能，则可以将这些程序升级到专业版。对于那些有兴趣开发自己的模型或算法的人员，开发版是最好的解决方案。拥有应用程序编程接口（API）的开发版可以访问源代码，并可以使用经过开发、优化和测试的接收机和模拟器框架，将读者开发的模型或算法纳入其中。这样，可以不必花费时间和精力去开发主接收机和模拟器组件，从而能够将注意力放到感兴趣的主题上。

接收机也可以升级，以支持 GLONASS。模拟器也可以升级，支持各种全球导航卫星系统信号。

赠送的接收机可以与前端一起运行。它不需要任何升级，只是一个前端而已。前端可从 www.ip – solutions.jp 网站获得。在市场上还有其他的前端。可以用这些前端记录数据，并用赠送的接收机对它们进行处理。然而，我们不支持其他接收机，另外，确保所有的参数设置正确也是用户的职责。

对于模拟器来说，情况同样如此。可以提供相匹配的硬件，以回放生成的数字中频信号。市场上还有其他的回放设备，但信号格式可能有所不同。

整套测量设备与相应的硬件提供了一套完整的全球导航卫星系统实验室。将软件升级到专业版或开发版，会为读者提供一个高端的、多用途的全球导航卫星系统研发实验室。

总之，为了获得软件更新、解决方案和数据，请定期浏览本书的网站：www.cambridge.org/petrovski。